编委会

顾　问　吴文俊　王志珍　谷超豪　朱清时
主　编　侯建国
编　委　（按姓氏笔画为序）

王　水　　史济怀　　叶向东　　朱长飞
伍小平　　刘　兢　　刘有成　　何多慧
吴　奇　　张家铝　　张裕恒　　李曙光
杜善义　　杨培东　　辛厚文　　陈　颙
陈　霖　　陈初升　　陈国良　　陈晓剑
郑永飞　　周又元　　林　间　　范维澄
侯建国　　俞书勤　　俞昌旋　　姚　新
施蕴渝　　胡友秋　　骆利群　　徐克尊
徐冠水　　徐善驾　　翁征宇　　郭光灿
钱逸泰　　龚　昇　　龚惠兴　　童秉纲
舒其望　　韩肇元　　窦贤康

当代科学技术基础理论与前沿问题研究丛书

中国科学技术大学
校友文库

热固性树脂及树脂基复合材料的固化
——动态扭振法及其应用

Curing Behavior of Thermoset and Resin-Based Composite:
Dynamic Torsional Vibration Method and Its Applications

何平笙
金邦坤 著
李春娥

中国科学技术大学出版社

内 容 简 介

本书是作者二十多年科研工作的总结,介绍了动态扭振法在热固性树脂及树脂基复合材料固化研究中的应用,某些成果已在实践中体现出相对于传统方法的优越性,省时省力,获得了工业界的广泛认可。

图书在版编目(CIP)数据

热固性树脂及树脂基复合材料的固化:动态扭振法及其应用/何平笙,金邦坤,李春娥著. —合肥:中国科学技术大学出版社,2011.1
ISBN 978-7-312-02761-1

Ⅰ.热… Ⅱ.①何… ②金… ③李… Ⅲ.①热固性树脂 ②树脂—纤维增强复合材料—固化 Ⅳ.①TQ323 ②TB332

中国版本图书馆 CIP 数据核字(2010)第 244639 号

出版发行	中国科学技术大学出版社	
	地址 安徽省合肥市金寨路 96 号,230026	
	网址 http://press.ustc.edu.cn	
印 刷	合肥晓星印刷有限责任公司	
经 销	全国新华书店	
开 本	710 mm×1000 mm 1/16	
印 张	19	
字 数	360 千	
版 次	2011 年 1 月第 1 版	
印 次	2011 年 1 月第 1 次印刷	
印 数	1—2500 册	
定 价	58.00 元	

总　　序

侯建国
（中国科学技术大学校长、中国科学院院士、第三世界科学院院士）

大学最重要的功能是向社会输送人才。大学对于一个国家、民族乃至世界的重要性和贡献度，很大程度上是通过毕业生在社会各领域所取得的成就来体现的。

中国科学技术大学建校只有短短的五十年，之所以迅速成为享有较高国际声誉的著名大学之一，主要就是因为她培养出了一大批德才兼备的优秀毕业生。他们志向高远、基础扎实、综合素质高、创新能力强，在国内外科技、经济、教育等领域做出了杰出的贡献，为中国科大赢得了"科技英才的摇篮"的美誉。

2008年9月，胡锦涛总书记为中国科大建校五十周年发来贺信，信中称赞说：半个世纪以来，中国科学技术大学依托中国科学院，按照全院办校、所系结合的方针，弘扬红专并进、理实交融的校风，努力推进教学和科研工作的改革创新，为党和国家培养了一大批科技人才，取得了一系列具有世界先进水平的原创性科技成果，为推动我国科教事业发展和社会主义现代化建设做出了重要贡献。

据统计，中国科大迄今已毕业的5万人中，已有42人当选中国科学院和中国工程院院士，是同期（自1963年以来）毕业生中当选院士数最多的高校之一。其中，本科毕业生中平均每1000人就产生1名院士和七百多名硕士、博士，比例位居全国高校之首。还有众多的中青年才俊成为我国科技、企业、教育等领域的领军人物和骨干。在历年评选的"中国青年五四奖章"获得者中，作为科技界、科技创新型企业界青年才俊代表，科大毕业生已连续多年榜上有名，获奖总人数位居全国高校前列。

鲜为人知的是，有数千名优秀毕业生踏上国防战线，为科技强军做出了重要贡献，涌现出二十多名科技将军和一大批国防科技中坚。

为反映中国科大五十年来人才培养成果，展示毕业生在科学研究中的最新进展，学校决定在建校五十周年之际，编辑出版《中国科学技术大学校友文库》，于2008年9月起陆续出书，校庆年内集中出版50种。该《文库》选题经过多轮严格的评审和论证，入选书稿学术水平高，已列为"十一五"国家重点图书出版规划。

入选作者中，有北京初创时期的毕业生，也有意气风发的少年班毕业生；有"两院"院士，也有 IEEE Fellow；有海内外科研院所、大专院校的教授，也有金融、IT行业的英才；有默默奉献、矢志报国的科技将军，也有在国际前沿奋力拼搏的科研将才；有"文革"后留美学者中第一位担任美国大学系主任的青年教授，也有首批获得新中国博士学位的中年学者……在母校五十周年华诞之际，他们通过著书立说的独特方式，向母校献礼，其深情厚意，令人感佩！

近年来，学校组织了一系列关于中国科大办学成就、经验、理念和优良传统的总结与讨论。通过总结与讨论，我们更清醒地认识到，中国科大这所新中国亲手创办的新型理工科大学所肩负的历史使命和责任。我想，中国科大的创办与发展，首要的目标就是围绕国家战略需求，培养造就世界一流科学家和科技领军人才。五十年来，我们一直遵循这一目标定位，有效地探索了科教紧密结合、培养创新人才的成功之路，取得了令人瞩目的成就，也受到社会各界的广泛赞誉。

成绩属于过去，辉煌需待开创。在未来的发展中，我们依然要牢牢把握"育人是大学第一要务"的宗旨，在坚守优良传统的基础上，不断改革创新，提高教育教学质量，早日实现胡锦涛总书记对中国科大的期待：瞄准世界科技前沿，服务国家发展战略，创造性地做好教学和科研工作，努力办成世界一流的研究型大学，培养造就更多更好的创新人才，为夺取全面建设小康社会新胜利、开创中国特色社会主义事业新局面贡献更大力量。

是为序。

2008年9月

序

    热固性树脂的固化是黏合剂胶接工艺的关键之一，也是树脂基复合材料加工工艺的关键之一。但固化历程复杂，交联树脂又不溶不熔，致使固化过程的研究十分困难。传统上采用化学分析、光谱分析和量热等手段来确定反应官能团的转化率，从而了解热固性树脂的固化过程。然而在固化的最后阶段，官能团消耗的增加已不明显，致使这些分析技术的灵敏度和功能大为减小。而正是在这固化的最后阶段，固化程度对固化产物的性能有很大影响，在很大程度上决定了固化树脂的最佳性能。因此，把固化研究与热固性树脂的性能（光学性能、介电性能、声学性能以及力学性能等）直接联系起来，是一个既实用又简便的方法。

    从使用角度来看，我们最终使用的是固化交联树脂的力学性能。固化过程是树脂模量逐渐增加的过程，在某些分析技术灵敏度急剧下降的固化最后阶段，其在力学强度上却有很好的反映。不同的固化程度可以通过它们的力学性能，如（本体）黏度、扭矩、模量的变化反映出来，因此用力学的方法可以很好地研究热固性树脂的固化过程。像动态扭辫法、动态弹簧法和动态扭振法等动态力学方法都已成功地应用于环氧树脂等固化过程的研究。就是最普通的形变－温度法也可用来研究不饱和聚酯的固化。使用动态力学方法可以用一个单独的试验来监测树脂从液态到固态转变的全过程，全真地模拟整个工艺过程,并反映树脂力学性能随温度变化的规律,得到一些固化反应表观动力学的参数。在筛选配方和固化条件时,它与力学破坏试验相比,省力省时,颇受工业界的欢迎。

本书着重介绍我们实验室研制的 HLX 型树脂固化仪以及与此相关创立的动态扭振法及其在热固性树脂和树脂基复合材料、蒙脱土纳米复合材料以及其他纳米复合材料固化过程研究中的应用。

本工作最早始于 1988 年的国家自然科学基金课题"动态扭振法及其在热固性树脂及树脂基复合材料固化研究中的应用"(58701223)。课题结束后,我们一直坚持开展有关的科学研究,不但把动态扭振法推广到了液态橡胶、有机硅橡胶、蒙脱土纳米复合材料和其他纳米复合材料的固化研究,乃至热塑性树脂有机玻璃本体聚合的研究,并且还把当初设计制作的仪表式树脂固化仪(HLX-Ⅰ型)升级为计算机全自动控制的装置(HLX-Ⅱ型)。在热固性树脂和复合材料的固化与用力学的实验技术来研究化学反应的结合点上有了一些新的体会。本书就是我们长达二十多年科研工作的总结。参加本工作的有博士生周慧琳、徐卫兵、陈大柱、邹纲、潘力佳、周志强,硕士生黄飞鹤、姚远、王政、鲍素萍,以及程义云等众多的本科生,没有他们的出色工作和实验结果,就不可能有本书的出版。

具体编写分工为:何平笙编写了第 1、4、6、7、8 章,金邦坤编写了第 2、5 章,李春娥编写了第 3 章。全书由何平笙统稿。

何平笙
2010 年 7 月于中国科学技术大学

目　次

总序 ·· （Ⅰ）

序 ··· （Ⅲ）

第 1 章　概论 ·· （ 1 ）

　1.1　线形高分子链的交联 ··· （ 2 ）

　1.2　高聚物的交联理论 ·· （ 4 ）

　1.3　通用热固性树脂简介 ··· （ 8 ）

　1.4　复合作用原理和树脂基复合材料 ·· （22）

　1.5　热固性树脂固化研究的重要性 ··· （26）

　1.6　本实验室的工作 ··· （27）

　参考文献 ·· （28）

第 2 章　固化过程的常用研究方法 ·· （32）

　2.1　基于波谱分析的方法 ··· （33）

　2.2　基于电学性能的方法 ··· （39）

　2.3　基于热学性能的方法 ··· （45）

　2.4　基于光纤测量的方法 ··· （51）

　2.5　基于超声的方法 ··· （55）

　2.6　基于力学性能的方法 ··· （60）

　2.7　不同方法的比较 ··· （68）

　参考文献 ·· （69）

第 3 章　动态扭振法 ··· （72）

　3.1　概述 ··· （72）

3.2 动态扭振法——树脂固化仪的原理和构造 …………………（76）
3.3 固化仪的计算机化改造——HLX-Ⅱ型树脂固化仪 ………（89）
3.4 等温固化曲线的分析 ……………………………………（102）
参考文献 ………………………………………………………（104）

第4章 动态扭振法在热固性树脂黏合剂固化中的应用…………（106）
4.1 "安徽一号"环氧树脂黏合剂的固化 …………………………（106）
4.2 环氧树脂-三乙醇胺体系的固化 ………………………………（114）
4.3 环氧树脂-咪唑体系的固化 ……………………………………（117）
4.4 环氧树脂-T31体系的固化 ……………………………………（120）
4.5 单组分环氧树脂黏合剂7-2312的固化 ………………………（124）
4.6 环氧树脂-三氟化硼·乙胺体系的固化 ……………………（128）
4.7 高压互感器不饱和树脂胶的配方改进 ………………………（131）
4.8 四溴双酚A环氧树脂的固化 …………………………………（133）
参考文献 ………………………………………………………（134）

第5章 树脂固化过程的理论预估 ……………………………………（136）
5.1 Flory凝胶化理论 ………………………………………………（138）
5.2 Hsich非平衡态动力学涨落理论 ………………………………（143）
5.3 Avrami理论 ……………………………………………………（147）
5.4 WLF方程在热固性树脂固化预估中的应用 …………………（156）
5.5 基于DSC方法的动力学模型 …………………………………（161）
参考文献 ………………………………………………………（169）

第6章 动态扭振法在树脂基复合材料固化中的应用 ………………（172）
6.1 粉状填料对热固性树脂固化反应的影响 ……………………（172）
6.2 环氧树脂-聚酰胺及其SiO_2填充体系的固化 ………………（182）
6.3 环氧树脂E44-聚酰胺-玻璃微珠体系的固化 ………………（201）
6.4 玻璃纤维增强不饱和聚酯复合材料的固化 …………………（205）
参考文献 ………………………………………………………（209）

第7章 动态扭振法在树脂基蒙脱土纳米复合材料固化中的应用 ……（212）
7.1 环氧树脂—有机蒙脱土—2-己基-4-甲基咪唑纳米复合
材料的固化行为 ……………………………………………（212）
7.2 环氧树脂-有机蒙脱土-二乙烯三胺纳米复合材料的固化 …（223）

7.3 环氧树脂-有机蒙脱土-聚酰胺树脂的二次固化 ……………… (229)
7.4 在位制备环氧树脂-CdS 纳米复合材料的固化行为 ……… (232)
7.5 不饱和聚酯-有机蒙脱土-过氧化甲乙酮纳米复合材料体系的
　　固化 ……………………………………………………………… (237)
　参考文献 ………………………………………………………………… (240)

第 8 章　动态扭振法的其他应用 ……………………………………… (242)
8.1 液态聚氨酯橡胶的固化 ………………………………………… (242)
8.2 甲基丙烯酸甲酯的本体聚合 …………………………………… (245)
8.3 有机硅橡胶的选择优化及弹性印章的制备 …………………… (251)
8.4 (环氧树脂-聚酰胺)/聚(丙烯酸丁酯-苯乙烯-丁二烯)互穿
　　网络体系的研究 ………………………………………………… (257)
8.5 环氧树脂-MP-酸酐-促进剂复合阻燃材料的固化动力学
　　……………………………………………………………………… (263)
8.6 环氧树脂-树状形大分子聚酰胺体系的固化 ………………… (268)
　参考文献 ………………………………………………………………… (285)

第1章 概 论

人类很早就学会使用黏合剂和复合材料了。开始是利用成熟谷物的水基糊糊、树木分泌的胶汁(图1.1(a))、骨胶等天然高聚物和无机矿物胶泥的高黏度来黏合木材、石头、砖块、兽皮等有关的材料,以及用稻草增强泥土黏性制作墙体等。在我国就有用糯米浆水黏合砖块,砌成了异常坚固、上千年不倒的万里长城。到20世纪出现了合成高聚物,人类也观察到了合成高聚物熔体或其溶液(不管是浓溶液还是稀溶液)的非常高的黏度,并用来黏合木材、皮革、纸张、布匹、石材和金属等材料。

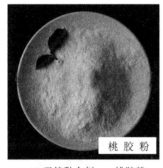
(a) 天然黏合剂——桃胶粉

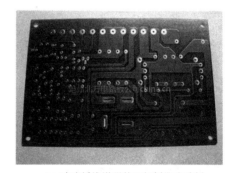
(b) 玻璃纤维增强的环氧树脂电路板

图1.1

但一般的热塑性树脂黏合剂,由于本身就是通过加热熔融或混有溶剂成溶液来实现黏合的,所以黏合部位不耐热,也不耐溶剂,限制了它们的进一步应用。后来,人们又开始应用热固性树脂作为黏合剂,从而大大提高了黏合剂的使用温度(耐热性)和使用范围。特别是人们利用无机材料(玻璃、金属等)与树脂基体复合在一起,制得了树脂基复合材料(图1.1(b)),乃至树脂基纳米复合材料,开创了一个全新材料的时代。像玻璃纤维增强的玻璃钢就是玻璃纤维不饱和聚酯的复合材料。

1.1 线形高分子链的交联

高聚物通常具有链式的结构,但其几何形状也可以是很复杂的,即重复结构单元可以通过共价键连成线形、支化和网状三种基本的分子形态,细分又可以有线形、短支链支化、长支链支化、星形、梳形、树枝形、梯形和网状形高分子链(图1.2)。不同的分子形态会在它们的性能上有所反映,其中特别是网状结构和非网状结构(线形、短支链支化、长支链支化、星形、梳形、树枝形、梯形)在性能上有所差异。非网状结构的高聚物是热塑性树脂(或热塑性塑料),而具有网状结构的高聚物是热固性树脂,它是由线形高分子链交联而成的[1]。

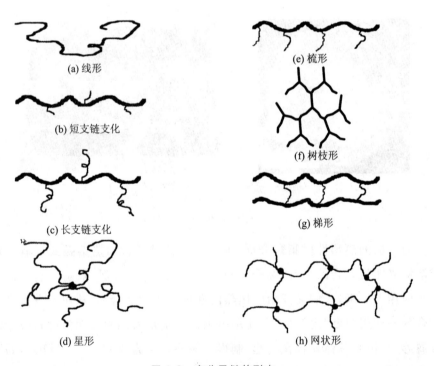

图1.2　高分子链的形态

高分子链的交联呈现典型的软物质特性——小影响,大效应[2]。高分子链一旦存在有交联的网状结构,即使是很少的一点交联(小影响),其物理力学性能也会有很大的变化。整块高聚物变成了一个"巨大"分子,高聚物变得既不能被溶剂所溶解(图1.3),也不能通过加热使其熔融(大效应)。网状高分子是高聚物分子结构上的一个飞跃,按结构与性能关系的一般规律,结构上的飞跃一定会导致性能上的飞跃,具有交联结构的热固性树脂比线形结构的热塑性塑料在力学强度、耐热、耐溶剂等性能方面都有了很大提高,尺寸稳定性也好。

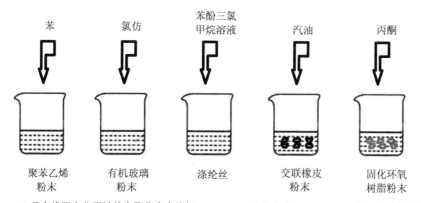

(a) 具有线形高分子链的高聚物完全溶解　　(b) 具有交联网状结构的高聚物完全不溶解

图1.3　像聚苯乙烯、有机玻璃、涤纶等具有线形高分子链的高聚物能溶于溶剂中,也能被加热熔融,而像交联橡皮和固化环氧树脂等具有交联网状结构的高聚物不溶于任何溶剂,加热也不熔融,物理力学性能有很大的提高

热塑性塑料的缺点是明显的,如永久形变(蠕变)较大,尺寸不稳定,不耐热和不耐溶剂,不能作为工程材料来使用。而像环氧树脂、不饱和聚酯等热固性树脂却具有优异的物理力学性能。特别要提到的是,正是具有交联网状结构的环氧树脂、不饱和聚酯等热固性树脂的出现,才导致了新型树脂基复合材料的兴起[3]。

交联网状结构反映在硫化橡胶上,就是橡胶硫化前后表现出非常典型的性能变化。未硫化的橡胶分子链是线形的,高分子链长久受力会发生滑移,产生永久形变,使用温度也不高,实用价值不大。经过硫化交联,橡胶的高分子链由硫桥-S_x-相连,整块物料变成了硫化橡胶的高分子链网状结构(图1.4),有很好的可逆弹性形变,高聚物特有的高弹性才进入了实用阶段。橡胶的硫化是现代汽车工业发展的一个里程碑,橡胶是现代工业必不可少的材料之一[4]。

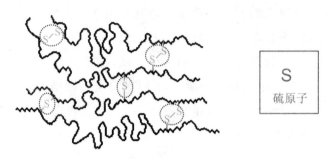

图 1.4　硫化橡胶的交联结构:橡胶高分子链之间由硫原子 S 或短的硫桥 $-S_x-$ 相连

1.2　高聚物的交联理论[5]

线形高分子交联链一般为 2～3 个单元长,比起两交联点间的长链段来说是很短很短的,可以近似把它看成是一个点——交联点。所以说每个交联点上有四条链。显然,交联点数目大于交联前的分子链数目,即每条分子链上有多于一处的交联。并且,这些交联点在链上的分布是无规则的。

描述交联分子结构的参数有:

(1) 交联点密度。

有如下几种表示方法:

① 单位体积内交联点的数目 v_c/cm^3;

② 具有交联键的链结构单元数在总的结构单元数中的分数

$$\rho_c = \frac{具有交联键的链结构单元数}{结构单元总数} \tag{1.1}$$

③ 两相邻交联点间的数均分子量 $\langle M_c \rangle_n$;

④ 交联结构的链数 N/cm^3(交联点之间的链叫一个链数)。

在具体应用时,哪一个方便就用哪一个参数。如在研究交联反应时 ρ_c 较方便,而在力学性能的讨论中一般用 $\langle M_c \rangle_n$ 或者 N 更方便些。

(2) 链末端的数目 v_t，即自由端点的数目。

(3) 交联点官能度 f_c，即每个交联点所有的链数。

显然 f_c 总大于 2，一般以 $f_c = 4$ 最为普遍。

若交联前有 N_0 条高分子链，每条分子链有两个末端，计有 $2N_0$ 个末端。因为交联点并不改变总端点数，所以

$$v_t = 2N_0 \tag{1.2}$$

高分子链两端要么都是交联点，要么一端交联另一端仍是自由端。因此，交联结构中总的链数

$$N = \frac{f_c v_c + v_t}{2} = \frac{4v_c + 2N_0}{2} = 2v_c + N_0 \tag{1.3}$$

根据相邻交联点间数均分子量 $\langle M_c \rangle_n$ 的定义

$$\langle M_c \rangle_n = \frac{总重量}{总链数/\widetilde{N}} \tag{1.4}$$

这里 $\widetilde{N}$ 是 Avogadro 常数，(总链数/$\widetilde{N}$) 相当于摩尔数，如果认为因交联而引起的重量很小，可忽略不计，则

$$总重量 = 交联前数均分子量 \times 分子总链数$$
$$= \langle M_c \rangle_n \times N_0/\widetilde{N} \tag{1.5}$$

代入即得

$$\langle M_c \rangle_n = \frac{\langle M \rangle_n \cdot N_0/\widetilde{N}}{(2v_c + N_0)/\widetilde{N}} = \frac{\langle M \rangle_n \cdot N_0}{2v_c + N_0} = \frac{\langle M \rangle_n}{1 + \frac{2v_c}{N_0}} \tag{1.6}$$

微观理论总是从实际结构出发，通过一定的假设把复杂的真实结构简化为另一个易于处理的理想结构。下面根据一定的实验事实，对交联分子网的统计理论做如下假定：

(1) 交联点固定不动。

由于交联点间高分子链是处在不断运动（热运动）之中的，所以交联点在空间的位置也会随之在某一平衡位置附近涨落。统计理论忽略了这种由于热运动而引起的交联点位置的涨落，而假定无论在应变状态还是在未应变状态，交联网络的每个交联点都是固定不动的。

(2) 微观和宏观按比例形变。

试样在受到外力作用而发生形变时，假定它的交联结构中每个链末端长度的形变与整个试样外形尺寸的变化有相同的比例。这通常称作为"仿

射形变"(affine deformation assumption)假定。

这是两个基本的假定,此外还有:

(3) 交联结构中每个链的构象统计仍沿用自由联结链的构象统计——高斯统计,即

$$\Omega(x,y,z)\mathrm{d}x\mathrm{d}y\mathrm{d}z = \left(\frac{\beta}{\sqrt{\pi}}\right)^3 e^{-\beta^2(x^2+y^2+z^2)}\mathrm{d}x\mathrm{d}y\mathrm{d}z \tag{1.7}$$

$$\beta = \sqrt{\frac{3}{2\overline{h_0^2}}} \tag{1.8}$$

这里 $\overline{h_0^2}$ 是高斯链的均方末端距。

考虑试样为一个单位立方体。在形变前它是各向同性的,形变后,由于三个方向上的形变不同,它变成了长方体,其边长就是主拉伸比 $\lambda_1, \lambda_2, \lambda_3$(图 1.5)。设这个单位立方体橡胶试样中有 N 条链,每条链的形态可用参数 β 来表征。对于任何一条链,如果形变前的末端矢量为 $\mathbf{h}(x,y,z)$,形变后末端矢量为 $\mathbf{h}'(x',y',z')$,取应变主轴平行于 x,y 和 z 三个坐标轴。根据假定(2),x' 和 x,y' 和 y,z' 和 z 有如下关系

$$x' = \lambda_1 x, \quad y' = \lambda_2 y, \quad z' = \lambda_3 z \tag{1.9}$$

则形变前的构象熵

$$S_{形变熵} = 常数 - k\beta^2(x^2 + y^2 + z^2) \tag{1.10}$$

形变后的构象熵变为

$$S_{形变后} = 常数 - k\beta^2(\lambda_1^2 x^2 + \lambda_2^2 y^2 + \lambda_3^2 z^2) \tag{1.11}$$

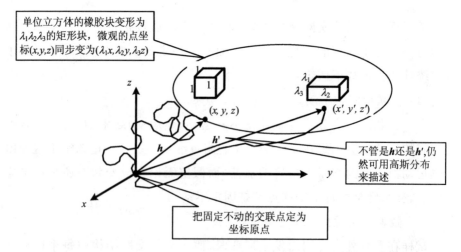

图 1.5 交联高聚物形变统计理论的三个假定图解

第1章 概　论

两式相减,得到形变过程中构象熵的改变为

$$\Delta S_{形变} = -k\beta^2[(\lambda_1^2-1)x^2 + (\lambda_2^2-1)y^2 + (\lambda_3^2-1)z^2] \quad (1.12)$$

在这 N 条链中,它们的形态是不同的,即有不同的 β。如果在这中间末端距为 $\overline{h_j^2}$ 的链有 N_j 条

$$\sum_j N_j = N \quad (1.13)$$

它们的末端矢量为 $h_i'(x_i, y_i, z_i)$,则对这 N_j 条链,形变引起的熵变为

$$\Delta S_{形变}^{(j)} = -k\beta_i^2\left[(\lambda_1^2-1)\sum_{i=1}^{N_j}x_i^2 + (\lambda_2^2-1)\sum_{i=1}^{N_j}y_i^2 + (\lambda_3^2-1)\sum_{i=1}^{N_j}z_i^2\right]$$

$$(1.14)$$

根据假定(3),有

$$\sum_{i=1}^{N_j}x_i^2 + \sum_{i=1}^{N_j}y_i^2 + \sum_{i=1}^{N_j}z_i^2 = \sum_{i=1}^{N_j}(x_i^2+y_i^2+z_i^2) = \sum_{i=1}^{N_j}h_{0i}^2 = N_j h_{0j}^2$$

$$(1.15)$$

又因为自由联结的高斯链末端距矢量在空间任何方向上同样可几,那么它们的分量平均应相等

$$\sum_{i=1}^{N_j}\overline{x_i^2} = \sum_{i=1}^{N_j}\overline{y_i^2} = \sum_{i=1}^{N_j}\overline{z_i^2} = \frac{1}{3}N_j\overline{h_{0j}^2} \quad (1.16)$$

代入式(1.14),并利用 $\beta_0^2 = \dfrac{3}{2\,\overline{h_{0j}^2}}$,得

$$\Delta S_{形变} = -\frac{1}{3}kN_j h_{0j}^2 \cdot \beta_j^2(\lambda_1^2+\lambda_2^2+\lambda_3^2-3) = -\frac{k}{2}N_j(\lambda_1^2+\lambda_2^2+\lambda_3^2-3)$$

$$(1.17)$$

则该单位立方体交联高聚物试样由于形变而引起的总熵变为

$$\Delta S_{形变} = \sum \Delta S_{形变}^{(j)} = -\frac{Nk}{2}(\lambda_1^2+\lambda_2^2+\lambda_3^2-3) \quad (1.18)$$

在等温等容下因形变引起的试样自由能改变为

$$\Delta F_{形变} = \Delta U_{形变} - T\Delta S_{形变} \quad (1.19)$$

作为一级近似,一般认为在形变中能量的改变是很小的,可以忽略,则可取 $\Delta U_{形变} = 0$,有

$$\Delta F_{形变} = -T\Delta S_{形变} = \frac{NkT}{2}(\lambda_1^2+\lambda_2^2+\lambda_3^2-3) \quad (1.20)$$

在等温等容时,体系自由能的变化即是外力对体系做的功 W

$$W = \Delta F_{形变}$$

因为没有分子链的滑移，外力对体系做的功全部变成交联高聚物储存的能量，所以

$$W = \frac{NkT}{2}(\lambda_1^2 + \lambda_2^2 + \lambda_3^2 - 3) \tag{1.21}$$

通常称上式为储能函数(energy function)。一般把储能函数写成以下形式

$$W = \frac{G}{2}(\lambda_1^2 + \lambda_2^2 + \lambda_3^2 - 3) \tag{1.22}$$

这里

$$G = NkT \tag{1.23}$$

式(1.23)中的 G 就是剪切模量，它正比于交联网的结构参数 N，即交联网中的总链数。显然，N 取决于交联程度。为统一使用两相邻交联点间的数均分子量 $\langle M_c \rangle_n$ 这个结构参数，注意到 $N/\widetilde{N}$ 相当于摩尔数，即

$$\frac{N}{\widetilde{N}} = \frac{总重量}{\langle M_c \rangle_n} = \frac{1 \times \rho_p}{\langle M_c \rangle_n} \tag{1.24}$$

这里 ρ_p 是密度，$1 \times \rho_p$ 即是单位立方体的重量，则

$$N = \frac{\widetilde{N}\rho_p}{\langle M_c \rangle_n} \tag{1.25}$$

代入式(1.24)，得到剪切模量 G 为

$$G = \frac{\widetilde{N}\rho_p kT}{\langle M_c \rangle_n} = \frac{\rho_p RT}{\langle M_c \rangle_n} \tag{1.26}$$

1.3 通用热固性树脂简介

1.3.1 环氧树脂

1. 环氧树脂的一般介绍

环氧树脂(epoxy)与不饱和聚酯树脂、酚醛树脂以及乙烯基酯树脂都是

通用的热固性树脂,是热固性树脂中用量最大、应用最广的品种[6]。用作黏合剂和复合材料基体的环氧树脂可分为缩水甘油基型和环氧化烯烃型两大类。占环氧树脂总产量90%的双酚A环氧树脂就是缩水甘油基型环氧树脂的代表,其中商品名为E44和E51的液体环氧树脂最为常用[7]。它们的结构如下所示:

$$\underset{\alpha\text{-环氧官能团}}{\underset{\text{氧化乙烷环}}{\text{H}_2\text{C}-\overset{\text{H}}{\text{C}}-\overset{\text{H}_2}{\text{C}}-\text{O}}}-\underset{\text{双酚A}}{\left\langle\underset{\underset{\text{CH}_3}{|}}{\overset{\overset{\text{CH}_3}{|}}{\text{C}}}\right\rangle}-\text{O}-\overset{\text{H}_2}{\text{C}}-\overset{\text{H}}{\underset{\text{OH}}{\text{C}}}-\overset{\text{H}_2}{\text{C}}-\text{O}-\left\langle\underset{\underset{\text{CH}_3}{|}}{\overset{\overset{\text{CH}_3}{|}}{\text{C}}}\right\rangle-\text{O}-\overset{\text{H}_2}{\text{C}}-\overset{\text{H}}{\text{C}}-\overset{\text{H}_2}{\text{C}}$$

$n\approx 20$

双酚A环氧树脂中含有独特的环氧基以及羟基、醚键等活性基团和极性基团,因而具有许多优异的物理力学性能。并且在固化过程中,伴随着与固化剂的化学作用,双酚A环氧树脂还能进一步生成羟基和醚键,内聚力强,与被黏物表面有很强的黏附力。特别是环氧树脂固化时打开了 —C—C— 环,使得原来因范德华距离变为化学键距离而引起的空间距离缩短,被这一环氧环打开又归还给了一个范德华距离,这样,环氧树脂固化时的体积收缩大为减小,从而与被黏物界面之间的内应力最小。与其他热固性树脂相比,环氧树脂的种类和牌号最多,性能各异,环氧树脂固化剂的种类更多,再加上众多的促进剂、改性剂、添加剂等,可以进行多种多样的组配,从而获得各种各样性能优异、各具特色的环氧树脂固化体系和固化物,几乎能适应和满足各种不同使用性能和工艺性能的要求,这是其他热固性树脂所无法相比的。

2. 环氧树脂的固化剂

固化前,环氧树脂本身是一种在分子中含有两个(或两个以上)活性环氧基的低分子量化合物,相对分子质量在300～2000之间,在常温和一般加热条件下不会固化(所以环氧树脂保存期达到了年的量级),必须加入固化剂,组成配方树脂,在一定条件下进行固化反应,生成三维立体网状结构的产物,才会显现出各种优良的性能,成为具有真正使用价值的环氧材料。一般环氧树脂在酸性和碱性固化剂的作用下都可以固化。按化学结构,可以把固化剂分为酸性和碱性两类:酸性固化剂包括有机酸、酸酐、三氟化硼及其络合物;碱性固化剂包括脂肪族二胺和多胺,以及含氮化合物双氰双胺,咪唑类化合物。按固化机理，又可以把固化剂分为加成型和催化型两类：加成型固化剂如一级胺、低分子聚酰胺、有机酸、酸酐等；催化型固化剂如咪唑、三氟化硼络合物和氰基胍等。表1.1中列出了最常用的几类环氧树脂固化剂。

表1.1　几种环氧树脂固化剂

固化剂	结构式	每100 g双酚A环氧树脂的固化剂用量(g)	一般固化条件	说　明
乙二胺	$H_2N-(CH_2)_2-NH_2$	8	20 ℃，4天或100 ℃，30 min	可室温固化，固化物性脆，对皮肤有刺激
二乙烯三胺	$H_2N-(CH_2)_2-NH-(CH_2)_2-NH_2$	9～12	20 ℃，4天或100 ℃，30 min	可室温固化，固化物性脆，对皮肤有刺激，配料要精确
N，N—二乙基氨基丙胺	$(C_2H_5)_2N-(CH_2)_3-NH_2$	8	60 ℃～80 ℃，4 h或120 ℃，1 h	需加热固化，黏接强度高，性能全面，较通用
间苯二胺	$H_2N-\phenyl-NH_2$	14	85 ℃，2 h，再175 ℃，1 h	耐湿热老化性比其他胺类固化剂好
顺丁烯二酸酐	(马来酸酐结构式)	30～40	150 ℃，4 h或180 ℃，2 h	酸性强，因此固化速度快
咪唑	(咪唑结构式)	4～8	可在室温下固化，但不完全，在90 ℃以上很快固化	因熔点高，常用咪唑的衍生物2-乙基-4-甲基咪唑代替
三乙醇胺	$N(C_2H_4OH)_3$	10	80 ℃～100 ℃，2～4 h	黏附性好，固化过程中体积收缩小
2，4，6—(N，N—二甲基氨基)—苯酚(K54)	$(CH_3)_2NCH_2-$ 苯酚 $-CH_2N(CH_3)_2$ $-OH$ $-CH_2N(CH_3)_2$	5～10	室温6天或80 ℃～100 ℃，2～4 h	应用较广，常在环氧-聚硫型黏合剂配方中使用
三氟化硼·乙胺	$BF_3 \cdot NH_3$	为树脂的1%～5%	120 ℃以上固化，固化速率很快	耐碱、耐酸较差，抗冲强度低，不常用
低平均分子质量聚酰胺	平均分子质量为几百到一千多	80	100 ℃，1 h	使用方便，使用期长

3. 环氧树脂的性能特点

首先,固化环氧树脂的物理力学性能好。环氧树脂有很强的内聚力,分子结构致密,所以它的物理力学性能比不饱和聚酯和酚醛树脂等通用型热固性树脂来得好,电绝缘性能也好。环氧树脂的黏接性能好,因为环氧基活性极大,又有羟基以及醚键、胺键、酯键等极性基团使得环氧固化物有极高的黏接强度,可用作结构胶。环氧树脂固化物的耐热性一般为 80~100 ℃,有的可达 200 ℃ 或更高。

特别是环氧树脂固化时的体积收缩率很小,因此黏接界面的内应力小。在聚合过程中,本来相互之间处于范德华距离的环氧树脂单体(或预聚体)发生化学反应,分子由化学键连接了起来,分子之间原来的范德华距离(0.3~0.5 nm)缩短为化学键距离(0.154 nm),反映在宏观上就是树脂体系的体积收缩[8],见图 1.6。因为环氧树脂的缩聚反应是环氧环的打开,因此在环氧树脂单体缩聚成其固化物时,打开的环氧环又把化学键距离变回为范德华距离,补偿了因化学键合而引起的树脂体系体积的收缩。所以,环氧树脂固化时的体积收缩很小,一般只有 1%～2%。相比于不饱和聚酯树脂的 4%~6%,酚醛树脂的 8%~10%,它是热固性树脂中固化体积收缩率最小的。其产品尺寸稳定,内应力小,不易开裂。

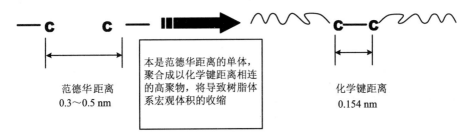

图 1.6 发生聚合反应时,原本处在范德华距离的单体会聚合成以化学键距离相连的高聚物,微观上距离的缩短在宏观上表现为树脂体系的体积收缩

从工艺性来看,由于是开环反应,环氧树脂固化时基本上不产生低分子挥发物,可低压成型或接触压成型。配方设计的灵活性很大,可设计出适合各种工艺性要求的配方,大大降低了对成型设备和模具的要求,可减少投资,降低成本。环氧树脂不易变质,储存期很长,至少 1 年,甚至更长。环氧树脂还有优良的化学稳定性,其耐碱、酸、盐等多种介质腐蚀的性能优于不

饱和聚酯树脂、酚醛树脂等其他热固性树脂。

4. 环氧树脂的应用特点

正是因为上述的性能特点，环氧树脂具有极大的配方设计灵活性和多样性。能按不同的使用性能和工艺性能要求，设计出针对性很强的最佳配方。另外，环氧树脂对施工和制造工艺要求的适应性很强。不同的环氧树脂固化体系可以在低温、室温、中温或高温固化，也可在潮湿表面甚至在水中固化，通过选用不同固化剂，环氧树脂既能快速固化，也能缓慢固化。

在三大通用热固性树脂中，环氧树脂的价格偏高，从而在应用上受到一定的影响。即使这样，由于它的性能优异，对使用性能要求高的场合，尤其是对综合性能要求高的领域，仍然首选环氧树脂。

5. 环氧树脂的应用

鉴于环氧树脂所具有的各种优良物理力学性能，电绝缘性能，与各种材料的黏接性能，以及其使用工艺的灵活性，环氧树脂在国民经济的各个领域中得到广泛的应用，包括黏合剂、涂料、复合材料基体、浇铸料、模压材料和注射成型材料等。

作为重要的黏合剂，环氧树脂除了不能用来黏接聚烯烃等非极性塑料外，对于各种金属材料（钢、铁、铜、铝等），非金属材料（玻璃、木材、混凝土等），以及热固性塑料（酚醛、氨基、不饱和聚酯等）都能很好地黏接。环氧树脂也就被大家称之为"万能胶"。

作为涂料，环氧树脂耐化学品性优良（尤其是耐碱性），漆膜附着力强（特别是对金属），在涂料中的应用占较大的比例。环氧树脂涂料还有较好的耐热性和电绝缘性，漆膜保色性也较好，能制成各具特色和用途各异的涂料。

由于绝缘性能高，力学强度大，环氧树脂大量用作电子电器材料。像在高低压电器，电机和电子元器件的绝缘及封装上环氧树脂都得到了广泛的应用。电子级环氧模塑料用于半导体元器件的塑封；环氧层压塑料在电子、电器领域应用甚广；此外，环氧绝缘涂料、绝缘黏合剂和导电黏合剂也有大量应用。

环氧树脂是重要的工程塑料——环氧模塑料和环氧层压塑料，树脂基复合材料——环氧玻璃钢的基体。环氧树脂还用作防腐地坪、环氧砂浆和混凝土制品、高级路面和机场跑道、快速修补材料、加固地基基础的灌浆材料、建筑黏合剂及涂料等土建材料。

6. 环氧树脂基纳米复合材料

复合材料是由基体材料和增强材料复合而成的多相体系固体材料。在热固性树脂基复合材料中,使用最多的树脂仍然是环氧树脂、不饱和聚酯树脂和酚醛树脂这三大类树脂。纳米材料和纳米复合材料是近年来迅速发展起来的一种新型高性能材料[9]。其中平均粒径20~100 nm 的称为超细粉,平均粒径小于 20 nm 的称为超微粉。由于纳米材料晶粒极小,表面积很大,在晶粒表面无序排列的原子分数远远大于晶态材料表面原子所占的百分数,导致了纳米材料具有传统固体所不具备的许多特殊基本性质,如体积效应、表面效应、量子尺寸效应、宏观量子隧道效应和介电限域效应等,从而使纳米材料具有特殊的光学性质、催化性质、光催化性质、光电化学性质、化学反应性质、化学反应动力学性质和特殊的物理机械性质。

1.3.2 不饱和聚酯树脂

1. 不饱和聚酯树脂

不饱和聚酯树脂(unsaturated polyester resin)也是热固性树脂中常用的一种[10]。

聚酯是主链上含有许多重复的酯基 $-\overset{\overset{\displaystyle O}{\|}}{C}-O-$ 的高聚物,不饱和聚酯是由不饱和二元酸二元醇或者饱和二元酸不饱和二元醇缩聚而成的具有酯键和不饱和双键的线形高聚物,而不饱和聚酯树脂一般是指不饱和树脂在液体乙烯类单体中的溶液。通常,聚酯化缩聚反应在 190~220 ℃温度下进行,直至达到预期的酸值(或黏度),在聚酯化缩聚反应结束后,趁热加入一定量的乙烯基单体,配成黏稠的液体(图 1.7),这样的高聚物溶液称之为不饱和聚酯树脂,简称 UP。

图 1.7 不饱和聚酯树脂

不饱和聚酯树脂是具有酯键和不饱和双键的线形高聚物,典型的不饱和聚酯的化学结构如下:

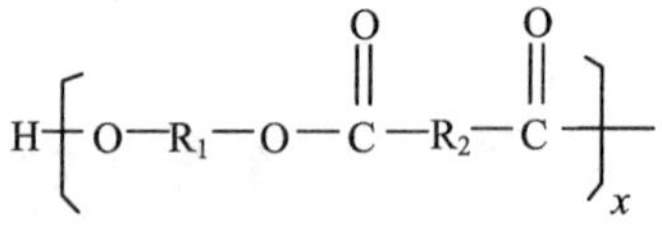

或

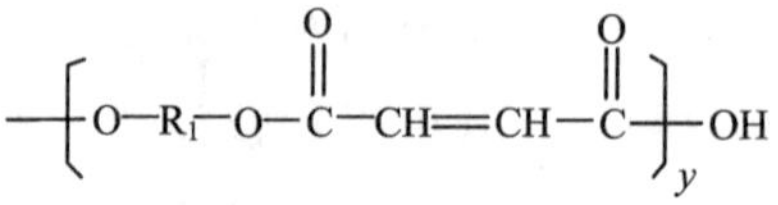

这里 R_1 和 R_2 是二元醇及饱和二元酸中的二价烷基或芳香烃基。由这个不饱和聚酯的化学结构可以看出,分子主链中除含有酯基外,还有不饱和双键,具有典型的酯基和不饱和双键的特性。不饱和聚酯是具有多功能团的线形高聚物,在其骨架主链上具有聚酯链结构和不饱和双键,而在大分子链两端各带有羧基和羟基(图 1.8)。

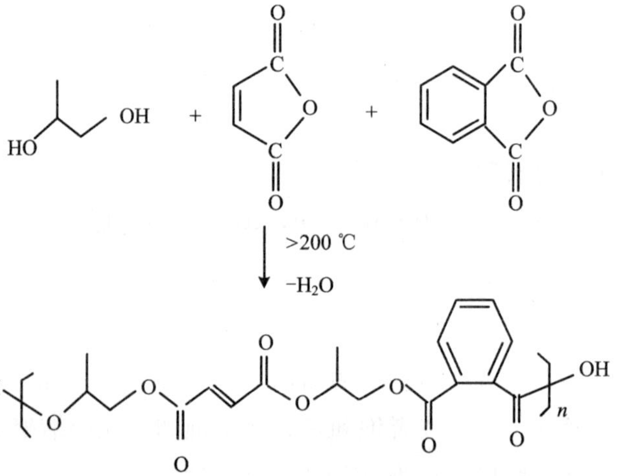

图 1.8 由丙二醇、马来酸酐和邻苯二甲酸酐的酯化制备不饱和聚酯树脂预聚物

主链上的双键可以和乙烯基单体发生共聚交联反应,使不饱和聚酯树脂从可溶、可熔状态转变成不溶、不熔状态。

主链上的酯键可以发生水解反应,酸或碱可以加速该反应。若与苯乙烯共聚交联后,则可以大大地降低水解反应的发生。

在酸性介质中,水解是可逆的、不完全的,所以,聚酯能耐酸性介质的侵蚀;在碱性介质中,由于形成了共振稳定的羧酸根阴离子,水解成为不可逆的,所以聚酯耐碱性较差。

聚酯链末端上的羧基可以和碱土金属氧化物或氢氧化物(例如 MgO,

CaO、Ca(OH)$_2$等)反应,使不饱和聚酯分子链扩展,最终有可能形成络合物。分子链扩展可使起始黏度为 0.1～1.0 Pa·s 的黏性液体状树脂,在短时间内黏度剧增至 10^3 Pa·s 以上,直至成为不能流动的、不粘手的类似凝胶状物。树脂处于这一状态时并未交联,在合适的溶剂中仍可溶解,加热时有良好的流动性。

2. 不饱和聚酯树脂的性能特点

不饱和聚酯树脂是一种可发生交联的热固性树脂,在热或引发剂的作用下,可固化成为一种不溶不熔的三维结构的网状高聚物。但这种高聚物力学强度很低,不能满足大部分使用的要求,所以通常使用玻璃纤维来增强不饱和聚酯树脂,形成树脂基玻璃纤维增强复合材料,就是大家熟知的"玻璃钢"(fiber reinforced plastics,简称 FRP,图 1.9)。

图 1.9　形形色色的玻璃钢制品:工厂使用的大型水箱、民用垃圾桶、食堂桌椅和大型雕塑

不饱和聚酯树脂的最大优点是其固化反应可以在室温下进行,并能在常压下成型,工艺性能灵活,特别适合大型玻璃钢制品的制作,并能在现场制造。并且不饱和聚酯树脂的固化过程中没有小分子化合物的形成,工艺性能优良。

不饱和聚酯树脂固化物的综合性能良好。一般说来,不饱和聚酯树脂耐水、耐稀酸和稀碱,介电性能也好,但耐有机溶剂的性能较差。与环氧树脂相比,不饱和聚酯树脂各项力学性能指标都略差,但它却比酚醛树脂好不少。并且由于其分子中基团 R_1 和 R_2 可选择范围很大,选用不同的 R_1 和 R_2 基团,可满足不同用途对不饱和聚酯树脂耐腐蚀性、电性能和阻燃性能等的各异要求。

不饱和聚酯树脂的颜色浅淡,甚至可以制成半透明或几近透明的制品,如半透明的瓦楞板,因此适应的面很广。而众所周知,酚醛树脂是深颜色的,只有非常高档的光学级环氧树脂才是透明的。另外不饱和聚酯树脂比较便宜,价格只是双酚 A 环氧树脂的二分之一。

不饱和聚酯树脂的缺点是其固化时体积收缩率大,原因是它们甚至在主链上也存在不饱和键,发生化学反应就有更多的范德华距离变为化学键距离,导致体积较大的收缩。而体积的较大收缩又导致用不饱和聚酯树脂作黏合剂时,胶接接头的内应力很大,胶接强度较低,所以不饱和聚酯树脂主要是用作非结构胶。

不饱和聚酯树脂的另一个缺点是它们的储存期较短,一般只有半年时间。加上不饱和聚酯树脂可以在室温下固化,不能像环氧树脂那样可以在室温下长期储存。另外,不饱和聚酯树脂中含有苯乙烯,有刺激性气味,要尽量避免与其长期接触。

3. 不饱和聚酯树脂的成型

各种不饱和聚酯未固化时是液体,黏度可能很低,也可能很高。加热固化后即成为固体的材料。不饱和聚酯树脂固化成的交联立体网状高聚物力学强度都不高,所以不饱和聚酯树脂主要是用作玻璃纤维增强复合材料的基体树脂,就是上面提及的"玻璃钢"。

作为树脂基玻璃纤维增强塑料中的主要品种之一,玻璃钢的成型方法比较简单,甚至用手工即能操作。即在涂好脱模剂的模具上先喷涂一层树脂,再铺一层玻璃纤维布,排挤气泡后再重复操作至所需厚度,最后固化脱模。这种成型方法几个人的手工作坊就能实现(手糊法)。对要求较高的制件,可采用层压法,即将玻璃布浸浇不饱和聚酯后,经层叠热压固化。

玻璃钢具有优良的拉伸强度和冲击韧性,相对密度小,热及电绝缘性能好,还透光、耐候、耐酸和隔音,价格比环氧树脂玻璃钢便宜,广泛用于制造雷达天线罩、飞机零部件、汽车外壳、小型船艇、透明瓦楞板等建筑材料、卫生盥洗器皿以及化工设备和管道等。

所谓"人造大理石"就是以不饱和聚酯树脂作为黏合剂,黏合石材碎料而成,在家居和建筑行业有广泛应用。

4. 不饱和聚酯树脂的固化

不饱和聚酯树脂的固化过程是分子链中的不饱和双键与交联单体(通常为苯乙烯)的双键发生交联聚合反应,由线形长链分子形成三维交联网络结构的过程。在这一固化过程中,存在有以下三种可能发生的化学反应:

(1) 苯乙烯与聚酯分子之间的;
(2) 苯乙烯与苯乙烯之间的;
(3) 聚酯分子与聚酯分子之间的。

不饱和聚酯固化过程的表观特征变化可分为三个阶段,分别是:

(1) 凝胶阶段(A 阶段):从加入固化剂、促进剂以后算起,直到树脂凝结成凝胶状而失去流动性的阶段。在这个阶段,不饱和聚酯树脂还没有交联到形成网络结构的程度,加热能熔融,并可溶于某些溶剂(如乙醇、丙酮等)中。这一阶段大约需要几分钟至几十分钟。

(2) 硬化阶段(B 阶段):从树脂凝胶以后算起,直到变成具有足够硬度,达到基本不粘手状态的阶段。在这个阶段,不饱和聚酯树脂已形成了三维立体网络结构,像乙醇、丙酮等溶剂已不能溶解树脂,只能使其溶胀,加热不能熔融(即不溶不熔)。这一阶段大约需要几十分钟至几个小时。

(3) 熟化阶段(C 阶段):从硬化以后算起,达到制品所要求的硬度,具有稳定的物理与化学性能可供使用的阶段。该阶段中,树脂既不溶解也不熔融。即是通常所说的后期固化。这个阶段通常需要几天或几星期甚至更长的时间,是一个漫长的过程。

5. 影响树脂固化程度的因素

不饱和聚酯树脂的交联达不到 100% 的固化度,即不饱和聚酯树脂中仍然还留有没有反应的活性双键。原因是固化反应的后期,树脂体系黏度急剧增加阻碍了分子扩散。因此,树脂达到的固化程度对玻璃钢的性能影响很大。固化程度越高,玻璃钢制品的物理力学性能越能得到充分体现。

影响固化度的因素有很多,树脂本身的组分、引发剂、促进剂的量,固化温度、后固化温度和固化时间等都可以影响聚酯树脂的固化度。

1.3.3 酚醛树脂

1. 酚醛树脂

酚醛树脂(phenolic resin,PF)是由酚类和醛类在催化剂条件下发生缩聚反应,经中和、水洗而制成的热固性树脂。在高分子科学的历史上,酚醛树脂是第一个人工合成的高聚物[11]。组成酚醛树脂的酚类包括苯酚、甲基苯酚、烷基苯酚等,醛类包括甲醛和糠醛,其中以苯酚和甲醛树脂最为重要,下面的说明都是以苯酚和甲醛为例的。

在酚与醛二者摩尔比为 1:1.1 到 1:1.5 时,采用碱性催化剂反应就能制得酚醛树脂,其化学式为 $[C_6H_3OHCH_2]_n$,酚醛树脂交联网状结构如图 1.10 所示。

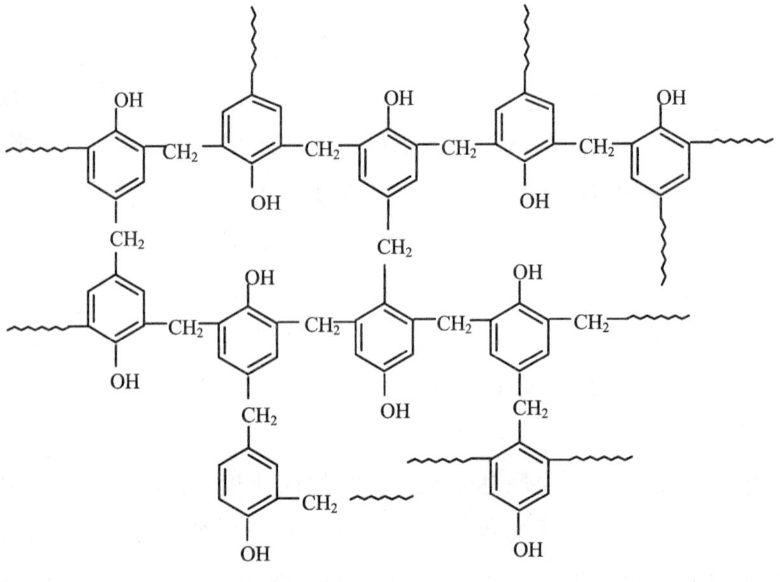

图 1.10 酚醛树脂交联网状结构

酚醛树脂是热固性树脂,但与其他热固性树脂相比,只要加热、加压,调整酚与醛的摩尔比与介质 pH,就可固化得到具有不同性能的产物,无需任何固化剂、催化剂、促进剂等助剂。酚醛树脂固化后密度小,力学强度高,变形小,耐化学腐蚀,耐热,吸湿性低,是电气工程和家用电器装置中常用的高绝缘材料(图 1.11)。酚醛树脂固化物的缺点是脆性大,颜色黑深,加工成型所需的外压很高。

图1.11 使用酚醛树脂模塑料制造的各种电器部件和日用器件拖把和手柄

热固性酚醛树脂的固化可分为甲、乙、丙三个阶段,甲阶段酚醛树脂仍然还是处在线形结构的可溶可熔树脂,达到乙阶段时,已有少量交联产生,为半可溶可熔的树脂,最后达到丙阶段时,就已完全交联为立体网状结构,既不能在任何溶剂中溶解,也不会加热时熔融。为了保证在加工制品时可以流动,一般合成的酚醛树脂大多控制在甲阶段或乙阶段,加热即可固化。如果已达到丙阶段,加工就会非常困难。但即使是甲阶段或乙阶段,酚醛树脂也为粉状固体或乳液,用作层压、泡沫和浇铸等制品的原料。

2. 酚醛树脂的性能

酚类和醛类是最常见的有机化合物,因此酚醛树脂原料丰富、价格也低廉。而酚醛树脂性能却有其独特之处:

首先,酚醛树脂特别能耐高温。即使在非常高的温度下,酚醛树脂仍然能保持其结构的整体性和尺寸的稳定性,因此在诸如耐火材料、摩擦材料、黏接剂和铸造行业等高温领域,酚醛树脂都得到广泛的应用。

作为黏合剂,酚醛树脂能与各种各样的有机和无机填料相容,用途很广。由于黏接强度很高,交联后的酚醛树脂可以提供被黏的磨具、耐火材料、摩擦材料以及电木粉所需要的力学强度和耐热性。无论是水溶性酚醛树脂还是醇溶性酚醛树脂,都可被用来浸渍纸张、棉布、玻璃、石棉等,为它们提供很好的力学强度。

酚醛树脂还有极好的耐化学性,可以抵制像汽油、石油、乙醇、乙二醇以及各种碳氢化合物等最常见的溶剂的分解。

此外,酚醛树脂低毒,燃烧时产生的烟也少。因此像公共运输和安全要求非常严格的矿山、防护栏和建筑业等都可以是酚醛树脂适用的领域。

3. 酚醛树脂的热处理

热处理会提高固化酚醛树脂的玻璃化温度 T_g,从而进一步改善酚醛树脂的各项性能。酚醛树脂最初的玻璃化温度 T_g 与在最初固化阶段所用的固化温度有关。热处理过程可以提高交联酚醛树脂的流动性,促使固化反应进一步发生,同时也可以除去残留的挥发酚,降低收缩,增强尺寸稳定性、硬度和高温强度。同时,酚醛树脂也趋向于收缩和变脆。树脂后处理升温曲线将取决于树脂最初的固化条件和树脂体系。

4. 酚醛树脂的应用

酚醛树脂主要用于制造各种塑料、涂料、黏合剂及合成纤维等。这里只谈用作黏合剂的酚醛树脂——酚醛胶。

热固性酚醛树脂是黏合剂的重要原料。单一的酚醛树脂胶性脆,主要用于胶合板和精铸砂型的黏接。而用其他高聚物改性的酚醛树脂为基料的黏合剂,在结构胶中占有重要地位。其中酚醛-丁腈、酚醛-缩醛、酚醛-环氧、酚醛-环氧-缩醛、酚醛-尼龙等黏合剂具有耐热性好、黏接强度高的特点。酚醛-丁腈和酚醛-缩醛黏合剂还具有抗张、抗冲击、耐湿热老化等优异性能,是结构黏合剂的优良品种。

热固性酚醛树脂在防腐蚀领域中常用的几种形式有:酚醛树脂涂料;酚醛树脂玻璃钢、酚醛-环氧树脂复合玻璃钢;酚醛树脂胶泥、砂浆;酚醛树脂浸渍、压型石墨制品。热固性酚醛树脂的固化形式分为常温固化和热固化两种。常温固化可使用无毒常温 NL 固化剂,也可使用苯磺酰氯或石油磺酸,但后两种材料的毒性、刺激性较大。填料可选择石墨粉、瓷粉、石英粉、硫酸钡粉,不宜采用辉绿岩粉。

1.3.4 乙烯基树脂

在传统的环氧树脂、不饱和聚酯树脂和酚醛树脂之外,20 世纪 60 年代出现了一类新型树脂——乙烯基树脂(vinyl ester)。乙烯基树脂又称为环氧丙烯酸树脂,是由不饱和一元羧酸酯醚化环氧树脂反应而得(图 1.12)。乙烯基树脂结构的特点是这类高聚物主链中的末端基具有不饱和双键[12,13]。

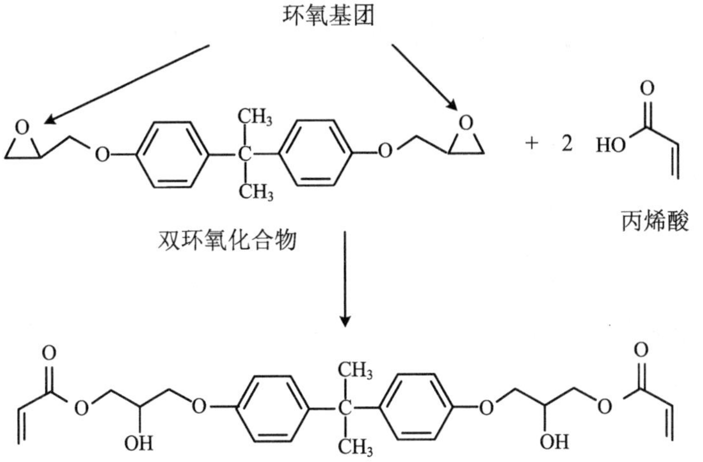

图 1.12 双环氧化合物与丙烯酸反应得到乙烯基树脂

作为例子,由双酚 A 环氧树脂与甲基丙烯酸反应得到的乙烯基树脂有如下结构:

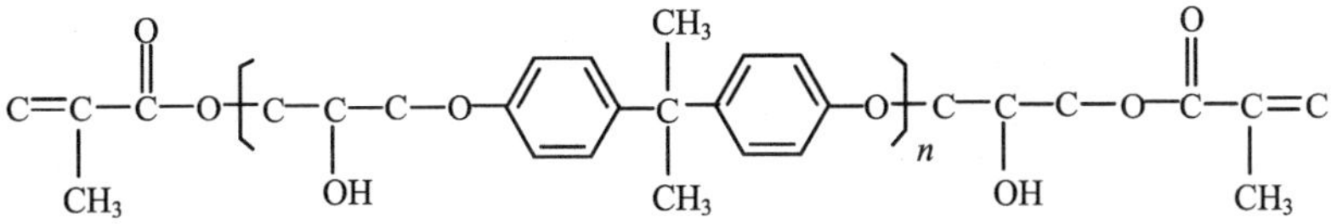

由于不饱和双键在分子链的两个端头,由它们发生交联反应,形成"交联点",因此交联点之间的分子链特别长。如果受力的作用,伸长的是整个分子链,而柔软的高分子链可以吸收很大的冲击和高的温度。在宏观上,乙烯基树脂就表现出好的抗冲击韧性、耐开裂。另外,由于不饱和双键位于高聚物分子链的端部,固化时不受空间障碍的影响,既可在有机过氧化物引发下,通过相邻分子链间进行交联而固化,也可与单体苯乙烯发生加聚反应而固化。

除了这个特点外,乙烯基树脂高分子链中每单位相对分子质量中的酯键比普通不饱和聚酯少 35%～50%,这样就提高了该树脂在酸、碱溶液中的水解稳定性。用作复合材料的基体,乙烯基树脂链上的仲羟基增强了其与玻璃纤维或其他纤维的浸润性和黏接性,从而提高了复合材料的强度。加上具有环氧树脂的主链,使得乙烯基树脂韧性也很好,等等。

1.4 复合作用原理和树脂基复合材料

交联的环氧树脂、不饱和聚酯等热固性树脂的成功合成和固化导致了树脂基复合材料整个产业的兴起。

充任结构材料的高聚物,性能方面的要求可以概括为三点,即更高的强度,更高的耐热性和更高的对化学药品的抗蚀力。这些要求反映在高分子结构上是比较一致的,无非是加强高分子间的相互作用力或强化高分子链本身。

一般认为借助于下面三个主要原则可从结构上改进高聚物材料的性能,这三个原则是结晶、交联和增加高分子链的刚性[14]。这样,交联就被认为是提高高聚物物理力学性能的三个重要手段之一。

具体说来,提高高聚物材料的强度不仅可以从改进高聚物结构、合成新的品种着手,而且可从多种组分的复合方面来改进,近年来为了满足超音速飞行、空间探索和深海勘探事业对高强度、耐冲击高聚物材料的苛刻要求,越来越多地发展树脂基复合材料。一般这种材料具有高强度,高弹性模量,低比重,设计灵活性强和良好的耐高温特性。树脂基复合材料在很多方面成功地代替了许多传统材料。

过去人们对元素和化合物的研究比较重视,而对混合物的研究比较漠视。这是因为过去的研究对象大部分是低分子化合物,而低分子化合物的混合物中各个组分的相互影响不大。现在有了高分子量的高聚物,情况就完全不同了。高聚物混合物是许多长链分子互相捏合渗透在一起,其中有千百个基团发生相互作用,影响着整个体系的物理化学性能。从宏观上看,虽然多成分彼此作用成一个整体,但是它们互不溶解,也没有以其他方式相互完全融合,通常各成分在其交界面上可以物理地区分出来。

尽管复合材料已经长期地和大量地予以利用,但是对它们的基本认识还有待深入。一个相对陈旧的概念是,复合材料被认为仅仅是两种材料(或多种材料)的结合,目的是为了改进其主要组分的某种不足。但现代复合材料的新概念认为,复合材料具有它自己独特的性能,就其强度、耐热性或其他一些合乎要求的性能来说,复合材料胜于它的任一单个组分,或与它们都有本质的差别。

复合材料新概念的一个粗浅例子是恒温烘箱装置中控制温度的双金属片。双金属片由一片黄铜片和一片同样形状的铁片所组成。如果这两金属片是分开的,将它们同时加热,黄铜片的热膨胀比铁片来得大;如果把黄铜片和铁片焊在一起,再加热,那么黄铜片较大的伸长将迫使与它紧紧焊在一起的铁片发生弯曲,而铁片的弯曲又会迫使黄铜片弯曲。正是这个弯曲导致了铜铁双金属片全新的特有性能(与单独的铜片和铁片相比),即铜铁双金属片能用来指示温度或启动开关。

这个例子说明了现代复合材料的两个特点:第一,两种材料的任何一个在单独使用时所不具备的性能,在其复合体中却有全新的体现;第二,两种组分协同作用使它们不同的应变归于相等,这个称为复合作用原理的行为在设计复合材料时是非常重要的。

现代高新技术对材料的要求是苛刻的,不但要求材料要有刚度,还要有很高的强度,并且材料还必须质量很轻。因此必须经常考虑单位重量的刚度(比刚度)和单位重量的强度(比强度)。重量轻、刚度大的高强度材料是陶瓷类材料,如玻璃、石墨、蓝宝石、金刚砂和硼等,而通常认为高强度的金属,则显得十分可怜,即使强度最大的钢,以单位重量来计算也是一种令人不能满意的材料。而高聚物的单位重量的强度是好的,但单位重量的刚度则比金属还要差很多(见图 1.13)。

玻璃、金刚砂和石墨不仅在单位重量的强度和单位重量的刚度上都优于一般的金属,并且它们熔点高,热膨胀小,原料来源丰富、价廉。然而为什么它们很少用作结构材料呢?原因是它们的高强度只能在相当特殊的条件下才能得以实现,那就是试样必须非常完整,既没有内裂纹,也不能有表面裂纹或小疙瘩,有一个光滑的表面。只要有裂纹,即使是非常小的裂纹,陶瓷类材料就十分脆弱,它们的断裂功将会很小。因为陶瓷材料有高度取向的作用力和饱和键,裂纹很容易进入陶瓷材料的内部。但没有裂纹的大尺寸陶瓷类材料是很难得到的,为了在复合材料中使用陶瓷,必须把它们分成小块,以使任何已有的裂纹不能再继续在材料内部扩展,然后再把这些小块结合在一个基体中,陶瓷通常以纤维的形式加入。

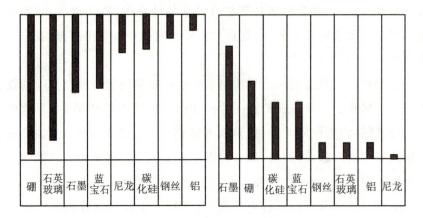

图 1.13　各种材料的强度和刚度。强度(左)用最大自由悬挂长度表示,硼最长,达 304.7 km。刚度(右)是指单位重量刚度的相对值,它以一个任意标尺表示

正好相反,金属材料和高聚物的抗裂纹能力要比陶瓷、玻璃材料好得多。因为金属中原子间的作用力和高聚物分子间的作用力不是靠严格的定向排列来获得强度,况且金属和高聚物的化学键是不饱和的,容易形成新键。可以作为复合材料的柔性基体。

对基体材料性质的要求是:第一,基体必须不损伤纤维,以免引进裂纹。第二,它必须起到介质的作用,能把应力传递给纤维。基体当然要是塑性的和黏性的,这样它就能将纤维黏住,就像一个人踏进了又深又软的泥浆中,想把被黏住的腿拔出来是很难的。第三,基体必须能对复合物本身的裂纹起着致偏和控制的作用。幸运的是,热固性树脂能满足上述基体所必备的这些力学性能。

把纤维排列成行所组成的树脂基复合材料具有最高的力学强度。如果这种复合材料受到平行纤维方向的拉伸作用,复合作用原理开始起作用,因此纤维的应变和基体的应变实际相等。选择了热固性树脂这样一种基体,它以塑性形式屈服或流动,因而当纤维和基体处在相同应变时,纤维中的应力比树脂基体中的应力大很多很多。这个差别是如此的显著,以致基体对复合材料断裂强度的贡献可以忽略不计。

调节纤维和树脂基体之间的黏合程度可以达到控制裂纹的第二个效

应。如果黏性低,材料在与纤维垂直的方向就弱了。但也有有利的一面,即如果裂纹起始于纤维的垂直方向,裂纹就沿着弱界面偏斜,而无损于平行于纤维方向所要求的性能。

当玻璃一类极脆材料的纤维用于复合材料时,通常总带有一些裂纹。当这样的复合材料受载时,有一些纤维会先行断开。显然断纤维紧靠断头的这部分将不再承受载荷。然而,这根纤维在稍离断头的未断部分仍然与其周围未断纤维一样承受相同的负荷。其原因是当纤维断裂时,它的两端力图相互拉开,但受到黏接着纤维的树脂基体的阻碍。基体的平行于应力方向上的流动阻止了纤维松弛的趋势。这时剪切应力开始起作用,并逐渐在断纤维中重新建立应力(图 1.14)。复合材料中树脂基体于断纤维中产生应力的事实表明,即使纤维全部都断开,复合作用原理也还是在起作用。以上事实还告诉我们,尽管贯穿整个材料的长纤维肯定会提供最好的力学强度,但有的复合材料就是用短纤维来制造的,而不用贯穿整个材料的长纤维,同样也可起到一定的增强作用,这在制造工艺上是非常有价值的简化。

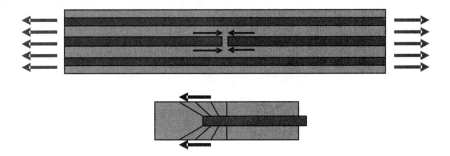

图 1.14 在纤维增强复合材料中,断纤维仅引起微小的损伤。其原因描画在顶图上,它代表基体中一根断纤维和两根未断纤维,当中间那根纤维因应力而断开时,该纤维的两端力图相互拉开,但为黏性基体的剪切力所阻。底图详细描述了纤维断头的受力

这个事实为纤维增强作用原理的应用提供了两个可靠的优点。因为能用短纤维,板料可以用由基体和短纤维组成的叠层(以提供多方向的强度)来制得。第二个优点是已知最强的材料是统称为"晶须"的短单晶丝,因为纤维增强复合材料不要求用连续的长纤维,则可利用晶须,晶须增强的复合材料在许多实验室中已经制得,且已证明有极其良好的力学性能。

1.5 热固性树脂固化研究的重要性

热固性树脂的固化是黏合剂胶接工艺的关键之一,也是树脂基复合材料成型工艺的关键之一。但固化历程复杂,交联树脂又不溶不熔,致使固化过程的研究十分困难。传统上采用化学分析、光谱分析和量热等手段来确定反应官能团的转化率,从而了解热固性树脂的固化过程[15,16]。然而在固化的最后阶段,官能团消耗的增加已不明显,致使这些分析技术的灵敏度和功能大为减小。固化过程是树脂高聚物模量逐渐增加的过程,不同的固化程度可以通过它们模量的变化反映出来。固化的最后阶段,在力学强度上有很好的反映。因此,使用动态力学方法可以由一个单独的试验来监测树脂从液态到固态转变的全过程,全真地模拟整个成型工艺,并反映树脂力学性能随温度变化的规律,得到一些固化反应表观动力学的参数。而且,正是在这固化的最后阶段,固化程度对固化产物的性能有很大影响,在很大程度上决定了固化树脂的最佳性能。因此,把固化研究与热固性树脂的性能直接联系起来,是一个既实用又简便的方法。从使用角度来看,我们最终使用的是固化树脂的力学性能。在某些分析技术灵敏度急剧下降的固化最后阶段,其在力学强度上却有很好的反映。不同的固化程度可以通过它们的力学性能,如模量、扭矩、黏度的变化反映出来。因此用力学的方法可以很好地研究热固性树脂的固化过程。像动态扭辫法、动态弹簧法和动态扭振法等动态力学方法都已成功地应用于环氧树脂等固化过程的研究。就是最普通的形变-温度法也可用来研究不饱和聚酯的固化。与力学破坏试验相比,它们在筛选配方和固化条件时,省力省时,颇受工业界的欢迎。

我们深切体会到:具有相同化学指标的树脂(即不同批号的同一产品),它们的固化条件可能是不一样的,在使用时要先行测定,从学术观点来看,对于一般的树脂,不但要求有化学成分,还要提供它们的固化指标。

1.6 本实验室的工作

我们从 1982 年开始从事热固性树脂黏合剂和树脂基复合材料的固化研究。最早是改装橡胶硫化仪使之适用于热固性树脂的固化，以后则设计制造了专门用于测定热固性树脂固化的 HLX-Ⅰ型树脂固化仪，并进一步把它计算机化，制得了全计算机控制的 HLX-Ⅱ。在把树脂固化仪应用于各种树脂胶黏剂和复合材料固化过程中，创建了"动态扭振法"。

经过近 20 多年的探索，我们用动态扭振法做了如下多方面的工作：

(1) 确定最佳固化体系，包括最佳树脂-固化剂配方比、最佳固化温度和固化时间；

(2) 为工厂的已有固化体系做进一步的优化，以及确定单组分黏合剂的储存期；

(3) 求取树脂固化剂体系固化反应的表观活化能；

(4) 求取固化反应其他表观动力学参数，包括反应级数，凝胶点时的反应程度；

(5) 粉状填料对树脂固化反应的影响；

(6) 玻璃纤维增强复合材料的固化；

(7) 蒙脱土纳米复合材料的固化；

(8) 热塑性塑料有机玻璃及其复合材料的本体聚合；

(9) 液态聚氨酯橡胶的固化；

(10) 互穿网络高聚物的交联；

(11) 固化过程的理论预估，包括 Flory 凝胶化理论、Hsich 非平衡态热力学涨落理论、Avrami 结晶动力学理论等的应用。

为读者查询方便，在参考文献里我们列出了本实验室在国内外期刊上公开发表的有关动态扭振法及其应用的 40 多篇学术论文目录[17~59]。

参 考 文 献

[1] 何平笙.新编高聚物的结构与性能[M].北京:科学出版社,2009.

[2] 谢封超,张青岭,刘结平,何天白.高分子的软物质特性[J].高分子通报,2001(2):50-56.

[3] 陈祥宝.聚合物基复合材料手册[M].北京:化学工业出版社,2004.

[4] 翁国文.橡胶硫化[M].北京:化学工业出版社,2005.

[5] 柯扬船,何平笙.高分子物理教程[M].北京:化学工业出版社,2006.

[6] 孙曼灵.环氧树脂应用原理与技术[M].北京:机械工业出版社,2004.

[7] 杨玉昆,廖增琨,余云照,卢凤才.合成胶黏剂[M].北京:科学出版社,1983.

[8] 何平笙,李春娥,陈显东,刘建威.环氧树脂-玻璃界面的残余应力[J].高分子材料科学与工程,1990,6(3):40-43.

[9] 徐卫兵,何平笙.Epoxy/Clay 有机-无机纳米复合材料[J].高分子材料科学与工程,2002,18(1):6-11.

[10] 沈开猷.不饱和聚酯树脂及其应用[M].北京:化学工业出版社,2005.

[11] 黄发荣,焦杨声.酚醛树脂及其应用[M].北京:化学工业出版社,2003.

[12] 张宗.乙烯基酯树脂的合成及性能[J].热固性树脂,2000,15(1):1-2.

[13] 陆士平,王天堂.双酚 A 型环氧乙烯基酯树脂的合成及性能研究[J].热固性树脂,2001,16(6):18-19.

[14] 何平笙.高聚物的力学性能[M].2 版.合肥:中国科学技术大学出版社,2008.

[15] MULLIGAN D R. Cure monitoring for composites and adhesives[J]. Rapra Review Reports, 2003, 14(8):3-109.

[16] WILLOUGHBY B G. Cure assessment by physical and chemical techniques[J]. Rapra Review Reports, 1993, 6(8):3-113.

[17] 何平笙.动态力学方法及其在热固性树脂固化过程研究中的应用[J].黏合剂,1983(4):10-15.

[18] 李春娥,曹森涌,何平笙,刘翠侠,刘彦.研究热固性树脂固化过程的新方法[J].工程塑料应用,1983(3):42-45.

[19] 何平笙,李春娥.动态扭振法确定单组分环氧树脂胶黏剂的固化条件[J].塑料工业,1984(3):60-62.

[20] 何平笙,李春娥,刘玉龙,阮德礼.改装硫化仪使适用于研究液态橡胶的固化[J].橡胶工业,1984(8):41-43.

[21] 何平笙,李春娥,刘彦,曹森涌,魏春鸣.动态力学方法研究环氧树脂的固化过程[J].黏接,1984,5(3):1-5.

[22] 何平笙,李春娥,赵炉.粉料填充的环氧树脂复合材料的固化[J].高分子材料科学与工程,1985,1(1):79-83.

[23] 何平笙,李春娥,徐为民.动态扭振法及其在环氧树脂固化过程研究中的应用[J].高等学校化学学报,1985,6(2):187-189.

[24] 何平笙,周志强,李春娥.研究树脂基复合材料固化的动态扭振法[J].复合材料学报,1985,2(3):81-83.

[25] 何平笙,李春娥,赵炉.环氧树脂-SiO_2粉料体系固化行为的理论预估[J].复合材料学报,1985,2(4):9-14.

[26] 李春娥,周志强,何平笙.动态扭振法研究不饱和聚酯预浸片的固化[J].中国科学技术大学学报,1986(增刊):61-65.

[27] 何平笙,李春娥.树脂固化仪在环氧树脂固化过程研究中的应用[J].热固性树脂,1988(4):27-31.

[28] 何平笙,李春娥,梁谷岩.环氧树脂-三乙醇胺体系固化行为的预估[J].高分子学报,1989(1):81-85.

[29] HE PINGSHENG, LI CHUNE. Curing studies on epoxy system with fillers[J]. Journal of Materials Science, 1989(24):2951-2956.

[30] HE PINGSHENG, LI CHUNE. Study on cure behavior of epoxy resin-BF3. MEA system by dynamic torsional vibration Method[J]. Journal of Applied Polymer Science, 1991(43):1011-1016.

[31] 何平笙,李春娥,刘仙玲,王立峰.T31-环氧树脂固化过程研究1:动态扭振法确定固化条件[J].功能高分子学报,1991,4(4):285-289.

[32] 李春娥,何平笙,管鹤芳.T31-环氧树脂固化过程研究2:电阻应变丝法测残余应力[J].复合材料学报,1992,9(1):37-41.

[33] 何平笙,李春娥,欧润清,丛树昕.T31-环氧树脂固化过程研究3:激光测微法测线膨胀系数[J].化学与黏合,1996(4):187-189.

[34] 王本明,白莉,何平笙.热固性树脂固化过程的在线测量和控制[J].安徽大学学报:自然科学版,1996,20(1):48-52.

[35] 何平笙,李春娥.研究热固性树脂固化的动态扭振法:HLX-Ⅰ型树脂固化仪在热固性树脂和树脂基复合材料固化研究中的应用[J].现代科学仪器,1999(6):17-20.

[36] 李春娥,王政,文闻,何平笙.环氧树脂-聚酰胺-玻璃微珠体系的固化[J].复合材料学报,2000,17(4),97-100.

[37] 何平笙,陈忻,鲁传华.动态扭振法观察环氧树脂/蒙脱土插层聚合物的二次固化[J].功能高分子学报,2000,13(4):440-441.

[38] 黄飞鹤,李春娥,何平笙.动态扭振法研究互穿网络聚合物的固化[J].高分子材料科学与工程,2001,17(1):93-97.

[39] 徐卫兵,何平笙.Avrami 法研究环氧树脂/蒙脱土/咪唑纳米复合材料的固化动力学[J].功能高分子学报,2001,14(1):66-70.

[40] ZOU GANG, FANG KUN, HE PINGSHENG. Study on intercalation and dynamic mechanics behavior of PMMA in organo-clay by means of the dynamic torsional vibration method[J]. Journal of Materials Science Letters, 2002(21):761-763.

[41] 徐卫兵,沈时骏,鲍素萍,杭国培,唐述培,何平笙.环氧树脂插层纳米复合材料固化动力学研究[J].黏接,2002,23(6):13-16.

[42] XU WEIBING, HE PINGSHENG, CHEN DAZHU. Cure behavior of epoxy resin/montmorillonite/imidazole nanocomposite by dynamic torsional vibration method[J]. European Polymer Journal, 2003,39(3):617-625.

[43] CHEN DAZHU, HE PINGSHENG. Cure behavior of epoxy resin/montmorillonite/2-ethyl-4-methylimidazole nanocomposite[J]. Journal of Composite Materials, 2003,37(14):1275-1288.

[44] XU WEIBING, HE PINGSHENG. Cure behavior of epoxy resin/montmorillonite/imidazole nanocomposite by dynamic torsional vibration method[J]. European Polymer Science,2003,39(3):617-625.

[45] CHEN DAZHU, HE PINGSHENG, PAN LIJIA. Cure kinetics of epoxy-based nanocomposites analyzed by avrami theory of phase change[J]. Polymer Testing, 2003,22(6):689-697.

[46] 程义云,陈大柱,何平笙,王春雷.环氧树脂/MP/酸酐/促进剂复合阻燃材料的固化动力学[J/OL].国际网上化学学报,2003,5(4):35.http://www.chemistrymag.org/cji/2003/054035nc.htm.

[47] 邹纲,方堃,何平笙.动态扭振法研究聚甲基丙烯酸甲酯/蒙脱土纳米复合材料的本体插层聚合过程[J].高等学校化学学报,2003,24(3):537-540.

[48] 陈大柱,何平笙.从聚合物的结晶到热固性树脂的固化:Avrami 理论在研究热固性树脂固化过程中的应用[J].功能高分子学报,2003,16(2):256-260.

[49] 陈大柱,何平笙.环氧树脂/蒙脱土/2-己基-4-甲基咪唑纳米复合材料的固化行为[J].高分子材料科学与工程,2004,20(5):182-186.

[50] 姚远,陈大柱,何平笙.动态扭振法在树脂固化研究中的最新应用[J].功能高分子学报,2004,17(4):661-665.

[51] CHEN DAZHU, HE PINGSHENG. Cure behavior of epoxy resin/montmorillonite/2-ethyl-4-methyl-imidazole nanocomposite[J]. J Compos Mater, 2003(37):1275-1288.

[52] CHEN DAZHU, HE PINGSHENG. Monitoring the curing process of epoxy resin nanocomposites based on organomontmorillonite a new application of resin curemeter

[J].Composites Science and Technology,2004(64):2501-2507.

[53] 程义云,陈大柱,何平笙.树枝形聚合物 PAMAM/环氧树脂体系的配方筛选及固化条件研究[J/OL].国际网上化学学报,2004,6(7):48. http://www.chemistrymag.org/cji/2004/067048pc.htm.

[54] 程义云,王春雷,陈大柱,何平笙.不饱和聚酯/有机蒙脱土复合材料的固化动力学[J].功能高分子学报,2004,17(2):220-224.

[55] 程义云,陈大柱,何平笙.环氧树脂/PAMAM 体系的固化动力学研究[J].功能高分子学报,2004,17(4):661-665.

[56] CHEN DAZHU, YUAN FANG, HE PINGSHENG, QIAN JIASHENG. Curing study of a toughened epoxy system using the dynamic torsional vibration method[J]. Polymer & Polymer Composites,2004,12(8):719-726.

[57] CHENG YIYUN, CHEN DAZHU, FU RONGQIANG, HE PINGSHENG.Behavior of polyamidoamine dendrimers as curing agents in bis-phenol a epoxy resin systems [J].Polymer International,2005(54):495-499.

[58] YAO YUAN, CHEN DAZHU, HE PINGSHENG, YANG HAIYANG. Cure behavior of epoxy resin/CdS/2,4-EMI nanocomposites investigated by dynamic torsional vibration method(DTVM)[J].Polymer Bulletin,2006(57):219-230.

[59] CHENG YIYUN, CHEN DAZHU, XU TONGWEN, HE PINGSHENG. The cure behavior of thermosetting resin based nanocomposites characterized by using dynamic torsional vibration method[M]//THOMAS S, ZAIKOV G E, VALSARAJ S V. Recent advances in polymer nanocomposites. New York:Brill Academic Pub, 2009:286-337.

第2章 固化过程的常用研究方法

如前所述,热固性树脂的固化是黏合剂黏接工艺的关键之一,也是树脂基复合材料成型工艺的关键之一。固化反应种类繁多,历程复杂,既可以是线形高分子链的交联,也可以是低聚物的聚合。固化产物的性能除与树脂体系自身的结构组成有关外,还与它们的固化反应条件有关,不同固化条件下得到的固化产物性能差别很大。不仅如此,即使是相同牌号但非同批次产品的树脂,其固化性能也可能不尽相同。因此准确地监测、评估和研究热固性树脂的固化过程和工艺参数对于提高热固性树脂的固化工艺水平及固化产品性能具有重要意义。

另一方面,也正是由于固化过程的复杂性和实际固化体系的繁杂多样,很难给出一个绝对的测量标准量,因而目前也没有统一的标准测量方法。一般是选择某一个与固化程度相关的可测物理量作为测量依据,通过观测该物理量数值的变化及变化速率获得树脂体系的固化程度和固化反应速率,以及树脂固化的重要工艺参数——凝胶化时间和完全固化时间等。

按被测量理化性质的不同,可将测量方法分为物理方法和化学方法两大类[1,2]。不同的测量方法得到的结果具有不同的物理意义。有的方法适合实验室进行产品质量分析,有的方法更有利于生产线上作在线监测。表2.1列出了实验室和工业上常用的固化过程研究方法。

表2.1 常用的固化过程研究方法

方法分类	代表性测量方法	被测物理量
基于化学反应的方法	化学滴定	化学基团浓度
	红外(IR)、拉曼(Raman)等波谱方法	化学键的光谱信号强度
基于热学性能的方法	差热分析(DSC、DTA)	固化过程中的热焓变化
基于电学性能的方法	介电分析(DEA)	介电损耗及离子电导率

续表 2.1

方法分类	代表性测量方法	被测物理量
基于力学性能的方法	动态扭辫法、动态弹簧法、动态热机械分析、动态扭振法	相关力学模量及力学损耗
基于光纤测量的方法	光纤监测	折射率的变化或对测量信号波的吸收情况
基于超声测量的方法	超声监测	纵向超声速率及超声衰减
其他方法	黏度法、硬度法、溶胀法	相应的物理性能

2.1 基于波谱分析的方法

热固性树脂的固化是线形高分子链的交联或低分子化合物的聚合，固化过程中伴随着相关反应基团的生成或消失。固化反应程度可用反应物的转化率来表示。因此分析热固性树脂固化过程最直接的方法便是跟踪、分析反应中相关反应基团浓度的增减。这可以通过化学滴定方法和波谱方法进行测量。

化学滴定方法主要适用于反应过程比较明确、反应物含有特定功能末端基团的热固性树脂固化反应体系。羟基、羧基、酰氯、异氰酸酯等基团都可通过化学滴定（或反滴定）的方法进行测定。如 Flory 曾以酚酞为指示剂，用 0.1 N 的 KOH 醇溶液滴定分析了聚酯中酸性反应物的含量[3]。这种方法可测定固化反应程度，也可用于研究固化反应动力学。只是测量反应速率时，需将反应体系予以淬冷或稀释，以中止固化反应，操作比较繁琐。但在不具备现代波谱分析装置的实验室，仍不失为一个实用的测量方法。

波谱方法是现代物质化学结构的主要分析方法之一，具有取样少、分辨率高、重复性好和测量方便迅速等优点。随着现代仪器技术的不断发展，波谱技术的应用也越来越广泛灵活，既可以对物质的理化性质做定性测量，也可以进行相关定量分析。应用于树脂固化研究时，用波谱技术跟踪测量热固性树脂体系中相应基团含量的变化，可以剖析固化过程的反应机理，分析出热固性树脂体系的相应固化动力学参数。波谱技术已成为实验室研究热固性树脂固化反应过程的重要手段。波谱方法中的任何一种技术都是一门学问,详细的内容可以参见为数众多的专著[4,5]。本节主要介绍在热固性树脂固化研究中最为常用的波谱方法——红外光谱的应用。

2.1.1 红外光谱(IR)简介

红外光谱属于吸收振动光谱。红外光激发化合物分子内原子核之间的振动和转动能级的跃迁,通过测定这些能级跃迁的信号可以分析推测出分子的结构信息。红外吸收峰的位置取决于化学键的结构,也可能随具体测试时溶剂化作用的不同(基团周围环境的变化)发生细微的变化。吸收谱带的强度与相应分子基团的数量有关,也与分子振动时的偶极矩变化率有关。变化率越大,吸收强度也越大,因此极性基团如羟基、羰基、胺基等均有很强的红外吸收带(表2.2)[5]。通过定量计算可以得出固化过程中的相关工艺参数和动力学数据,如凝胶化时间、完全固化时间、固化速率等。更重要的是,红外光谱信息能够直接反映出固化反应过程中的微观反应机理以及固化产物的微观结构,可以为固化配方的设计和改进提供必要的信息。

表2.2 红外光谱中主要化学键的特征频率

光谱区域(cm^{-1})	引起振动的主要基团
4000～3000	O—H、N—H 伸缩振动
3300～2700	C—H 伸缩振动
2500～1900	—C≡C—、—C≡N、—C=C=C—、—C=C=O、—N=C=O 伸缩振动
1900～1650	C=O 伸缩振动及芳烃中 C—H 弯曲振动的倍频和合频
1675～1500	芳环、C=C、C=N 伸缩振动
1500～1300	C—H 面内弯曲振动
1300～1000	C—O、C—F、Si—O 伸缩振动和 C—C 骨架振动
1000～650	C—H 面外弯曲振动,C—Cl 伸缩振动

2.1.2 固化研究中常用的相关 IR 测量技术

目前红外分析测试中最常用的是傅里叶变换红外光谱仪(FTIR)。相比于传统的红外分光光谱仪,FTIR 具有能量输出大、信噪比高、波数精度高及扫描快速等优点,提高了测量灵敏度和测定的频率范围。利用计算机技术还能够对测得的光谱进行差谱分析、谱带分离、因子分析等各种计算,使得红外光谱研究应用更为深入和灵活。

红外光谱测量中一般要求试样具有很好的透光性,使红外光能够充分透过。这就要求在制作固化试样时注意使其均匀超薄。但对含有某些填充物(如炭黑)的复合材料,即使试样足够薄,也难用一般透射法测量。这种情况下可以应用 FTIR 中的相关反射分析技术,如衰减内反射(attenuated total reflectance)、多重内反射(multiple internal reflectance)等。

热固性树脂的固化是一个动态反应过程,为了能够捕捉固化过程中化学变化的瞬变过程,通常预先将样品置于能够升温的加热配件中,然后放入红外光谱仪测试光路中连续或间歇地对样品进行扫描记谱,实现对固化过程的原位跟踪。此即所谓动态红外光谱。

此外,红外光谱与光纤技术相结合还可以对树脂的固化过程进行在线监测(参见 2.4.2 节)。

2.1.3 固化测试样品的制备

红外光谱测试中,根据测试样品的性质及测试条件的不同可以选择不同的制样方法,如溶液法、薄膜法、悬浮法、切片法、卤化物压片法等[5]。热固性树脂固化过程中,起始样品为黏稠液体状态,随固化反应进行逐渐变成固体。根据这一特点,通常可采用涂膜法和压片法制样。

(1) 涂膜法。将热固性树脂的各配方组分分别以适当溶剂溶解后,按比例混合均匀;再将混合试样均匀涂到 NaCl 盐窗薄片上,待溶剂挥发完全后,便可放入光谱仪中进行测量。

(2) 压片法。定量称取树脂配方的各组分,按配方比例充分混合;然后在干燥条件下,与 KBr 粉末充分研磨均匀,并在一定压力下压成薄片即可。

无论采用哪种方法制样,所制样品应该厚度均匀,超薄透明。厚度合适的样品测得的 FTIR 谱图噪音信号小,谱图具有可重复性,定量结果合理。相反,不透明、厚度不统一的样品得到的 FTIR 谱图噪音信号大,各基团峰强度变化无规律,不利于进行定量计算。如用 KBr 压片法制样时,KBr 颗粒的粒径应小于 0.074 mm,KBr 盐片厚度控制在 0.08~0.15 mm,这样制出的样品分析效果较佳[6]。

2.1.4 红外技术在固化监测中的应用

红外光谱法直接测量被测体系中的分子结构信息,主要表现为吸收峰的位置和强度。从吸收峰的位置可判断出吸收峰对应的化学键(官能团)的种类,以及其所处化学环境(包括溶剂化作用和相邻基团等因素)的影响;吸收峰的强度则反映出体系内含有对应基团的数量多少(即基团浓度)。通过对这些信息的分析可以推断出固化反应过程中的固化反应机理以及固化产物的微观结构,同时可以定量计算出相关固化动力学参数,如凝胶化时间、完全固化时间、固化速率等。

阎红强等[7]采用原位红外光谱法研究了 2,7-二氰酸酯基萘(DNCY)和 2,7-二(4-马来酰亚胺)苯醚基萘(BMPN)树脂的固化机理。用涂膜法制样,样品置于预设至一定温度的样品池中以一定的时间间隔进行原位扫描测试。图 2.1 为氰酸酯和双马来酰亚胺共混体系在不同固化时间、不同固化温度条件下的红外吸收光谱图,DNCY:BMPN 的质量比为 1:1,固化条件为:固化温度 200 ℃,后处理温度 250 ℃。图中 690.7 cm^{-1} 处的吸收峰归属于 BMPN 单体中官能团马来酰亚胺的双键=C—H 的面外弯曲振动,2263.5 cm^{-1} 处的吸收峰归属于氰酸酯单体氰基(—CN)的伸缩振动。氰基通过环化反应生成的三嗪环的吸收峰出现在 1568.7 cm^{-1} 和 1360.5 cm^{-1} 处。通过对不同固化条件下 IR 图谱的分析发现,氰酸酯体系所发生的固化反应都以氰基通过环化反应生成三嗪环为特征,催化剂的加入对该体系的固化机理没有明显影响。

不含催化剂的 DNCY-BMPN 体系在共固化反应过程中,马来酰亚胺五元环中羰基 1714.4 cm^{-1} 的吸收峰随固化反应没有发生变化。因此,可以选择羰基 1714.4 cm^{-1} 吸收峰作为内标峰,根据式(2.1)可计算出反应过程中马来酰亚胺环中 C=C 双键和氰基基团在体系中的浓度 $C(t)$,结果如图 2.2 所示。

$$C(t) = \frac{A(t)/A(t)_{标准}}{A(0)/A(0)_{标准}} \qquad (2.1)$$

式中 $A(t)$ 和 $A(t)_{标准}$ 分别是待分析基团和内标基团在 t 时刻的吸收峰面积,$A(0)$ 和 $A(0)_{标准}$ 分别是待分析基团和内标基团反应起始时的吸收峰面积。

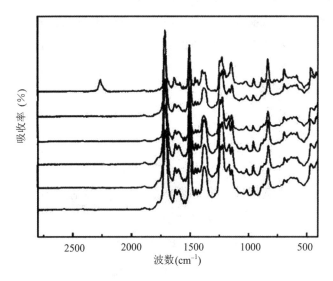

图 2.1　二氰酸酯基萘(DNCY)—2,7-二(4-马来酰亚胺)苯醚基萘(BMPN)树脂体系在不同固化温度、不同时间时的红外吸收光谱图(DNCY：BMPN = 1：1)

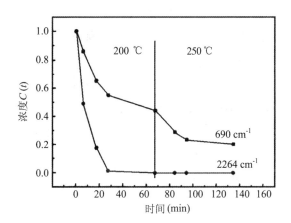

图 2.2　固化过程中 690 cm^{-1} 双键基团和 2264 cm^{-1} 氰基基团的浓度变化(DNCY：BMPN = 1：1)

从图 2.1 和图 2.2 可以看出,随着固化反应时间的延长和温度的升高,690.7 cm^{-1}、2263.5 cm^{-1} 的吸收峰都在逐渐减弱,并最终完全消失,说明反应单体已完全消耗。但对应于三嗪环的 1568.7 cm^{-1} 和 1360.5 cm^{-1} 吸收峰没有出现,说明无三嗪环结构生成。这意味着在起始固化阶段氰酸酯单体没有发生三聚的环化反应,而是与双马来酰亚胺单体进行了共聚反应。同时在氰酸酯单体已反应完全时仍有部分(约 20% 左右)双马来酰亚胺单体未反应,并在固化后期发生自聚反应生成双马来酰亚胺树脂。因此,可以推断出在 DNCY - BMPN 不含催化剂体系共聚过程中,固化反应主要是以 DNCY - BMPN 发生共聚反应生成两种六元环结构的共聚物为主,并有少量双马来酰亚胺单体均聚的复杂反应。

牛海霞等[8]用类似的方法研究了 9,9 - 二[4 -(2,3 环氧丙氧基)苯基]芴(DGEBF)—二氨基二苯砜(DDS)体系的固化机理,发现 DGEBF - DDS 体系发生固化时,首先是环氧基团与伯胺反应生成仲胺,继而仲胺与环氧基反应生成叔胺,两个反应同时进行,同时在高温下羟基与环氧基还发生自催化反应,最后逐渐形成交联的固化网络。

许凯、陈鸣才等人[9]用原位 FTIR 光谱法研究联萘基环氧树脂体系(联萘基环氧 DGEBN - 双氰胺 DICY)的固化反应时发现,随固化反应的进行,在环氧基伸缩振动区域(914～916 cm^{-1})出现一个新的吸收峰,对不同固化体系新峰出现时所对应的固化度均处于 40%～60% 之间,与根据 Flory - Stockmayer 理论计算得到的凝胶化时的固化反应程度(50%～62%)[10]非常接近,说明 DGEBN 固化体系中新的环氧基振动峰的出现与体系的凝胶点可能存在着关联。

刘静等[11]用 FTIR 研究了双酚 S 环氧树脂(BPSER)和四溴双酚 A 环氧树脂(TBBPAER)两种树脂体系的固化反应动力学。用反应混合物中苯环在 1600 cm^{-1} 的特征吸收峰作为内标,由式(2.1)计算出不同时刻 t 的环氧基团的浓度 $C(t)$,体系的反应程度 α 可用环氧基团的减少来表示:

$$\alpha = 1 - C(t) = \frac{A(0)/A(0)_{标准} - A(t)/A(t)_{标准}}{A(0)/A(0)_{标准}} \quad (2.2)$$

由此得到体系的 $\alpha - t$ 关系,并由 Arrhenius 公式进一步计算出 BPSER - DDS 和 TBBPAER - DDS 两种固化体系的表观活化能分别为 54.4 kJ·mol^{-1} 和 42.3 kJ·mol^{-1}。

2.2 基于电学性能的方法

树脂体系(高聚物)的电学性质可以非常灵敏地反映出材料内部结构的变化和分子运动的状况。因此通过对相关电学性质的测量,可以对热固性树脂的固化过程进行有效的监测。其中应用较为广泛的是介电分析方法(dielectric analysis,DEA),即通过监控热固性树脂在固化过程中介电性质的变化来研究其固化进程[12]。该技术对固化体系固化前的液体状态和固化后的固体状态都能给予很好的监测,应用方便灵活,可用于热固性树脂、树脂基复合材料、黏合剂、涂料、溶胶等诸多不同体系在不同场合的固化行为研究,成为最适合用于生产线上进行实时监控、工艺模拟的方法之一。目前,介电分析法已经广泛地应用于热固性树脂及其复合物的固化监测中,并已有成熟的国际标准方法:ASTM E 2038、E 2039。我国航天工业部也发布了部颁标准 QJ 1708-89。市场上也出现了依据类似标准开发的"树脂固化监测仪"(图2.3)。

图2.3 四通道介电法树脂固化监测仪外形及传感器

2.2.1 基本原理

介电分析方法的基本原理是当树脂试样置于电场中时,其中的极性基团和离子会产生与电场方向相应的取向响应,取向的难易程度与温度、电场频率及树脂的聚合度、黏度等有关。在交变电场中,响应信号与外加电场信号不同步,存在一个相位差 δ,从而产生能量损耗(图 2.4)。聚合度和温度对黏度及偶极子的取向起着不同程度的相反作用。随着固化程度的提高,体系黏度不断增大,偶极运动的自由体积逐渐下降,一些偶极还会因固化反应的进展而消失,从而导致固化体系的介电特性发生相应变化。介电测试时,所产生的感应信号的相位变化和振幅衰减可反映出树脂中离子的移动性和偶极子的取向情况,由此可以测得离子黏度、离子电导、介电系数、介电损耗等相关参数,通过分析可以得到树脂固化体系的黏度、反应速率、固化程度等信息。

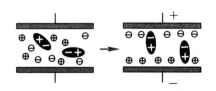
(a) 极性基团和离子的取向响应

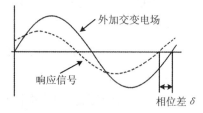
(b) 交变电场中响应信号与外加电场的不同步

图 2.4　介电分析法测试原理图

热固性树脂的介电系数可用复数形式表示为

$$\varepsilon^* = \varepsilon' - i\varepsilon'' \quad (2.3)$$

$$\tan\delta = \varepsilon''/\varepsilon' \quad (2.4)$$

其中 ε^* 为复数介电系数,ε' 为介电系数,表示树脂的储电能力,ε'' 为介电损耗或损耗因子,表示树脂的耗能部分,$\tan\delta$ 为损耗角正切。随着固化反应的进行,体系黏度增大,流动性变差,极性基团和离子的运动能力减弱,ε' 和 ε'' 等介电性能随之发生变化。测量介电损耗随温度或频率的变化,便可得到反映固化体系内部链段和极性基团松弛行为的介电松弛谱。用介电分析法研究树脂的固化过程,不仅可以像其他方法一样获得树脂体系的固化时间等参数,还可以获得固化物的介电损耗和结构松弛等信息。

图 2.5 为环氧树脂固化过程中介电性能随时间变化的示意图。固化刚开始时,固化温度还没有达到设定的值,温度低,树脂体系黏度还比较大,极性基团取向运动困难,介电损耗较小。随着温度的升高,树脂开始软化,极

性基团活动增加,介电损耗逐渐增大。当温度升高,黏度降低较大时,极性基团的运动变得相对容易,介电损耗开始下降,从而在介电损耗曲线上出现第一个介电损耗峰,称为软化峰,其峰值点为软化点。随着温度的继续升高,黏度和介电损耗都降低到最小值。其后随固化反应程度提高,聚合度增加,导致体系黏度再次增大,极性基团的运动逐渐变得困难,介电损耗和黏度都开始上升。体系到达凝胶点后,交联网络已开始形成,体系黏度急剧增大,极性基团的取向运动愈来愈困难,介电损耗再次下降,介电损耗曲线上出现第二个损耗峰,称为凝胶化峰,其峰值点为凝胶化点。随固化程度的进一步增加,介电损耗的下降逐渐趋于稳定,固化反应结束。

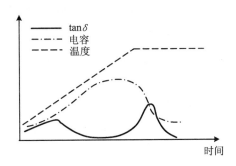

图 2.5 典型的介电测试谱图。介电损耗峰上出现的第一个明显的峰为软化峰,其峰值点为软化点;第二个明显的峰为凝胶峰,其峰值点为凝胶化点

介电测试中另一个常用的测试量是离子电导率 σ 或离子黏度。离子电导率与体系本体黏度 η 密切相关,两者的关系可表示为[13]

$$\eta = A\sigma^{-B} \tag{2.5}$$

式中 A、B 为常数。所以离子电导率或离子黏度也可以直接作为树脂固化程度的量度。通常以离子黏度的对数对时间作图,跟踪体系的固化过程,当离子黏度达到一稳定值时,可以认为固化反应已经完成。

2.2.2 介电传感器

用于树脂固化介电监测的传感器主要有两类[14]:平行板电极传感器和指状交叉电极传感器。

(1) 平行板电极传感器。平行板电极由相隔一定间隙的两块平行电极构成(图 2.6)。待测的树脂固化样品放在两块电极板之间,或将电极板完全浸没在介质中。对这样的测量电极,可以推导出,当平行板间充以均相介质时,可以通过测量样品导纳的相位角确定介质损耗角正切 tanδ,而不用考虑电极的间隙和面积大小,这是它的主要优点。其不足之处是:如果要定量测定 ε' 和 ε'',则需要控制极板面积和间隙大小,且当频率低于 100 Hz 时,测量难以进行。

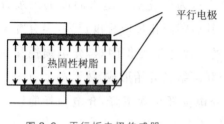

图 2.6 平行板电极传感器

(2)指状交叉电极传感器。指状交叉电极由绝缘基体上的两个相互交叉的梳状电路组成(图 2.7),基体可以是陶瓷、塑料薄膜、环氧-玻璃复合材料或硅集成电路。指状交叉电极测量的主要是传感器-样品界面局部区域的介电性质,其优点是:校正的重复性好,容易放进各种各样的结构;校正依赖于电极尺寸、间隙和基体的介电特性,但对温度和压力不敏感;当与合适的屏蔽与解蔽层相结合时,可用于含有碳纤维的纤维增强层合板。指状交叉电极主要适用于介电损耗由电导效应控制且电导的值相对较大(大于 10^{-8})的场合。

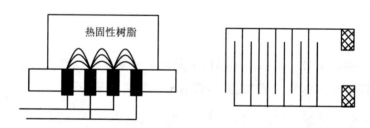

图 2.7 指状交叉电极传感器

要注意的是,无论何种情况,电极传感器都不可与导电材料接触,这在测试树脂复合材料时尤其应予注意。例如,碳纤维具有较好的导电性,测量碳纤维复合材料时电极便不可与被测物直接接触。在实际操作中可在电极与待测固化物料之间垫夹一薄的绝缘层,如聚四氟乙烯薄膜,或者将电极放入尼龙编制网内进行屏蔽。

2.2.3 介电分析法在树脂固化监测上的应用

林复等[15]曾用介电分析法研究过环氧树脂胶的固化,发现在升温过程中,环氧树脂胶的电导率会发生 1000 倍以上的变化,用于研究固化十分灵敏。如对某种环氧树脂胶体系,热电法在 60 ℃左右就能发现固化反应开始,而用差热法则要在 100 ℃左右才能发现固化反应的开始。电导率 γ 对时间 t 的关系显示,在低温部分,固化反应速度比较慢,$\lg \gamma$ 与 $1/t$ 具有线性关系,说明环氧树脂胶的电导主要是热离子电导;温度升高时,固化反应速度加快,电导率偏离了原来的直线关系,刚开始偏离直线的温度可看作固化起始温度。

图 2.8 比较了环氧树脂非等温固化测试过程中的离子黏度与流变动力学光谱仪测试得到的动态黏度数据[16]。可以发现两条曲线变化趋势完全一致,在黏度出现最小值时和固化开始阶段(接近 135 min)两者吻合得很好。但固化到一定程度后,由于所用的流变仪量程有限,不再能提供有意义的测试数据,而介电方法可以持续测试得到离子黏度,能够继续监测固化过程直到体系达到稳定的固化状态。

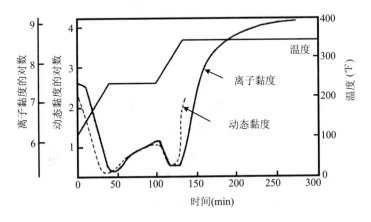

图 2.8　环氧树脂非等温固化离子黏度和动态黏度的比较

宋修宫等[17]用介电分析法研究了用方格布增强不饱和聚酯树脂的固化过程。图 2.9 为不饱和聚酯树脂体系在三个不同温度下离子导电率随固化时间的变化曲线。从图中可以看出,在反应的初始阶段,由于温度的升高,树脂体系中离子的松弛时间缩短,松弛过程加快,极化较充分,离子导电率升高;随着固化反应的进行,树脂体系温度进一步升高,热运动对离子的规则运动起阻碍作用,导致离子导电率减小。在较高温度下,阻碍作用占主导地位,所以离子导电率经短暂升高达到一极大值后急剧降低,最后趋于平稳。在较高温度下,离子导电率达到极大值的时间较短,且数值偏大,树脂固化反应较快。35 ℃和40 ℃下的固化曲线变化趋势接近,均约在40 min后趋于平缓,固化反应基本完成。而30 ℃时的固化反应较慢,离子导电率极值出现较晚,固化时间较长。

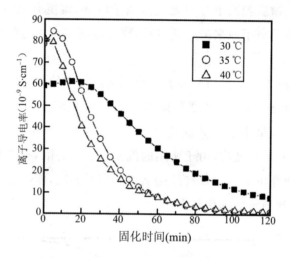

图2.9　三个不同温度下方格布增强不饱和聚酯树脂复合材料中离子导电率随固化时间的变化

　　介电分析方法的优势还表现在其应用领域的广泛上。如用指状交叉电极可以测试涂层厚度薄至 $1~\mu m$ 的涂覆层的固化,这一技术可用于研究油漆涂料的干燥固化、热固化以及紫外光固化等固化过程。介电分析方法的另一个突出优点在于它可以通过测量树脂固化过程中介电性能的变化对树脂的固化过程进行原位在线监测,可以在树脂体系的不同部位放置多个介电传感器,同时测量多个部位的固化情况,便于对固化条件进行实时调整和固化工艺的优化。

　　介电分析方法的主要缺点是测得的离子电导性与树脂的其他性能如力学性能表征之间的相关性较差,而且介电传感器在固化过程中会成为固化物本体结构的一部分,既会干扰固化的进行,也不能回收再用。

2.3 基于热学性能的方法

物质的热力学参数或物理性质往往随温度变化具有灵敏的对应关系。热分析(TA)正是基于这一原理进行分析测试的技术,在高聚物结构性能研究中具有广泛应用,如用于研究高聚物结晶行为、玻璃化转变、熔融行为及共混等。热固性树脂的固化过程一般都伴随有明显的热效应,因此也可使用热分析方法测试[18]。常用于树脂固化分析的热分析技术主要有热焓分析和热机械分析(DMA)等,热焓分析又包括示差热分析(DTA)和示差扫描量热法(DSC)。DMA的测试与体系的力学模量相关,将在后面章节讨论。本节主要讨论基于过程温度、热焓变化的热分析技术在热固性树脂固化分析中的应用。DTA与DSC的基本原理相似,两者都可用于树脂固化研究,但相比较而言,DSC方法直接测量固化过程中的热焓数据,操作方便,分辨率高,便于定量分析,所以在树脂固化研究中更为常用。DSC方法是目前研究热固性树脂固化动力学最常用的方法之一。

2.3.1 示差扫描量热法的基本原理

示差扫描量热法(DSC)的基本原理是测量为维持被测样品与惰性参比样品温差为零所需的热量随温度的变化,其结构原理如图 2.10 所示。样品放入小的铝制坩埚中,加盖密封后放入仪器,以一定方式将仪器加热到反应温度,通过热量补偿器对参比物或样品中温度较低的一方进行加热,使两者的温度差为零,记录下固化过程中的热量变化情况便得到 DSC 图谱。DSC 测试所需样品量非常少,通常几毫克即可,样品可为固体或液体。测试前,需要用标准物质(如高纯铟等)对仪器进行能量和温度的校正。为避免高温下样品的氧化分解,可在样品室中通入氮气进行保护。

DSC 用于监测树脂固化主要基于以下几点基本假设:(1)监测到的热量全部来自对固化有贡献的化学反应;(2)体系中热量产生的速率正比于

树脂固化速率;(3) 固化体系在混合过程中的反应程度忽略不计。这些假设比较理想化,实际固化体系的反应非常复杂,很少能够完全符合。根据以上假设,对放热峰进行分析计算便可得到树脂固化体系的固化程度、固化反应速率及树脂的比热等数据。测量得到的放热曲线横坐标是时间(等温测试)或温度(非等温测试),纵坐标为热焓的变化速率 $\dfrac{dH}{dt}$(即热流率)。典型的放热曲线如图 2.11 所示,整个曲线下的面积是固化过程的总反应热,阴影部分面积代表某特定时间 t 内的焓。

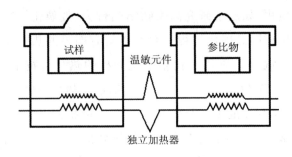

图 2.10　DSC(功率补偿型)的结构原理图

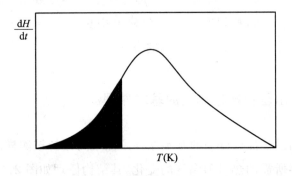

图 2.11　典型的 DSC 固化放热曲线

由于假定热焓来自固化反应的贡献,所以放热曲线下的面积正比于固化程度 α:

$$\alpha = \frac{\Delta H_t}{\Delta H_R} \tag{2.6}$$

固化速率 $\dfrac{d\alpha}{dt}$ 可通过对固化程度 α 求导得到:

$$\frac{d\alpha}{dt} = \frac{1}{\Delta H_R} \frac{dH_t}{dt} \tag{2.7}$$

式中 ΔH_R 为整个固化过程的反应热,对特定的树脂固化体系是恒定值;ΔH_t 为时间 t 时固化反应的焓变。

在树脂固化行为研究中,DSC 测试可根据需要采用多种升温方式,如等温固化、等速升温固化、温度调控 DSC。

(1) 等温测试。等温测试是将装有样品的铝坩埚直接放入预先加热到设定温度的量热计中,或者加入样品后以较大升温速率快速升温至固化温度。树脂的固化反应温度一般可用动态扫描法确定。图 2.12 为树脂膜熔渗(resin film infusion,RFI)工艺用环氧树脂(E44∶E21∶GA-327=6∶4∶4)的等温 DSC 曲线[19]。纵坐标为热流率,横坐标为时间。根据式(2.6)可很容易地求出该体系不同时间的固化程度(图 2.13)。固化曲线的切线斜率即是固化速率 $\dfrac{d\alpha}{dt}$。

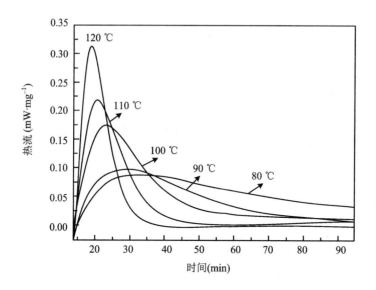

图 2.12 RFI 用环氧树脂的等温 DSC 曲线

考虑到在恒定温度和有限的固化时间内很难确保树脂完全固化,此时可先对样品进行等温 DSC 测试直至不能检测到进一步的固化后,再对样品做扫描以获得残余焓 ΔH_{res}。升温速率一般为 2~20 ℃/min。这种方法对放热非常少的反应优于第一种方法。此时有

$$\alpha = \frac{\Delta H_R - \Delta H_{res}}{\Delta H_R} \tag{2.8}$$

也可先测出等温固化时的反应热 ΔH_{iso},再动态扫描出残余热 ΔH_{res},总的固化反应热 $\Delta H_{tot} = \Delta H_{iso} + \Delta H_{res}$,这样固化程度 α 可表示为[20]

$$\alpha = \frac{\Delta H_t}{\Delta H_{iso} + \Delta H_{res}} \tag{2.9}$$

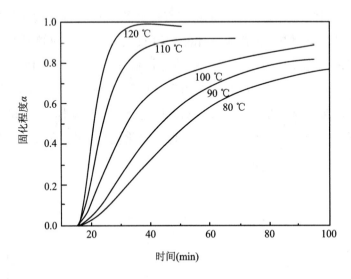

图 2.13 RFI 用环氧树脂等温固化时固化程度随时间的变化

(2) 等速升温方法。等速升温方法通常又称动态 DSC,是将样品放于量热计中,以恒定的升温速率对样品持续加热使之固化反应,升温速率一般选择 2~20 ℃/min。由于反应的总热量 ΔH_R 不依赖于升温速率,实验中常采用不同升温速率下的总反应热的平均值作为固化体系的总反应热 ΔH_R。动态 DSC 的放热曲线纵坐标为热流率,横坐标为温度。与等温 DSC 相比,非等温 DSC 放热曲线的形态一般要复杂得多,曲线形态与升温速率有关。放热峰的峰形常常伴随有肩峰甚至出现多重峰,反映出固化反应过程中的某些"指纹"特征(图 2.14)[21]。从放热曲线上可以直接读出固化反应的一些特征值,如初始固化温度 T_i、峰值温度 T_p、反应结束温度 T_f、在不同加热速率下的固化时间以及总的反应热 ΔH_R。运用外推法可求出升温速率为零时的 T_i、T_p,它们分别代表树脂体系的近似凝胶化温度和固化温度[22],由此可选择出树脂体系的适宜固化温度范围,帮助确定体系的固化工艺。由放热峰下的面积,按式(2.6)和式(2.7)可以计算出不同温度下的固化程度和固化速率(图 2.15)。

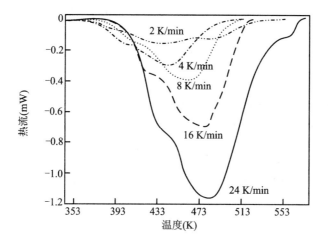

图 2.14　TDE-85 环氧树脂的非等温 DSC 曲线

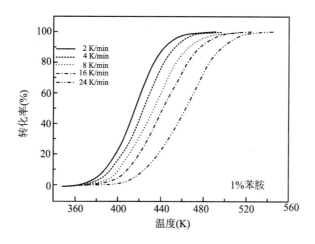

图 2.15　TDE-85 环氧树脂体系的转化率-温度关系

(3) 温度调控 DSC[23,24]。温度调控 DSC(TMDSC)也属于动态 DSC 测试,其仪器装置也与常规热流式 DSC 相似。其与常规动态 DSC 不同的是,TMDSC 的温度程序不是线性等速升温,而是在一个不变的基础加热速率 β_u 上叠加一个小的温度微扰 $\delta T(t)$,测试过程中加热速率是连续变化的。调制方式有多种,如连续重复的含等温段的小温度台阶或在不变的基础加热速率 β_u 上叠加小的周期性温度微扰。例如正弦温度调制 DSC 的温度程序可表示为

$$T(t) = T_0 + \beta_u t + T_a \sin\omega_0 t$$

式中 t 为时间；ω_0 为角频率，$\omega_0 = 2\pi/p$（p 是周期）；T_a 为振幅；β_u 为恒定的基础加热速率；T_0 为起始温度。常规 DSC 只能测定过程中的总热流，而 TMDSC 则可测定热效应过程中的比热变化，并将总热流分成两个部分：可逆热流和不可逆热流。可逆热流（显热）来源于热容，不可逆热流（潜热）来源于被测样品中的动力学过程，如化学反应、结晶和汽化过程等。所以 TMDSC 可以提供许多传统 DSC 所不能提供的信息。

近年来 TMDSC 逐渐越来越多地被用于热固性树脂固化过程的实验室研究[25]。借助 TMDSC，不但可以得到化学转化率及转化速率的定量信息，而且可以从比热信号及可逆、不可逆热流数据得到固化过程中扩散效应、相分离等微观过程对固化反应的影响。结合经验动力学公式可以对固化动力学做出更为精确的描述，可以对 S 形时间-温度-转变图（T-T-T 图）进行量化。

2.3.2 DSC 数据处理

DSC 测试中假设了放热曲线下的面积正比于固化程度，所以很容易由式（2.6）和式（2.7）换算出树脂在不同时刻或温度时的固化程度及固化速率，然后便可以借助一些经验唯象模型对树脂的固化动力学进行分析。目前见于报道的唯象模型或其修正形式名目繁多，常用的主要是 n-级模型和自催化模型等，其基本动力学关系列于表 2.3 中。

表 2.3 DSC 分析中常用的基本动力学关系

反应模型	动力学关系	动力学参数
n-级模型	$\dfrac{d\alpha}{dt} = k_0(1-\alpha)^n$	A、ΔE_a、k_0、n
自催化模型	$\dfrac{d\alpha}{dt} = k\alpha^m(1-\alpha)^n$	A、ΔE_a、k、m、n
Kamal 模型	$\dfrac{d\alpha}{dt} = (k_1 + k_2\alpha^m)(1-\alpha)^n$	A、ΔE_a、k_1、k_2、m、n

表 2.3 中，m 和 n 为固化反应级数；k、k_0、k_1、k_2 都是反应速率常数，满足 Arrhenius 方程

$$k(T) = A\exp\left(-\frac{E_a}{RT}\right) \tag{2.10}$$

根据具体树脂体系选择适当的经验公式,结合 Arrhenius 方程便可求出描述树脂固化动力学关系式。在固化后期,由于体系黏度急剧增加,分子链段运动受到限制,固化反应由扩散所控制,此时还需要考虑扩散因素的修正。

对动态扫描 DSC 的测试数据,常用 Kissinger 微分法和 Flynn‑Wall‑Ozawa 积分法求取活化能 ΔE_a 和频率因子 A 等固化动力学参数[18]。

有关动力学关系模型处理的详细描述请参见本书第 5 章 5.5 节。

2.4 基于光纤测量的方法

光纤传感器是一种以光测量技术为基础的先进传感器,具有灵敏度高及抗电磁干扰强的特点,同时光纤具有径细、柔韧、耐高温以及与复合材料具有良好相容性等独特优越性,将其预埋入树脂或复合材料构件内便构成体内传感器,可用来监测固化体系的折射率的变化或树脂对测量信号波的吸收情况,从而反映出体系的固化过程。光纤传感器的优点是体积小,敏感度高,对材料的力学性能几乎没有影响;缺点是它需要植入材料本体,可能会干扰材料的固化反应,且制作成本较高、不能重复使用。

2.4.1 基本原理

热固性树脂固化时经历了从液体到固体的力学状态的变化,化学键结构也发生很大变化,这些都会导致树脂体系光折射率的变化。反过来,树脂折射率的变化便会反映出树脂的固化程度。光纤固化监测的基本工作原理是利用光调制技术,将被检测的信号通过不同的调制方式叠加到载波光波上,调制后的光波经光纤纤芯传输,再由光探测系统解调,检测出所需要的信息。由于折射率的变化或者树脂体系的吸收,调制光波经过树脂时,其所携带的被测信号会发生相应变化,通过对被测量的分析,便可得知树脂的固化过程。调制方式有多种,如强度调制、相位调制、偏振调制、频率调制和波长调制等,其目的都是将携带被测信息的信号叠加到载波光波上[26]。

光纤传感系统一般由光发送器、敏感元件(光纤或非光纤的)、光接收器、信号处理系统以及光传输线路组成[27],其中的关键元件是光纤传感器。按光纤在传感系统中所起的作用,光纤传感器可以分为传光型光纤传感器和传感型光纤传感器。传光型光纤传感器是仅仅传输光的媒质,起着导光的作用,敏感元件由非光纤的元器件构成。传感型光纤传感器是利用能对被测量变化做出反应的特种光纤或光纤特定结构作为敏感元件,敏感元件和光信号传输线路都由光纤构成。根据所使用光纤传感器类型的不同,其测量原理也有细微的差别。

2.4.2 常见的光纤传感器及其测量方法

在树脂固化监测中,按光纤测量原理的不同,可以使用不同的光纤传感器和形式多样的测量方法。现简要介绍几种常见的测量方法及所用的传感器。

1. 光纤折射率传感器

光纤折射率传感器(图 2.16(a)、(b))用于测量固化过程中树脂折射率的变化,又可分为反射传感器和渐逝波传感器两种类型。反射传感器是将一段端面平滑的光纤直接埋入树脂中,在光纤端面与树脂的接触处形成反射界面。光纤-树脂界面的折射率随树脂固化而不断变化,反射回光接收器的光波便会反映出树脂的固化情况。渐逝波传感器是将一段光纤(15~20 cm)的包层去掉,纤芯包埋入待测树脂体系中,树脂固化过程中折射率的变化会改变光纤的数值孔径,引起输出光线的变化。测试时必须既要使光线能够沿光纤顺利传输,又要能够反映出树脂体系对光线的影响,所以渐逝波传感器一般需要使用高纤芯折射率的特制光纤。

2. 光纤波谱传感器

波谱分析可以灵敏地反映固化反应中化学键的类型及其浓度的变化。将传统波谱分析方法与光纤技术结合起来可以实现对树脂固化过程的在线监测。将位于同一直线上的两段光纤预先埋入树脂中便构成光纤波谱传感器(图 2.16(c)),在一端输入波谱信号,在另一端测量可体现树脂体系中化学键种类和数量变化的吸收光谱。波谱传感器也可采用图 2.16(b)渐逝波传感器的装置形式。红外光谱、拉曼光谱和荧光光谱等波谱都可用于树脂固化的光纤监测。

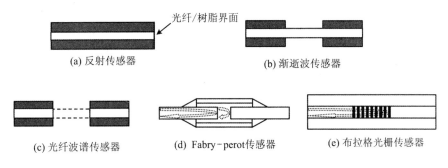

图 2.16 光纤传感器的分类

3. Fabry-perot 传感器

Fabry-perot 传感器是 Fabry-perot 干涉仪[28]的光纤化,其结构如图 2.16(d)所示。输入光纤和输出光纤被封装到一个管径相当的毛细管中,毛细管两端连接处用树脂黏接。毛细管中两段光纤之间的间隙可反映出树脂固化过程中的应变历程,从而体现固化反应进行的程度。Fabry-perot 传感器对温度变化不敏感,性能稳定。

4. 光纤布拉格(Bragg)光栅传感器

光纤布拉格光栅传感器(图 2.16(e))工作的基本原理可以归结为布拉格波长的测量。布拉格波长 λ_B 与光纤纤芯的有效折射率 n_{eff} 和光纤光栅的周期长度 Λ 相关:

$$\lambda_B = 2n_{eff}\Lambda \tag{2.11}$$

当光纤布拉格光栅传感器埋入树脂中时,树脂内部的应变及由此产生的光弹效应,会导致 n_{eff} 和 Λ 均发生改变,从而产生布拉格波长的位移,由解调系统测得布拉格波长的位移,即可以得到相应的应变值。与 Fabry-perot 传感器相比,光纤布拉格光栅传感器对温度变化非常敏感,在使用时应注意予以消除或补偿。

2.4.3 光纤测量在树脂固化监测上的应用

光纤测量方法主要通过测量调制光波经过树脂后的被测光波信号来对树脂固化实现在线监测。如测量树脂的折射率变化、吸收光谱峰的位置和强度等,这些参数可以反映出树脂体系内部的化学结构变化和应变变化历程,与树脂固化过程的物理化学变化密切相关。

张博明等[29]利用光纤模斑谱传感器对热压环境下的碳纤维-双马树脂复合材料的固化进行了实时监测,结果如图 2.17 所示。图中▽线为升温曲线,◆线为折射率测量曲线,粗实线表示折射率测量规律。可以看出,刚开始固化时温度上升很快,树脂黏度迅速下降至最低点 a 点;从 a 点开始树脂迅速交联,折射率以近似线性的速度上升至 b 点,此即凝胶化点;然后折射率呈非线性上升至稳定值 c 点,标志着固化反应的结束。所得结果与动态介电方法测量结果相吻合。

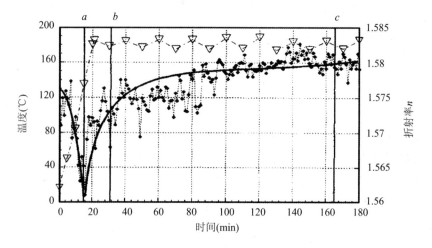

图 2.17　碳纤维-双马树脂复合材料固化监测结果(帧/min)
▽线为升温曲线,◆线为折射率测量曲线,粗实线表示折射率测量规律

万里冰等[30]将光纤布拉格光栅封装在毛细金属管中,光栅段在管内处于自由状态,出口处用环氧树脂封口黏接。封装后的光纤光栅作为温度传感器用于监测 T300-环氧 5222A 增强纤维预浸料的固化,图 2.18 给出了在单向层合板 0°方向监测的应变变化历程。固化开始时,层合板应变监测曲线出现不规则的上下波动,这与升温过程中树脂逐渐软化以及树脂软化导致增强纤维的微小位移有关。其后,树脂逐渐发生交联反应,由黏性流体状态逐渐转化为黏弹性固体,其对光纤光栅力的传递性能逐渐增加,光纤布拉格光栅呈正应变状态。在冷却阶段,树脂发生热收缩,光纤布拉格光栅测得的应变随着树脂的热变形逐渐降低。利用该方法还可以对树脂层合板在

不同方向的应变情况进行监测比较。

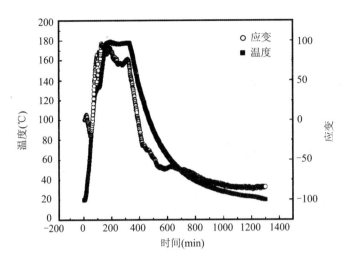

图 2.18 单向层合板 0°方向的应变变化历程。黑点为热压釜内温度,圆点为布拉格光栅测得的应变值

2.5 基于超声的方法

近年来,利用超声方法在线监测树脂固化的研究时有报道。超声状态下的高频弹性波的传播与被测物体的动态力学形变相关,可以反映出材料内部结构和凝聚状态的变化。就树脂固化监测而言,树脂的超声性质对树脂的凝胶化和完全固化的转变过程非常敏感,超声测量不仅能够检测到凝胶化、完全固化等转变,还可以对树脂的力学性能的变化提供高灵敏度的检测信息。从本质上说,超声测量法也可以认为是高频状态下的动态力学分析,可以计算出树脂在不同物理结构状态下的黏弹性质。超声监测树脂固化具有无损材料本体、检测灵敏度高、操作简单等诸多优点。目前超声技术主要应用于树脂固化的过程监控。

2.5.1 基本原理

超声波是频率为 20 kHz～100 MHz 的机械振动波,它通过材料时会引发材料内部的原子和分子链段在平衡位置做微小(纳米量级)的偏移。在高聚物中,这种沿着分子链段及分子链之间的作用力会使高聚物内部的相邻微区域之间产生偏移,从而在材料中形成应力波(stress waves)。应力波与材料的弹性相关,对高聚物则与其黏弹性相关。

超声测量的基本原理如图 2.19 所示。将超声探头分别放置于树脂体系的两侧(穿透模式)或同一侧(脉冲回波模式)。超声探头内包含有压电传感器,超声波的产生和探测均借由压电传感器实现。测量时,超声探头与树脂样品之间应紧密贴合,如果留有空隙,则会因存在空气传播而引起误差。

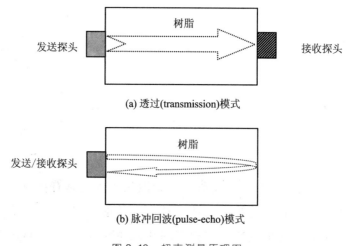

图 2.19 超声测量原理图

超声监测主要测量超声波通过被测树脂体系时的传播速率和衰减系数两个量。弹性波的传播速率与树脂体系的弹性模量和密度有关,由超声波通过树脂的时间来计算。根据传播方向的不同,超声波的传播可分为纵向波和剪切波。由于纵向波(longitudinal waves)在液态及凝胶态中都具有比剪切波(shear waves)较小的衰减,所以在固化监测中更为常用。剪切波可以用于监测凝胶化后的固化过程。对脉冲回波模式,纵向波速率 V_L 定义为超声波通过的距离除以所用时间 t,此时通过的距离为 2 倍的样品厚度 d,故

$$V_L = \frac{2d}{t} \tag{2.12}$$

超声衰减是超声波通过树脂时部分能量耗散转化成热的量度,这种损耗主要源自树脂对超声波的吸收和散射。吸收程度与树脂固化过程中的化学反应及分子链重排过程有关,如玻璃化转变、次级转变、熔融转变等过程。超声衰减(系数)α 定义为穿过样品后超声波振幅的减小:

$$\alpha = \frac{1}{d}\ln\frac{A_0}{A}$$

或

$$\alpha = \frac{1}{d}20\log\frac{A_0}{A} \tag{2.13}$$

式中 A_0、A 分别为入射波的振幅和超声波穿过样品后的振幅。由以上两个式子计算的 α 单位分别是 Neper/mm 和 dB/mm,1 Neper/mm = 8.686 dB/mm。

所测得的超声波响应与树脂的黏弹行为相关,由传播速率和衰减系数可计算出树脂的复数力学模量 M^* 的实部 M' 和虚部 M'' 两个部分:

$$M^* = M' + iM'' \tag{2.14}$$

这里 M^* 可以是纵向模量 L^*、剪切模量 G^*、本体模量 K^*、杨氏模量 E^* 中的任何一种。例如纵向模量的两个部分可分别由式(2.15)、式(2.16)计算得到[29]:

$$L' = \frac{\rho V_L^2\left[1 - \left(\frac{\alpha\lambda}{2\pi}\right)^2\right]}{\left[1 + \left(\frac{\alpha\lambda}{2\pi}\right)^2\right]^2} \tag{2.15}$$

$$L'' = \frac{2\rho V_L^2\left(\frac{\alpha\lambda}{2\pi}\right)}{\left[1 + \left(\frac{\alpha\lambda}{2\pi}\right)^2\right]^2} \tag{2.16}$$

式中 L'、L'' 分别为纵向模量的实部和虚部,ρ 是树脂密度,λ 是超声波长($\lambda = V_L/f$,f 是频率),α 是衰减系数。通常情况下,单位波长的衰减很小,$\alpha\lambda/(2\pi) \ll 1$,上述模量关系可简化为

$$L' = \rho V_L^2 \tag{2.17}$$

$$L'' = 2\rho V_L^3 \frac{\alpha}{\omega} \tag{2.18}$$

式中 ω 是角频率，$\omega = 2\pi f$。于是损耗因子 $\tan\delta$ 可表示为

$$\tan\delta = \frac{L''}{L'} = 2\alpha V_L \frac{\omega}{\omega^2 - V_L^2 \alpha} \tag{2.19}$$

$\alpha\lambda/(2\pi) \ll 1$ 时，简化为

$$\tan\delta = \frac{2\alpha V_L}{\omega} = \frac{\alpha\lambda}{\pi} \tag{2.20}$$

根据以上关系，若已知树脂体系的密度和超声速度及超声衰减，便可确定弹性模量，由模量进而可以跟踪树脂黏度的变化并确定最低黏度值。通过度量与交联程度直接相关的模量值还可确定树脂固化时的瞬时固化度[32]：

$$\alpha(t) = \frac{E_m(t) - E_m^0}{E_m^\infty - E_m^0} \tag{2.21}$$

式中，E_m^0 和 E_m^∞ 分别为树脂体系的初始模量值和完全固化后的模量值，$E_m(t)$ 是时刻 t 时的模量值。

超声方法具有灵敏度高、测量迅速及非破坏性的优点。不同于介电传感器只能监测到传感器附近很小区域内的固化状态，超声传感器可以得到固化状态的平均信息。同时超声传感器可以重复利用而且不会影响固化的进程。

2.5.2 超声测量的应用

树脂的超声性质对固化过程中的凝胶化和完全固化转变过程非常敏感。通过测量纵向速率 V_L 和衰减 α，由式(2.15)～式(2.20)可以计算出树脂的纵向模量和损耗因子，对树脂固化过程进行表征分析。

Maffezzoli 等[33]用超声方法监测了环氧树脂-脂肪胺体系的固化过程，图 2.20 和图 2.21 分别显示了该体系在 48℃ 等温固化时的纵向速率和衰减，以及计算得到的纵向模量和损耗因子。图中曲线可分为三个区域：固化开始时，体系为黏稠液体，主要表现为黏性，纵向速率只有微小的增加；接近凝胶点时，体系由于交联反应形成足够大的微凝胶区域，能够对超声波产生可测量的黏弹响应，纵向速率开始显著增加，纵向模量和损耗因子也开始大幅增加；凝胶点后，纵向速率和纵向模量都以 S 形曲线形式迅速增加，直至固化完成。这三个区域与固化反应的三个阶段相一致。

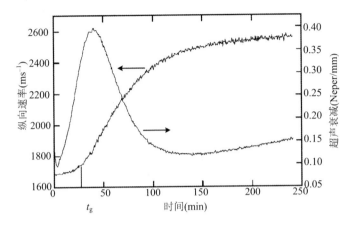

图 2.20　环氧树脂体系在 48 ℃ 固化时的纵向速率和超声衰减

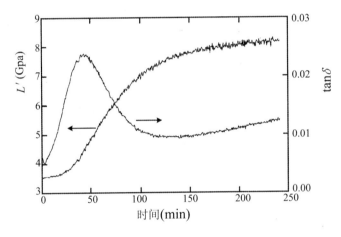

图 2.21　根据图 2.20 数据计算得到的纵向模量及损耗因子

与流变等方法比较后发现,超声速率的起始增加点可以用于测量凝胶化点及计算凝胶化反应的活化能,最后增加点可作为完全固化的指示。这与动态力学方法中的弹性模量变化相似。在完全固化阶段,交联网络充分形成,分子运动受限,固化反应为扩散控制,因此纵向速率的变化率减小,最终形成一个平台。另一方面,衰减系数在固化前期即出现一最大值。超声衰减可认为与动态力学实验、介电损耗中的损耗因子性质相似,表示超声波在穿过树脂过程中的能量损耗。衰减峰与玻璃化转变时的 α 松弛相关,表示固化体系内的玻璃化转变温度 T_g 达到固化温度,预示着玻璃化(vitrification)的开始。随固化反应温度提高,衰减曲线变窄,并且对应的峰值时间减小(图 2.22)[34]。超声速率和衰减的峰形随固化剂和固化温度的不同而变化。

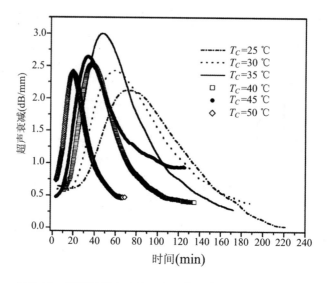

图 2.22　聚酯树脂在不同温度固化时的超声衰减(2 MHz)

与其他常用监测方法,如 DSC、DEA 等相比,超声波的传播对树脂固化过程的完全固化阶段的变化(此时为扩散控制)更为敏感。在此阶段由超声波响应仍可观测到有意义的弹性模量,而 DSC 和 DEA 等方法在此阶段有些无能为力。

2.6　基于力学性能的方法

热固性树脂的固化是线性高聚物的交联或功能性单体的缩聚,树脂的固化程度可以用功能基团的消耗程度来表征。然而在固化最后阶段,官能团的消耗非常不明显,但这个阶段对固化产物的力学性能却有很大影响,在很大程度上决定了固化树脂的最佳性能,所以单纯用化学方法来评价树脂的固化行为是不够充分的。基于力学性能的测试方法不考虑具体化学反应细节,直接以固化体系的力学性能作为指标,分析判断树脂的固化过程,对指导树脂配方筛选、固化工艺设计具有重要的意义。

基于力学性能的固化研究方法一般通过测量固化体系的相关力学模量作为固化程度的量度。固化监测的力学模量主要包括剪切模量、弯曲模量、扭转模量等。测试实验可以在不同的频率下进行：在较低频率下直接获得相关力学模量，在较高频率下测试时则可同时获得树脂的力学模量和力学损耗。固化研究中常用的力学测试方法有扭摆法（TPA）及扭辫法（TBA）、流变法（ODR）、动态热机械法（DMA）、动态扭振法等。

2.6.1 扭辫分析

扭辫分析（TBA）源自于扭摆法（TPA）[35]。它们的原理相同，都属于自由衰减振动方法，即在小的形变范围内，研究振动的周期、相邻两振幅间的对数减量与温度间的关系。由于树脂的固化过程是从液态变成固态，所以在固化研究中一般使用扭辫分析方法。

(a) 原理图

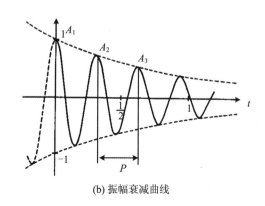

(b) 振幅衰减曲线

图 2.23　扭辫分析

扭辫测量的原理如图 2.23 所示，将热固性树脂或复合物体系浸渍在一条特制的辫子（惰性纤维或玻璃丝）上，辫子的一端固定，另一端通过夹具与惯性体系（换能盘）相连。当惯性体扭转一个角度时，涂有树脂试样的辫子受到扭转变形，外力移去后，惯性体带动树脂试样在一定周期内做自由衰减运动。由于惰性辫子没有内耗，所以只是因树脂层的内耗使扭摆振幅随时间而不断衰减。内耗越大，衰减越快。测量惯性体系的周期性变化可得到振荡波的频率和衰减常数。这些数值可以被进一步转化为弹性模量和损耗模量,进而从中分析出树脂的转变(凝胶化和玻璃化)过程。扭辫分析是一种对发生在凝胶点前后的物理变化非常敏感的技术,具有很高的监测灵敏度,而且测试试样用量少(0.1 g 以下)、可测固化温度上限很高,有利于实验室中新合成树脂的研究(图 2.24)。但它不能测定树脂的固化程度。

图 2.24　动态扭辫分析仪

从衰减曲线可以得到扭摆周期 P 和振幅 A_i,通常定义相邻两个振幅比值的自然对数为对数减量 Δ(logarithmic decrement),它表示树脂的内耗。

$$\Delta = \ln \frac{A_1}{A_2} = \ln \frac{A_2}{A_3} = \cdots = \ln \frac{A_n}{A_{n+1}} \quad (2.22)$$

树脂的弹性剪切模量和损耗剪切模量 G' 和 G'' 分别与振动周期 P 和对数减量 Δ 有关[30],当 $\Delta \ll 1$ 时,有

$$G' \approx \frac{K}{P^2} \quad (2.23)$$

$$G'' \approx \Delta/\pi \quad (2.24)$$

式中 K 为依赖于试样几何尺寸的常数,$\frac{1}{P^2}$ 称为相对刚度。

由于扭辫分析中,样品是附着在辫子上的,所以只能测得试样的相对模量。一般以相对刚度表示剪切模量,以对数减量表示损耗模量。以对数减量 Δ 和相对刚度 $\frac{1}{P^2}$ 分别对温度 T 作图,便可以获得固化过程中的有关转变温度。

图 2.25 为环氧树脂等温固化时相对刚度和对数减量随时间的变

化[33]。图中的对数减量(衰减)曲线有两个明显的内耗峰,峰对应位置上的相对刚度也呈现出明显转折。第一个内耗峰及对应的相对刚度增加反映了固化体系的凝胶化作用,第二个内耗峰及相应的相对刚度增加对应着固化体系的玻璃化现象。通过对树脂体系进行一系列不同温度的等温固化实验,可以画出著名的时间-温度-转变(T-T-T)图。

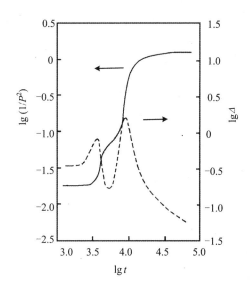

图 2.25　环氧树脂等温固化时相对刚度和对数减量随时间的变化

孙慕瑾[36]用动态扭辫法测定了环氧树脂固化过程。图 2.26(a)为等速升温时环氧树脂的温度-模量关系。由图可见,模量在 100 ℃ 开始有明显的增加,在 130 ℃ 附近达到极大值,以后逐渐下降,到 180 ℃ 就变化不大了。这表明固化反应在 100 ℃ 已经开始,在 130 ℃ 附近固化反应达到顶峰,至 180 ℃ 固化反应基本上完成。因此,可以判断 100~180 ℃ 是该环氧树脂固化反应的温度区间。

图 2.26(b)为环氧树脂在 5 个不同温度下等温固化得到的一组时间-模量关系图,每次等温固化实验都进行到体系的阻尼和模量基本上不变为止。将等温固化得到的试样再一起进行后固化处理,并分别进行温度-力学谱(模量和阻尼)实验(图 2.26(c))。根据谱图玻璃化温度 T_g 的高低和模量的大小(浸胶量要求相同),可确定出上述体系优选的固化条件为固化温度 120 ℃,固化时间 200 min。用传统破坏性实验筛选方法进行对比验证,结

果表明扭辫分析方法优选的固化条件是准确可行的。

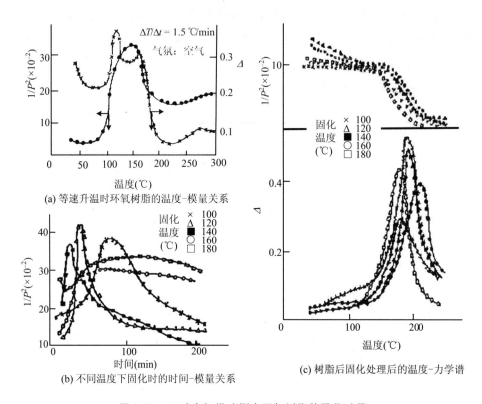

图 2.26 用动态扭辫法测定环氧树脂的固化过程

2.6.2 动态热机械法(DTMA)

动态热机械法是用来测量试样在周期性交变应力作用下,其动态力学性能与温度、时间、频率等参数关系的一种分析技术,属于强迫振动非共振方法。其基本结构原理如图 2.27 所示。给树脂试样施加一交变应力,由于黏弹性原因,其产生的应变响应便会存在滞后现象,响应信号与刺激信号之间有一个相位差 δ。相位差反映了树脂体系的黏弹性质和结构特征。商品化的动态热机械分析仪可以实现多种模式的形变,如拉伸、压缩、夹心剪切、三点弯曲和单/双悬臂梁弯曲。由于固化过程的特点,测试时树脂样品一般需要用类似扭辫分析的方法处理,即将样品附着于惰性材料(如细玻璃纤维布)上进行分析。DTMA 测量可得到大量的材料力学性质,如杨式模量 E'、损耗模量 E''、相位角 δ、玻璃化温度 T_g、黏性特征量 η、应力和应变关系

(蠕变和应力松弛)等。采用不同的测量模式,可分别获得有关模量和损耗的时间谱、频率谱、温度谱。

Ramis[37]等用 DTMA 测试了聚酯涂料的固化过程,图 2.28 为 125 ℃ 等温固化时的储能模量 E' 和损耗因子 $\tan\delta$ 随时间的变化。固化过程中,剪切储能模量不断增大,至固化完成时趋于稳定值。与扭辫法类似,这里所测得的模量也是相对模量。损耗因子 $\tan\delta$ 随时间延长则出现一极大值峰,它对应着体系的凝胶化点。本例中由于固化温度大于 $T_{g\infty}$,所以在损耗曲线上体现不出完全固化峰。储能模量的增加与损耗模量的变化都与固化程度相关,体系的固化程度可由模量的相对变化或损耗峰下面的面积计算出来。

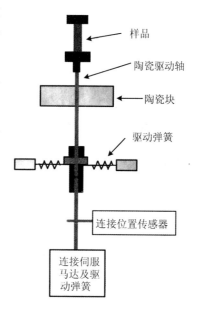

图 2.27 动态热机械分析原理图

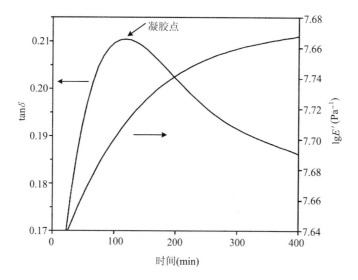

图 2.28 聚酯涂料 125 ℃ 等温固化时储能模量 E' 和损耗因子 $\tan\delta$ 随时间的变化

$$\alpha_{模量} = \frac{E_t' - E_0'}{E_\infty' - E_0'} \tag{2.25}$$

$$\alpha_{\tan\delta} = \frac{\Delta\tan\delta_t}{\Delta\tan\delta_\infty} \tag{2.26}$$

式中 E_t'、E_0'、E_∞' 分别为时刻 t、固化开始时和固化终了时的剪切储能模量，$\Delta\tan\delta_t$、$\Delta\tan\delta_\infty$ 分别是时刻 t 和完全固化时损耗峰下面的面积。相比较而言，储能模量计算的固化程度更为精确一些。

张明等[38]用 DMA 方法研究了环氧树脂、聚酰亚胺体系的固化行为，取储能模量曲线和损耗模量曲线的第 2 个交点作为等温固化体系的凝胶点，并由此计算出体系的表观活化能。

2.6.3 流变法

树脂固化过程中，随固化程度提高，体系的黏度不断增大，尤其接近凝胶点时黏度急剧增加，至完全固化时黏度趋于无穷，因此可以通过测量体系的黏度变化来评估树脂固化过程。常用的仪器是平板（或锥板）流变仪[39]（图 2.29），其核心部分是一对表面光滑的同心平行刚性圆板。两板之间放置被测试样。下平行板和一个测量扭矩的力传感器连接，上平行板由电机驱动以一定角频率施加恒幅正弦交变扭矩或角位移，测定由此使试样产生的角位移或扭矩及相应的相位差。通过计算可以求出树脂的复数剪切模量 G^*（G' 和 G''）或复数剪切黏度 η^*（η' 和 η''）。

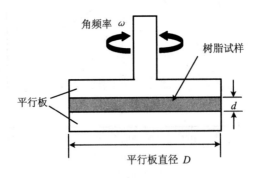

图 2.29 平板流变仪的示意图

Roller[40]认为，树脂体系等温固化时，其黏度的变化符合关系式：

$$\ln \eta = \ln \eta_\infty + \frac{E_\eta}{RT} + K_0 \exp\left(-\frac{E_a}{RT}\right)t \tag{2.27}$$

动态固化时,若树脂的温度历史为 $T = f(t)$,则黏度的变化关系为

$$\ln \eta = \ln \eta_\infty + \frac{E_\eta}{Rf(t)} + K_0 \int_0^t \exp\left(-\frac{E_a}{Rf(t)}\right)\mathrm{d}t \tag{2.28}$$

式中,η_∞ 为 $T = \infty$ 时树脂的黏度,E_η、E_a 分别为黏流活化能和固化活化能。

刘天舒等[41]用应力锥板流变仪测量了低温固化环氧树脂体系的流变性质。图 2.30 和图 2.31 分别显示了树脂体系等温固化和动态固化时的黏度变化情况。等温固化时,随时间延长,体系的黏度迅速增大,直至不可流动。固化温度越高,黏度增大速率越大,达到相同黏度所需要的时间就越短。动态固化情况则较为复杂,固化开始树脂黏度随着温度的升高而很快下降;固化反应开始后,体系平均分子质量不断增大,由平均分子质量增加引起的黏度增大部分抵消了因温度升高所导致的黏度减小,树脂黏度的下降速度减慢,当两者作用相互抵消时,树脂黏度达到最小;其后平均分子质量增加因素起主要作用,树脂黏度快速上升。

树脂固化是从液态变为固态的过程,固化后体系不熔不溶,所以黏度法测量的有效范围主要在凝胶化点之前。凝胶点后体系黏度急速增大直至无穷,黏度分析不能灵敏地反映固化过程特点,理论计算与实际测量差别较大。

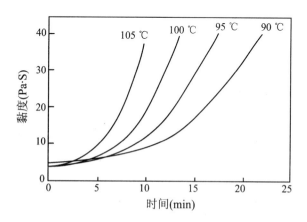

图 2.30 不同固化温度下树脂黏度随时间的变化

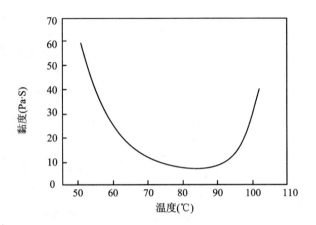

图2.31 树脂黏度随温度的变化(升温速率 1 ℃ · min^{-1})

2.6.4 动态扭振法

动态扭振法是我们实验室创立的一种研究热固性树脂固化过程的新型方法,属于强迫振动非共振法。通过模具对树脂体系作小角度强迫扭振,测量树脂在固化过程中所表现出的扭矩变化。扭矩对应着树脂与扭振有关的剪切模量,所以扭矩的大小可反映出树脂的相对固化程度。该方法操作简单,数据直观,其原理、装置和应用将在以后的章节中详细叙述。

2.7 不同方法的比较

工业上和实验室中常用的固化过程研究方法非常多,除以上介绍的方法外,还有诸如应变片法、黏度法、硬度法、溶胀法等其他方法。这些方法的基本思路仍然是测量与固化程度相关的物理量的变化。从测试装置的易置性和测量方法的及时性来看,介电分析、光纤测量、超声测量等方法比较适合工业生产上的在线监测,常规波谱、热分析和力学性能分析则主要用于实验室的离线分析[42]。

根据测量物理量的不同,这些方法往往侧重于固化过程的某一方面特征,各有其优缺点。虽然各种方法测得的固化过程基本一致,大体可以相互印证,但它们所反映出来的固化特点及对不同阶段的灵敏度却相差较大。如 FTIR 等波谱方法可以非常方便地分析出固化过程中的化学反应机理,但它对固化后期的细微物性变化则不够灵敏;DSC 操作简便,模型较多,有利于进行动力学研究,但模型纯粹唯象,与固化机理关联较少;DEA 可以测定整个固化过程中的离子电导率和介电损耗等,但离子电导性与树脂的其他性能表征之间的相关性尚不完全明确;流变法可以灵敏地反映出凝胶点前的黏度变稀现象,但由于凝胶点后体系黏度急速增大直至无穷,它不能表征固化后期的行为;力学模量方法则主要对凝胶点后体系的固化行为给予有效表征;超声法对完全固化阶段的变化(扩散控制阶段)非常敏感,在此阶段仍可观测到有意义的弹性模量,其他方法对此则有些无能为力。

总而言之,热固性树脂的固化是一个非常复杂的过程,为了完整准确地表征固化过程,常常需要采用两种以上的方法结合起来进行表征。如用 FTIR、DSC、流变法等表征凝胶点前的固化过程,用 TBA、DMA、TMA 等表征凝胶点后的固化过程。

参 考 文 献

[1] D R MULLIGAN. Cure monitoring for composites and adhesives[J]. Rapra Review Reports,2003,14(8):3-109.

[2] B G WILLOUGHBY. Cure assessment by physical and chemical techniques[J]. Rapra Review Reports,1993,6(8):3-113.

[3] P J FLORY. Kinetics of polyesterification: a study of the effects of molecular weight and viscosity on reaction rate[J]. J. Am. Chem. Soc.,1939(61):3334-3340.

[4] 张俐娜,薛奇,莫志深,金熹高. 高分子物理近代研究方法[M]. 武汉:武汉大学出版社,2003.

[5] 薛奇. 高分子结构研究中的光谱方法[M]. 北京:高等教育出版社,1995.

[6] 张军营,谷晓昱,蔡晓霞. 用 FTIR 定量研究环氧树脂固化反应动力学制样方法的确定[J]. 分析试验室,2005,24(9):34-36.

[7] 阎红强,方佐,戚国荣. 原位红外光谱法研究新型氰酸酯和双马来酰亚胺树脂的固化机理[J]. 科技通报,2006,22(2):148-153.

[8] 牛华霞,周涛,张爱民,刘帅,任六波. DGEBF-DDS 体系固化动力学机理的研究[J]. 热固性树脂,2008,23(增刊):4-8.

[9] 许凯,陈鸣才,张秀菊,刘红波.原位 FTIR 光谱法研究联萘基环氧树脂体系的固化反应[J].高等学校化学学报,2005,26(12):2377-2380.

[10] HUANG M L, WILLIAMS J G. Mechanisms of solidification of epoxy-amine resins during cure[J]. Macromolecules, 1994(27):7423-7428.

[11] 刘静,赵敏,张荣珍,刘广田,巴信武.FTIR 法研究环氧树脂固化反应动力学[J].功能高分子学报,2000,13(6):207-210.

[12] 彼得·赫得维格.高聚物的介电谱[M].第一机械工业部桂林电器科学研究所,译.北京:机械工业出版社,1981.

[13] MAISTROS G M, BUCKNALL C B. Modelling the dielectric behavior of epoxy resin blends during curing[J]. Polymer Engineering and Science, 1994, 34(20):1517-1528.

[14] 王海霞,蒲敏,卢凤纪.介电分析法在热固性树脂固化研究中的应用[J].化工进展,1998(6):46-49.

[15] 林复,王伟,李长明,洪国铭,王卫兵.介电分析及其应用[J].哈尔滨理工大学学报,1996,1(1):36-40.

[16] DAVID SHEPARD.热固性树脂的介电固化研究[R].NETZSCH Instrument Inc., USA.

[17] 宋修宫,王继辉,高国强.RTM 工艺中树脂固化温度与介电性能[J].复合材料学报,2007,24(1):18-21.

[18] RUDOLF RIESEN.热固性树脂[M].陆立明,译.上海:东华大学出版社,2009.

[19] 代晓青,肖加余,曾竟成,刘钧,尹昌平,刘卓峰.等温 DSC 法研究 RFI 用环氧树脂固化动力学[J].复合材料学报,2008,25(4):18-23.

[20] 潘鹏举,单国荣,黄志明,翁志学.2-乙基-4-甲基咪唑固化环氧树脂体系动力学模型[J].高分子学报,2006(1):21-25.

[21] 吴晓青,李嘉禄,康庄,吴世臻.TDE-85 环氧树脂固化动力学的 DSC 和 DMA 研究[J].固体火箭技术, 2007, 30(3):264-268.

[22] 高月静,李郁忠,寇晓康,等.高固体含量酚醛树脂的固化特征及动力学研究[J].高分子材料科学与工程,1999,15(3):45-47.

[23] G VAN ASSCHE, A VAN HEMELRIJCK, H RAHIER, B VAN MELE. Modulated differential scanning calorimetry: Non-isothermal cure, vitrification, and devitrification of thermosetting systems[J]. Thermochimica Acta, 1996(286):209-224.

[24] 陆立明.随机温度调制 DSC 技术 TOPEM 的理论和应用[J].高分子通报,2009(3):62-73.

[25] S SWIER, B V MELE. Reaction-induced phase separation in polyethersulfone-modified epoxy-amine systems studied by temperature modulated differential

scanning calorimetry[J]. Thermochimica Acta, 1999(330):175-187.

[26] 李辰砂,梁吉,张博明,王殿富. 光纤传感器监测复合材料固化成型过程[J]. 清华大学学报:自然科学版,2002,42(2):161-164.

[27] 王殿富,万里冰,张博明,武湛君. 光纤传感器在复合材料固化监测中的应用[J]. 哈尔滨工业大学学报,2002,34(5):710-714.

[28] 艾宝勤,胡其图,郭奕玲. 法布里-珀罗干涉仪的发明[J]. 物理,1994,23(9):573-577.

[29] 张博明,杜善义,王殿富. 光纤模斑谱传感器复合材料固化监测研究[J]. 实验力学,1998,13(4):560-564.

[30] 万里冰,武湛君,张博明,王殿富. 光纤布拉格光栅监测复合材料固化[J]. 复合材料学报,2004,21(3):1-5.

[31] F LIONETTO, A MAFFEZZOLI. Polymer characterization by ultrasonic wave propagation[J]. Advances in polymer technology, 2008, 27(2):63-73.

[32] 杨爱玉,于泽均. 高级复合材料最新固化监控. 宇航材料工艺,1996(2):59-62.

[33] A MAFFEZZOLI, E QUARTA, V A M LUPRANO, G MONTAGNA, L NICOLAIS. Cure monitoring of epoxy matrices for composites by ultrasonic wave propagation[J]. Journal of Applied Polymer Science,1999(73):1969-1977.

[34] F LIONETTO, R RIZZO, V A M LUPRANO, A MAFFEZZOLI. Phase transformations during the cure of unsaturated polyester resins[J]. Materials Science and Engineering, 2004, A 370:284-287.

[35] GILLHAM J K. The TBA torsion pendulum: a technique for characterizing the cure and properties of thermosetting systems[J]. Polymer International, 1997(44): 262-276.

[36] 孙慕瑾. 扭辫分析及其应用[J]. 玻璃钢/复合材料,1990(3):33-40.

[37] X RAMIS, A CADENATO, J M MORANCHO, J M SALLA. Curing of a thermosetting powder coating by means of DMTA, TMA and DSC[J]. Polymer, 2003(44):2067-2079.

[38] 张明,安学锋,李小刚,益小苏. 研究环氧树脂聚酰亚胺树脂凝胶行为的新方法[J]. 热固性树脂,2005,20(5):5-9.

[39] 过梅丽. 高聚物与复合材料的动态力学热分析[M]. 北京:化学工业出版社,2002.

[40] ROLLER M B. Rheology of curing thermosets: an overview [J]. Polymer Engineering and Science, 1986, 26 (6):432-440.

[41] 刘天舒,陈祥宝,张宝艳,周正刚. LT-01A 低温固化环氧树脂体系流变特性研究[J]. 航空材料学报,2006,26(2):41-43.

[42] 金士九,金晟娟. 合成胶黏剂的性质和性能测试[M]. 北京:科学出版社,1992.

第 3 章　动态扭振法

3.1　概　　述

　　我们认为像环氧树脂一类的热固性树脂的质量指标,单有化学标准是不够的。商品环氧树脂具有完整的和合格的化学标准,但事情往往是,化学标准相同但批号不同的环氧树脂在固化时间上不尽一致,给热固性树脂使用者带来很多麻烦:每购进一批热固性树脂,都要首先确定这批树脂的凝胶化时间、完全固化时间等固化参数以确定固化的最优工艺。因此工业上迫切要求建立一种简易方便的测试仪器和方法。

　　已经说过,热固性树脂的固化历程复杂,交联树脂又不溶不熔,致使固化过程的研究十分困难[1,2]。但固化的最后阶段,固化程度对固化产物的性能有极大影响,在很大程度上决定了固化树脂的最佳性能。因此,把固化研究与热固性树脂的性能直接联系起来,是一个既实用又简便的方法。另一方面,作为材料来使用的是它们的力学性能。正好,在一些传统分析技术灵敏度急剧下降的固化最后阶段,其在力学强度上却有很好的反映。因此用力学的方法可以很好地研究热固性树脂的固化过程。像动态扭辫法[3]、动态弹簧法[4]和动态扭振法[5~7]等动态力学方法都已成功地应用于环氧树脂等固化过程的研究。就是最普通的形变-温度法也可用来研究不饱和聚酯的固化[8]。

　　使用动态力学方法可以由一个单独的实验来监测树脂从液态到固态转变的全过程,逼真地模拟整个成型工艺,并反映树脂力学性能随温度变化的规律,得到一些固化反应表观动力学的参数。在筛选配方和固化条件时,它与力学破坏实验相比,省力省时,颇受工业界的欢迎。

这里主要介绍我们实验室研制的 LHX-I 型树脂固化仪和与此相关创立的动态扭振法,及其在热固性树脂和树脂基复合材料固化过程研究中的应用。

3.1.1 热固性树脂的 T-T-T 固化状态图

热固性树脂在加温下的固化经历着从黏流态经凝胶化向橡胶态、玻璃态的变化。从分子角度来看,是从线形低相对分子质量的树脂预聚体通过化学反应提高相对分子质量、支化以及交联成为三维网状结构的交联高聚物的过程。所谓 T-T-T 固化状态图,就是树脂热固化过程的时间-温度-转变(time-temperature-transformation)的固化相图,它联系了热固性树脂的固化时间、固化温度以及固化进程中树脂状态和物理性能的变化,是树脂四个物理状态即液态、橡胶态、未凝胶玻璃态、凝胶玻璃态以及凝胶化作用和玻璃化作用与固化时间及温度的关系图[9]。这种状态图是对热固性树脂固化过程全面的描述,是人们了解固化过程的好工具。根据此图可知在固化温度下出现凝胶的时间——凝胶化时间 t_g,因此可以确定成型加压的时间,减少操作的盲目性。另外,根据转变温度 T_g 和 $T_{g\infty}$ 还可确定不饱和聚酯预浸带库存温度及复合材料后固化温度等。

T-T-T 固化状态图是通过测定一系列不同温度的等温时间-力学谱图,按温度顺序排列而得到的,如图 3.1 所示。图中画出了最一般的情况,即包括了在高温下树脂的降解时间曲线。$T_{g\infty}$ 是完全固化了的树脂的玻璃化温度,$_{gel}T_g$ 是树脂同时产生凝胶化和玻璃化的转变温度,T_{g0} 是树脂的玻璃化温度。在 T-T-T 固化状态图上,通过凝胶化、玻璃化和降解来了解它们对性能的影响,如凝胶化使得树脂的宏观流动变得不可能,玻璃化妨碍了化学转化的顺利进行,降解限制了固化树脂在高温下承受载荷的时间等。根据此图,可对热固性树脂的大多数固化行为做出一目了然的判断。

(1) 在温度 T 低于 T_{g0} 时,树脂处在未凝胶的玻璃态,不管时间有多长,都不会出现凝胶化,因此未凝胶的玻璃态是商品热固性树脂长期储存的根据。

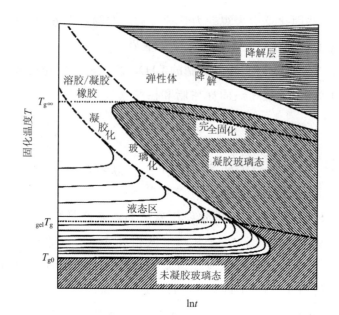

图3.1　热固性树脂固化的 T－T－T(时间-温度-转变)固化状态图

(2) 随温度升高,树脂变为黏流态,但只要温度低于 $_{gel}T_g$,在任何时间里树脂也不会出现凝胶;在 $_{gel}T_g$ 温度以上,只要固化温度达到一定值,树脂就会出现凝胶化。因此 $_{gel}T_g$ 是储存树脂避免出现凝胶的最高临界温度。

(3) 如果热固性树脂是用来与无机纤维组成复合材料的,那么,由于在 $_{gel}T_g$ 以上温度树脂因凝胶化而丧失流动性,进一步的固化反应将在树脂和纤维之间产生收缩应力。树脂受拉伸应力,纤维则受压缩应力,这对复合材料的强度和韧性都有很大影响。

(4) 在 $T_{g0}<T<_{gel}T_g$ 温度下,树脂因化学反应而增加相对分子质量,使玻璃化温度 T_g 升高;在 $_{gel}T_g<T<T_{g\infty}$ 时,树脂则因交联度增加而提高玻璃化温度 T_g,因此热固性树脂的 T_g 是固化时间的函数 $T_g(t)$。在 $T<T_{g\infty}$ 温度下,固化过程中树脂的 $T_g(t)$ 总是升高的。$T_{g\infty}$ 则是完全固化了的树脂的玻璃化温度 T_g。

(5) 在 $_{gel}T_g<T<T_{g\infty}$ 温度下,如果等温固化曲线与完全固化的曲线相交,那么在这个温度固化,只要固化时间足够长,总能得到完全固化的 $T_{g\infty}$。若等温线不能与完全固化的曲线相交,那么在该固化温度下,不管固化时间有多长,也不能达到完全固化。这时需要的是提高固化温度。

(6) 再升高温度,树脂可能发生降解。对高 $T_{g\infty}$ 的树脂体系,存在着固化反应和降解反应之间的竞争。

（7）在任何一个固化温度下做等温固化，增加固化时间都将导致转化率、玻璃化温度和交联度的增加。在玻璃化前，固化温度下树脂的模量和密度也随固化时间增加而增加。

（8）温度对树脂玻璃化转变时间的影响是双重的。一方面升高温度使固化反应速率加快，缩短了玻璃化的时间；另一方面，升高温度又使树脂实现玻璃化转变所需的反应程度提高，从而使玻璃化时间变长。这两种效应的竞争结果使得T-T-T固化状态图上的玻璃化曲线呈S形，出现玻璃化时间的极小和极大两个极值。其中玻璃化时间的极小值及其对应温度的知识，在热固性树脂浇铸工艺中是很重要的，因为开模只能是在材料硬化以后才能实现。

（9）固化树脂的交联度与玻璃化温度成正比，因此热固性树脂的固化程度可以用 T_g 来表征。但因为树脂的 T_g 是固化时间的函数 $T_g(t)$，要测定任一固化时间的 T_g 在实验上有一定困难，需要做一定的假定。

3.1.2 动态扭振法

动态扭振法是我们实验室创立的研究热固性树脂和树脂基复合材料固化行为的一种方法，装置构造简易，操作方便。

动态扭振法是强迫振动非共振法的一种。实验中，树脂-固化剂体系的薄层夹在上、下模之间，由下模以一定频率不断作小角度扭振，通过树脂薄层带动上模运动，连在上模上的测力传感器就能测定为维持这种扭振所必需的扭矩的变化。随着固化程度的增加，树脂先是黏度增加，在凝胶点后则是模量变大，为维持这种小角度扭振所需的扭矩也随之增加，因此扭矩的变化反映了树脂-固化剂体系的固化过程，每个时刻扭矩的大小就反映了树脂-固化剂体系在该时刻的固化程度。使用动态力学方法可以由一个单独的实验来监测高聚物从液态到固态交联树脂转变的固化全过程，逼真地模拟整个成型工艺，并反映树脂力学性能随温度变化的规律，得到固化反应表观动力学的一些数据。在筛选配方的固化条件时，它和力学破坏实验相比省时省力，颇受工业界的欢迎。值得一提的是，与一般的固化研究方法不同，动态扭振法除了能够监测固化进程，还能够准确获得热固性树脂及其复合材料固化的两个重要的工艺参数——凝胶化时间和完全固化时间,并可依据一定的固化理论,对树脂-固化剂体系的固化反应动力学进行研究。

动态扭振法能在室温至 180 ℃ 范围内对各类热固性树脂,包括环氧树脂和不饱和聚酯,各类热固性胶黏剂,各类树脂基复合材料(如预浸片、粉料填充浇铸体系),以及液体橡胶(如聚氨酯预聚体)等做等温固化监测。根据由此测得的等温固化曲线,可求得凝胶化时间、固化时间、相对固化度、反应速度等参数,也可求得固化反应活化能等表观反应动力学数据,对树脂基复合材料,还可研究填料对树脂固化的影响。根据物料从液态到固态的变化,动态扭振法还可用来研究液态橡胶的硫化,乃至甲基丙烯酸甲酯(有机玻璃)的本体聚合。

3.2 动态扭振法——树脂固化仪的原理和构造

3.2.1 HLX-Ⅰ型树脂固化仪

为了能够追踪测试树脂在成型模腔中的固化过程、它们的固化速度、固化后的交联程度等,本实验室参考不必将成型品从模具中取出而能连续测定模具中胶料硫化行为的橡胶硫化测定仪,设计了这个专门用于热固性树脂及树脂基复合材料固化的装置——HLX-Ⅰ型树脂固化仪。其技术特性为:

零飘:1.5 格/h

温飘:1.5 格/h

固化温度范围:室温~180 ℃

控温精度:±1.5 ℃

整个仪器主要分为三个部分:温度的控制和测量,扭矩的测定和记录,机械传动。HLX-Ⅰ型树脂固化仪主机的示意图见图 3.2。它采用强迫振动非共振法进行工作。下模 4 盛装待测的树脂-固化剂体系(下面简称树脂),开动升降电机 10 使上模 3 向下运动,与下模 4 合模而留下一定的间隙。一旦合模,开启扭振电机 7 迫使下模 4 做小角度的扭振。扭振的角度根据固化后树脂的硬度不同由减速齿轮上的偏心轮 6 进行调整。扭振运动通过上、下模间的树脂层传给上模 3,并由应变片电桥组成的测力传感器 1 转换为电量,经放大器放大后由记录仪记录。上、下模的温度由各自的温控装置调控。

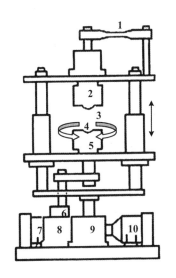

图 3.2 HLX-Ⅰ型树脂固化仪主机的示意图

1. 应变片测力传感器;2. 上加热电炉;3. 上模;4. 下模;5. 下加热电炉;
6. 偏心装置;7. 扭振电机;8. 扭振减速箱;9. 升降减速箱;10. 升降电机

HLX-Ⅰ型树脂固化仪装置的主要部件介绍如下:

1. 碗状下模

下模 4 是盛放树脂的地方。由于在固化前,树脂是液态的,因此下模设计成开口的浅碗状(图 3.3)。在整个固化过程中,下模不停地在做小角度(1°~3°)的扭振,为了避免它所带动的固化的树脂打滑,下模内部刻有呈放射状的、长短间隔的凹槽。下模紧扣在下加热电炉上,为准确感知温度,下模中开了一个长孔深入到下模中心靠近树脂层的地方,插入热电偶,不但能测温也能作为控温的探头。

下模的端口突出,这样一旦加的树脂量过多,就会在合模时与上模的小凸环配合把多余的物料溢出模外,保证模内的物料在任何一次实验中都一样,从而保证扭矩测定数据的可重复性。

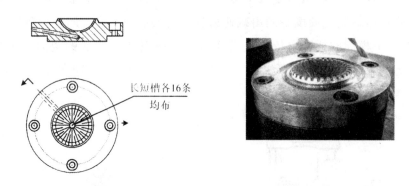

图 3.3　HLX-Ⅰ型树脂固化仪的下模

2. 碗状上模

上模 3 的作用有两个。一是完成对树脂的合模。通过上、下模间隙的调整,能准确控制树脂在模腔中的体积,从而控制模腔中固化树脂试样的厚度。二是传递扭力。下模的扭振正是通过在模腔中的树脂层传递给上模,进而传到测力传感器的。因此上模也像下模一样,在模子表面刻有呈放射状的、长短间隔的凸起(图 3.4)。

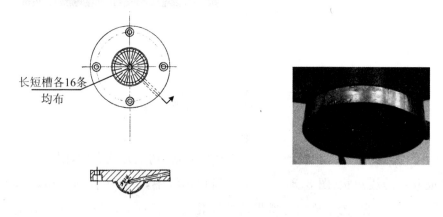

图 3.4　HLX-Ⅰ型树脂固化仪的上模

上模的合模动作由升降电机实现,只要在特定位置上安置一个触动开关(行程开关),就能方便地控制上模上下移动的行程,从而达到调节树脂试样厚度的目的。

与下模同样的道理,上模也有插热电偶的深孔。

碗状上、下模适合于从液态树脂固化为固体固化物,如环氧树脂、不饱和聚酯、聚氨酯液态橡胶以及由它们与粉状填料构成的树脂基复合材料和纳米复合材料等。由上、下模具合模固化后的树脂试样实物照片见图3.5。

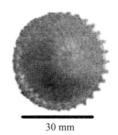

图3.5　在 HLX-Ⅰ型树脂固化仪上固化的环氧树脂试样实物图片

3. 平板状上、下模

如果是玻璃纤维充填的不饱和聚酯预浸片,在固化前就处在"类"固体状态,不必用"碗"盛装,故专门为它们设计了平板状的上、下模具,见图3.6。平板模的上、下模具的外圆尺寸同碗状模,只是没有了凹凸,上模和下模的外形也一样。这样就不至于由于预浸片被弯曲而影响了它们的性能。同样,为防止模具与预浸片之间的打滑,平板模的上、下模表面都刻有十字交叉格子状的凹槽。

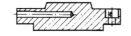

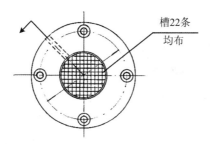

图3.6　专门用于不饱和聚酯预浸片固化研究的平板模

4. 上、下加热电炉

热固性树脂的固化温度一般都在200 ℃以下,因此加热炉的功率有300 W就足够了。为使树脂受热均匀,设置了上、下加热电炉2和5同时加热和控温。考虑到整个装置的体积,加热炉的内腔并不大,因此采用电阻值较大的扁电阻丝在云母片上绕制。温度的测定和控制选用 XCT-192 动圈式温度指示调节器配合 ZK-50 可控硅电压调整器,电炉外层不需要加保温层,整个炉体显得简洁干净。

5. 扭振系统

作为高聚物的树脂是黏弹性的,其力学性能有明显的频率(时间)依赖性。因此,对树脂体系的扭振以低频为好。本装置采用每分钟扭振三次的频率,在这样低的扭振频率下,树脂可能具有的黏弹性的影响可以忽略。

整个扭振系统由扭振电机 7、减速箱 8 和偏心装置 6 组成。一般的交流电机转速在~1500 转/分,要减速至 3 次/分,减速比达 500。这样大减速比的小型减速箱不易找到合适的现存商品,故我们自行设计加工了由两级涡轮蜗杆组合的小型大减速比的减速箱。

小角度扭振是通过偏心轮来实现的。偏心装置则依靠滑块在特定槽中的移动定位来调节和定位(图 3.7(a))。固定不同位置的滑块就能给出不同的偏心率,从而得到下模特定的扭振角度。通过连杆和附在上面的指针(图 3.7(b)),可以在固化仪顶面上清楚地看到扭振的角度。只是扭振角度的调节要打开主机面板深入到装置内部才能手动进行。

(a) 偏心装置的偏心程度可以手动调节

(b) 扭振角度可由顶板上的指针直接观察到

图 3.7　HLX-Ⅰ型树脂固化仪的扭振机构照片

HLX-Ⅰ型树脂固化仪设计的扭振角度是 1°~3°,硬度高的固化物如咪唑固化的环氧树脂可选调接近 1°的扭振角,较软的固化物如聚氨酯橡胶用接近 3°的扭振角更为合适,这时可得到较大的扭矩值。

6. 合模升降系统

合模升降系统(图 3.8)由电机和减速箱组成。所用升降电机 10 与扭振电机是一样的电机,减速箱 9 也是自行设计加工的,减速比在 100 以内。配合适当的螺杆把合模升降速度控制在 20 cm/min。升降的行程用微动开关限位,上位的位置以能把上模提升到能方便加料、取样和清洗模具为准,下位的位置则由所需树脂试样的厚度而定。这样,如果调节扭振角度还不能达到合适的扭矩值时,还可以通过树脂试样厚度的调节来达到所需的扭矩值。

图 3.8　HLX-Ⅰ型树脂固化仪的模具升降机构照片

7. 应变片测力传感器

下模的扭振通过固化树脂试样传递给上模,直接带动测力传感器 1 的弹簧钢片产生弯曲形变。在弹簧钢片上贴有 4 片电阻应变片,能把弯曲形变转换成电量,经电路放大后由记录仪测量记录。如图 3.9 所示。

图 3.9　HLX-Ⅰ型树脂固化仪的应变片测力传感器照片

3.2.2 实验中要注意的几点

1. 脱模剂的使用

热固性树脂本身是优良的黏合剂,树脂一旦固化,金属材质的上、下模将会被牢牢地黏合在一起。所以在实验前必须在上、下模具表面涂上脱模剂。脱模剂可以是不与树脂黏合的涂层,如聚烯烃与环氧树脂不黏,可以用像聚甲基丙烯酸甲酯(有机玻璃)之类的有机溶液。但有机溶剂的挥发不利于环境,这时可用硅脂。如果硅脂太稠,可用少许溶剂稀释。当然,脱模剂也不能涂得太厚,乃至充满了下模固有的凹槽,从而导致打滑,造成固化数据的分散。

另外,一定要在固化结束后马上取出已固化的树脂试样,这时因为试样还保持着较高的温度,固化的树脂试样较软,容易脱模,一旦温度降低至室温,固化的树脂试样会变得非常难取下。

为方便取下已固化的树脂试样,专门设计制作了特殊的脱模工具,见图3.10。前分叉的开口略大于模具的直径,利用向下的凸起,很容易撬起还处在柔软状态的固化树脂试样。

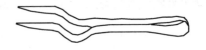

图3.10 自制的专用脱模工具

2. 剔除气泡

树脂当然要与固化剂充分搅合均匀,但在搅合过程中会在树脂中混入空气,形成气泡,所以在向下模加料前一定要把混入在树脂物料里的气泡全部排除。由于在室温下树脂一般都是非常黏稠的,气泡不会自然溢出,要人工剔除。譬如,对于一些非常小的气泡可以用多股电线中的一根单股线头来挑破冒头的气泡。

3. 统一加料的时间

对固化温度较低的树脂-固化剂体系(即凝胶化时间较长),树脂与固化剂混合均匀后,把物料加入下模中的时间稍有不同,不会对固化数据(凝胶化时间或完全固化时间等)有太大影响。但如果凝胶化时间本身只有短短的几分钟,那么就要求物料加入到下模中的时间尽量短,更重要的是要做到每次都一样。这就要求实验操作者统一自己的加料时间。

4. 物料的量

如果试样的厚度以 1 mm 计,按下模的容量计算,所加树脂在 2 g 左右。所以只要称量略多的物料加入下模中,少许多余的物料可由上、下模的配合溢出模外,自动维持试样的厚度。

5. 行程开关

控制开启合模的行程开关是非常娇灵的微动开关,不宜长期被顶压,所以在较长时间不用固化仪时(譬如几天、一星期),可以考虑把上模置在行程的中间部位,避免行程开关长期处在常闭状态。

6. 观察最后的固化物

迎着反光的方向仔细观察从模具中取出的树脂固化物,物料是否充满?厚薄是否均匀?有无气泡?等等。物料不能充满模具,需要多加树脂料,或调节上、下模具的间距;厚薄不均匀,要调整上、下模具的中心度;如有肉眼能辨的气泡,则这次实验的数据是不能用的,需要重做实验。

3.2.3 HLX-Ⅰ型树脂固化仪的电路

当前电气自动化发展非常迅速,树脂固化仪的电路已经明显落后了。之所以在这里仍给出一定篇幅加以介绍,当然不是叫大家仍然用后进的技术,主要是了解装置的设计思路。HLX-Ⅰ型树脂固化仪的电气框图如图 3.11 所示。HLX-Ⅰ型树脂固化仪扭振系统的开启比较简单。而 HLX-Ⅰ型树脂固化仪的合模电路比较复杂,是参考了车床的行程控制电路——可逆点动、起动的混合控制电路设计的。整个电气原理图见图 3.12,简述如下:

1. 总电源

由继电器 J_0 控制,当按下总电源开关 K_1 时,接通 J_0 的线圈 J_{0c},电磁铁工作,吸下接通 J_0,固化仪的各部分才接通电源。

2. 扭振和升降控制

扭振控制很简单,使用两个双刀双掷的开关来控制继电器 J_4 的线圈 J_{4c} 的动作,同时使用 K_8 和 K_9 两个限位开关来控制扭振电机停止转动的位置。

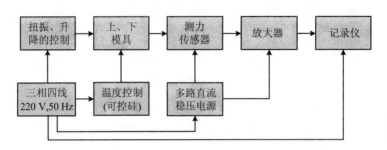

图 3.11 HLX-Ⅰ型树脂固化仪的电气框图

当 K_5 掷在 1 时，J_{4c} 吸合，扭振电机工作，实现扭振动作。当 K_5 掷在 2 时，这时无论 K_6 掷在 a 或 b，撞块都将拔动限位开关 K_8 或 K_9，使扭振电机停止工作。当 K_6 掷在 a 时，撞块拔动 K_8，扭振电机停在 0 度扭振角的位置，这时若重新开动电机，扭振仍从 0 度开始，这是扭振工作状态。当 K_6 掷在 b 时，撞块拔动 K_9，扭振电机停在最大扭振角度上，这是应力松弛状态。

升降系统比较复杂，这是一个可逆起动以行程开关作自动停止的控制电路。

当按下 K_2 时，首先继电器 J_3 的线圈 J_{3c} 吸合，J_{34}、J_{35} 接通，J_c 紧跟着吸合，J_{15} 接通，这时 J_{3c}、J_{1c} 工作，升降电机向一个方向转动，带动升降螺杆，使模具升起。升到一定高度时，撞块拔动限位开关 K_6，K_6 断开，J_{3c} 断开，J_{35}、J_{36} 断开，电机停转。

当按下 K_3 时，同样 J_{3c} 先吸合，J_{34}、J_{35} 接通，J_{2c} 就吸合，J_{25} 接通，这时 J_{3c}、J_{2c} 工作，升降电机向反方向转动，带动升降螺杆，使模具下降。当下降到一定程度时，撞块拔动限位开关 K_7，K_7 断开，J_{3c} 断开，J_{34}、J_{35} 断开，J_{2c} 接着断开，电机停转。

K_4 是面板上的一个常闭按钮开关，它的功能与限位开关 K_6、K_7 相似。按下 K_4，使 J_{3c} 断开，J_{34}、J_{35} 断开，J_{1c}、J_{2c} 跟着断开，使升降电机停转。这样我们就可以使模具停在任意的位置上。

J_{24} 和 J_{14} 是继电器 J_{2c} 和 J_{1c} 的两个常闭触点。当 J_{1c} 吸合工作时，J_{14} 处于断开状态，这样就保证 J_{2c} 不会吸合工作，起到自锁保护作用。同理，当 J_{2c} 吸合时，J_{24} 断开，保证 J_{1c} 不吸合工作而造成相间短路。

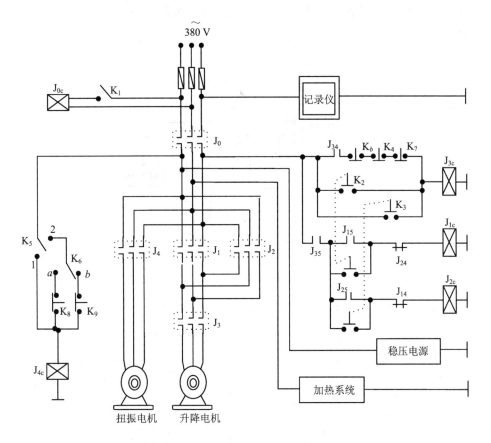

图 3.12　HLX-Ⅰ型树脂固化仪电气原理图

J 为 CJ10-10A 交流接触器,其中 J_c 为该接触器的电磁线圈,J_{xx} 为接触器的常开或常闭触点；
K 为双刀双掷开关,或微动开关,或掀扭开关

3. 模具温度控制

选用 XCT-192 动圈式温度指示调节器和 ZK-50 可控硅电压调节器配合使用,电路如图 3.13 所示。

ZK-50 可控硅电压调节器具有交流输出电压深度负反馈,因此作为自动控制的功率电压调整时,有良好的线性,并且不受电源电压的影响。

调节器是通过 P、I、D(比例、积分、微分)动作实现自动调节输电电压,从而调节电炉温度的。

比例作用是一个放大倍数在一定范围内可调的放大器。当实际温度与设定温度值存在偏差时,比例作用产生动作,较快地发出一个与偏差成比例的信号,来减小这个偏差,使加热系统达到新的平衡。偏差越大,输出越强。

虽然比例作用的输出是与偏差成比例的,但是光有比例作用还是会有残余偏差(静差)存在。

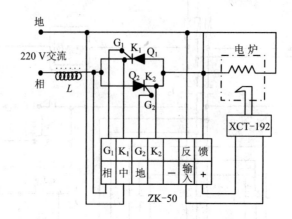

图3.13 HLX-Ⅰ型树脂固化仪上、下模具温度控制电路

积分作用就是当调节器接受偏差信号后,其输出信号随时间增加而增加,并且还与偏差的大小及累积速度(称积分速度)有关。偏差信号或积分速度大,则累积快,只要有偏差存在,积分作用就要不断地累积,直到使调节器输出变化到最大。只有当偏差为零时,积分累积作用才停止。所以积分器在调节器中可能消除残余偏差。

微分作用可以使系统的动态质量得到改善,缩短过渡过程。因为微分作用不仅反映了偏差变化速度的大小,还反映了偏差的变化趋势,所以它可以起到一个预调节或超前的作用,克服了由于温度滞后所引起的动态偏差。

4. 传感器

下模具在扭振电机带动下发生扭振,上模具带有一个弹簧钢片,两模具间的空间为热固性树脂固化反应发生的地方。随着固化的进行,固化的树脂层已经可以传递应力,从而使上模具随下模具发生扭振,这样就使钢片产生两个方向的变化。用电阻应变片来测量这个弯曲造成的应变。在弹簧钢片两侧分别贴有两片箔式应变片(精密级 $K = 2.23$),应变片组成的电路如图3.14所示。应变片随弹簧钢片发生应变而产生电阻值的变化。当受到拉伸时,阻值增大;当受到压缩时,阻值变小。四片应变片组成一个应变电桥,应变片阻值的微小变化转换成输出电压的变化:

$$U = \frac{E}{4}(\frac{\Delta R_1}{R_1} - \frac{\Delta R_2}{R_2} + \frac{\Delta R_3}{R_3} - \frac{\Delta R_4}{R_4}) \tag{3.1}$$

这里 $R_1 = R_2 = R_3 = R_4 = 120\ \Omega$，为商品应变片的阻值。$R_8$ 为精密级线绕多圈电阻电位器，$R_8 = 22\ \text{k}\Omega$；R_s 为碳膜电阻，$R_s = 11\ \text{k}\Omega$。R_8 和 R_s 构成电桥的预调平衡装置，调节 R_8 可改变桥臂 AD 和 DC 电阻的比例。极端情况下，R_8 滑动点滑到一端，R_8 完全并联在某一桥臂上，使其阻值变化最大：

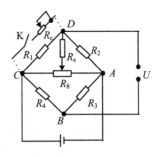

图 3.14　HLX-Ⅰ型树脂固化仪应变片电桥电路

$$\Delta R = R - \frac{RR_s}{(R + R_s)} \tag{3.2}$$

即最大可调阻值为 1.3 Ω。若想增大调节阻值，可更换阻值更小的电阻。

图 3.14 中 CD 臂上并联的 R_c 为应变标定电路，为 470 kΩ 可调电阻。合上开关 K，可使 CD 臂有个阻值的改变，就像受到应变改变阻值一样。

应变电桥输出电压 U 经放大器放大后输入记录仪：

$$\frac{\Delta R}{R} = K\varepsilon_m \tag{3.3}$$

$$U = \frac{E}{4}(\frac{\Delta R_1}{R_1} - \frac{\Delta R_2}{R_2} + \frac{\Delta R_3}{R_3} - \frac{\Delta R_4}{R_4}) \tag{3.4}$$

R_1、R_3 与弹簧钢片在同一侧，感受到相同的应变，R_2 与 R_4 也是这样。

本装置的应变是一个纯弯曲，则有

$$\frac{\Delta R_1}{R_1} = \frac{\Delta R_3}{R_3} = K\varepsilon_m \tag{3.5}$$

和

$$\frac{\Delta R_2}{R_2} = \frac{\Delta R_4}{R_4} = K\varepsilon_m \tag{3.6}$$

所以

$$U = \frac{E}{4}[2K\varepsilon_m - 2K(-\varepsilon_m)]$$
$$= EK\varepsilon_m \tag{3.7}$$

这就是应变电桥的输出电压。

5. 放大器

放大器为差动直流微伏放大器，使用精密运放 OP07 构成放大级，LM741 构成电压跟随器缓冲级。具体电路如图 3.15 所示。

两级之间是分档装置,这个装置有恒定对地输入输出阻抗的特点,使得两级之间不会因输入输出阻抗的改变而发生波动。最后一个多圈电位器 W_3 用于灵敏度调节。W_1、W_2 是放大器调零电位器,使应变电桥平衡时放大器的输出为零。应变信号经放大后输入 XWD-120 型记录仪。

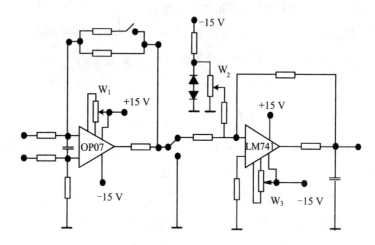

图 3.15　HLX-Ⅰ型树脂固化仪放大电路

6. 多路直流稳压电源

此电路为整个控制箱的电源电路,它提供 ±12 V 电源供 OP07 使用,提供 +5 V 电源供限位开关、指示灯使用,提供 +6 V 电源供应变检测传感器使用,其电路图见图 3.16。

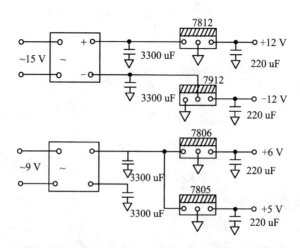

图 3.16　多路直流稳压电源图

变压器±15 V、±9 V两绕组的功率分别为5 W、8 W。经整流块整流滤波以后,由稳压块稳压输出直流电压,每一路再经小电容滤除可能的纹波,以提高直流电源的质量。

3.3 固化仪的计算机化改造——HLX-Ⅱ型树脂固化仪

测量仪器的计算机化是现代仪器的发展趋势。我们在用计算机技术采集数据和对数据进行处理方面都曾做了尝试[11],最后完成了完全计算机控制的全自动树脂固化仪——HLX-Ⅱ型树脂固化仪的研制(图3.17(a))。

针对HLX-Ⅰ型树脂固化仪,电机振动噪音较大;适用温度范围较小,灵敏度偏低;温度控制由手工调节且误差大;固化曲线用记录仪记录,从图中人工读取凝胶化时间、斜率等数据很不方便等缺点,我们对原仪器进行了电子系统的改造,实现了计算机控制。即保留了原先HLX-Ⅰ型装置的扭振,升降电机和上、下热盘等机械部分以及传感器,而把信号变成数码来采集,增加了计算机接口,对有关电路进行了重新设计,并编写了专用软件,设计并制成了HLX-Ⅱ型树脂固化仪。HLX-Ⅱ型树脂固化仪完全以计算机控制,工作稳定,灵敏度高。各部分电路如I/O缓冲、功率放大、扭振电机与升降电机的驱动等也安全可靠,可以保证连续不间断工作的需要,并且可以方便地处理实验曲线,适用温度范围也扩大为室温~200 ℃。

经过计算机化改造的固化仪分为机械、电气和传感器三大部分。机械部分包括扭振电机,升降电机,上、下热盘,限位开关等。电气部分包括PC计算机,负责数据处理、图形显示和控制;控制箱,负责I/O缓冲、功率放大等,直接驱动扭振电机与升降电机。传感器用于探测树脂固化过程中的应变信号等。

早期的控制系统称为集中控制系统,由一个中央处理器控制所有过程,所有部件均为该控制系统专门设计,组成一个复杂的控制电路,这种结构不利于系统的维护和发展,因而现代控制技术大量采用智能设备,每个智能设备完成一个独立功能,如控温、模拟量采集等,各智能设备有独立的处理器,中央控制系统通过通信总线向下属智能设备发布指令,使之完成适当的功能,无需了解如何实现该功能。中央控制系统完成最终的数据分析处理、人机交互、指挥下属智能设备,由于智能设备采用通用接口,其更换、排错非常容易,而中央控制系统的软件设计采用组态方式,不仅可提高工作效率、加快产品周期,而且维护和升级简单,对仪器设计无疑具有借鉴作用。

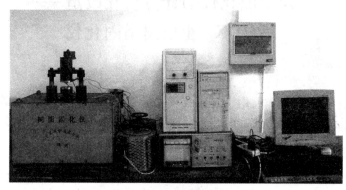

(a) HLX-Ⅱ型树脂固化仪

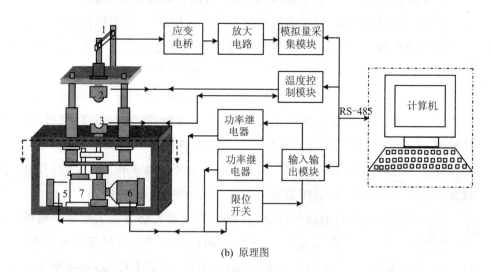

(b) 原理图

图 3.17　HLX-Ⅱ型树脂固化仪及其原理图

1.测力传感器;2.上模;3.下模;4.偏心轮;5.扭振电机;6.升降电机;7.变速箱

智能设备是利用微处理器来实现生产机械或过程自动控制的系统,是由被控对象、测量变送、计算机和执行机构组成的闭环控制系统(图 3.18)。它的控制过程可以归纳为以下三个方面:

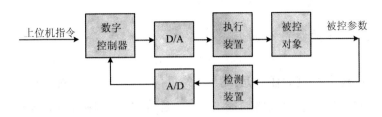

图 3.18 HLX-Ⅱ型树脂固化仪被控对象、测量变送、计算机和执行机构组成的闭环控制系统

(1) 信号的检测与变换。

通过传感器(检测元件)对被测参数瞬时值进行检测、采样,并经变换器变换成统一的直流电流($0\sim10$ mA,$4\sim20$ mA)或直流电压($0\sim5$ V,$1\sim5$ V)的电信号,然后再经 A/D 转换成数字量送入处理器。

(2) 实时决策、运算。

将实时的给定值与被控参数进行比较,判断决定控制策略,并按某种控制算法运算,决定控制过程。

(3) 实时控制输出。

根据决策、运算结果,实时地对执行机构发出定量的控制信号,完成规定的控制动作。上述过程中的实时概念,是指信号的输入、计算和输出都要在一定时间(如采样周期)内完成。

上述过程的不断重复,使整个系统能按一定的动态(过渡过程)指标进行工作。由于计算机具有逻辑判断、记忆、快速运算的功能,因此可以对被控量和设备本身所出现的异常状态及时进行监督,并迅速做出处理,这就是计算机控制系统最基本的功能。

3.3.1 开关量输入通道

开关量输入通道的主要任务是将现场的开关信号或仪表盘中各种继电器的接点信号有选择地输给计算机,在控制系统中主要起以下作用:

(1) 定时记录固化过程中某些设备的状态,例如电动机是否在运行,阀门是否开启等。

(2) 对固化过程中某些设备的状态进行检查,以便发现问题进行处理,若有异常,及时向主机发出中断请求信号,申请故障处理。

3.3.2 开关量输出通道

开关量输出通道的任务是产生开关量信号,用以操纵固化过程中具有两位状态的设备。它的主要功能有二,一是直接操纵现场中具有两位状态的设备,二是实现报警及中断请求。

3.3.3 智能设备的内部控制过程设计

模拟量输出通道的任务是把计算机输出的数字量信号转换成模拟电压或电流信号,以便去驱动相应的执行机构,达到控制的目的。模拟量输出通道一般由接口电路、数/模转换器和电压/电流变换器构成,其核心是数/模转换器,简称 D/A。

模拟量输入通道的任务是把被控对象的模拟量信号(如温度、扭矩等)转换成计算机可以接受的数字量信号。模拟量输入通道一般由多路模拟开关、前置放大器、采样保持器、模/数转换器、接口和控制电路等组成,其核心是模/数转换器,简称 A/D。

在计算机控制系统中,除硬件设备外还必须配备一定的软件。智能设备的控制软件,是为了固化过程控制或其他控制而编制的用户程序,实时性要求高,因此多数情况采用汇编语言编写。由于在实时控制系统中,靠执行程序来完成控制任务,故应用程序设计将直接影响系统的效率和质量。控制软件通常由生产厂家设计并经充分测试。

多年以来,在过程控制中,按偏差的比例(P)、积分(I)和微分(D)进行控制的 PID 控制器(亦称调节器)是应用最为广泛的一种自动控制器。它具有原理简单,易于实现,鲁棒性(robustness)强和适用面广等优点。在计算机用于生产过程以前,过程控制中采用的气动、液动和电动的 PID 控制器几乎一直占垄断地位。计算机的出现和它在过程控制中的应用使这种情况开始有所改变。近 20 多年来,相继出现一批复杂的、只有计算机才能实现的控制算法。然而在目前,即使在过程计算机控制中,PID 控制仍然是应用最广泛的控制算法。

3.3.4 固化仪的总体设计

由上述计算机控制原理,我们设计了计算机控制的固化仪总体框图(图 3.19)以及实际电路。这样,改造后的固化仪适用的温度范围可望扩大到 0~200 ℃,并且完全由计算机控制,控温精度也大大提高。

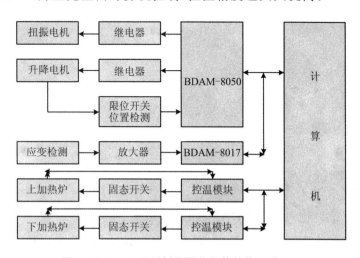

图 3.19 HLX-Ⅱ型树脂固化仪的总体设计框图

3.3.5 固化仪硬件设计

1. 输入输出

采用数字量输入输出模块 BDAM-8050 作为控制单元,检测限位开关的状态,控制升降电机的启停及换向,控制扭振等。

BDAM 模块是一种体积小、智能化的传感器至计算机间的接口单元,称为智能设备,可在恶劣环境下可靠运行,其内置的微处理器使 BDAM 模块可独立地提供智能信号调理、模拟量输入/输出、数字量输入/输出、数据显示和 RS-485 通信。

BDAM 模块通过多点 RS-485 网络与上位主机进行通信。其基于 ASCII 码的命令/响应协议使 BDAM 模块可与绝大部分计算机系统进行通信。

BDAM-8050 具有 7 个数字量输入通道和 8 个数字量输出通道。输出是可由主机控制的集电极开路晶体管开关,也可使用开关控制固态继电器依次控制加热器、泵或其他电力设备等。主机可利用模块的数字输入确定限位开关、保险开关或远端数字信号的状态。

BDAM-8050 数字量输入：

通道数：7

逻辑电平 0：最大 +1 V

逻辑电平 1：+3.5～+30 V

上拉电流：0.5 mA，10 kΩ 电阻到 +5 V

BDAM-8050 数字量输出：

通道数：8

集电极开路电压：可达 30 V

最大负载：30 mA

功耗：300 mW

电源：+10 V_{DC} 到 +30 V_{DC}

2. 模拟量采集

采用模拟量输入模块 BDAM-8017，是 16 位 8 通道模拟量输入模块，这种模块提供可编程的输入量程，具有较高的性能价格比，是工业自动化测控系统的理想选择，其光电隔离输入在模拟量输入和模块之间提供 500 V_{DC} 的隔离电压，可有效防止模块受外界大电压的破坏。

BDAM-8017 模拟量输入：

通道数：6 个差分输入，2 个单端输入

输入类型：mV，V，mA

输入范围：±150 mV，±500 mV，±1 V，±5 V，±10 V，±20 mA

隔离电压：500 V_{DC}

采样速率：10 采样点/秒（全部通道）

带宽：13.1 Hz

精度：±0.1% 或更好

零漂：±6 μV/℃

满量程漂移：±25 ppm/℃

电源：+10 V_{DC} 到 +30 V_{DC}

功耗：1.2 W

总之，该模块在精度、速度及灵活性等各方面均能符合我们的要求。

3. 应变检测通道

(1) 应变传感器

应变传感器电路保持不变,与原HLX-Ⅰ型树脂固化仪的传感器电路相同。需要注意的是,为提高该传感器的精度,应保证弹性钢片在受力作用时发生较大的弯曲,同时在同样的变形条件下应变片应具有较大的阻值变化,即灵敏度较大。受力不变时,对于同一弹性材料,表面应变与厚度成反比关系,因而减小弹性片的厚度有利于增大表面应变,使应变片发生更大的变形,提高灵敏度;另一方面,减小弹性钢片的厚度可增大其弯曲变形的弹性范围,所以应选用尽量薄的弹性钢片。应变片采用灵敏度较大的半导体应变片。

电桥采用6 V电压供电,当弹性钢片因表面张力的改变而弯曲时,两个半导体应变片的阻值相应变化,导致输出点电平相对于电位器中间抽头的电平变化,该电平经放大后接入BDAM-8017,从而可以检测应变的变化。

(2) 应变信号放大

应变传感器的输出信号($0\sim2$ V_{DC})经放大以后成为$0\sim5$ V的电压信号。放大电路的前级采用对称结构,对称结构的共模抑制比高,放大器的漂移极小,这一级由两片精密运放OP07构成,放大倍数约为700倍;第二级是一个差模电路,前级的输出电压,求差以后变成对地电压;第三级用于工作位置调零(加法电路)以及放大倍数微调,工作位置调零(W_1)已引到仪器面板上。电路调节应先调零,后调节放大倍数,调节的原则是:计算机上的读数能真正反映其应变。放大电路见图3.20。

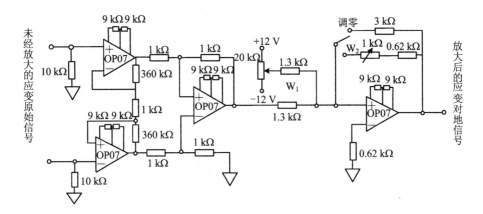

图3.20 应变传感器放大电路

(3) 限位开关(换向开关)

限位开关探测升降电机的行进始、终端点,上、下限位开关可独立检测。由于限位开关安装在外部机械设备上,可能出现接地短路或接触高压强电的危险,因而其供电电压和输出信号都需缓冲保护。

限位开关的供电电路见图 3.21(a),+5 V 的电源电压经三极管缓冲以后输出的约 4.5 V 的恒定的电压信号连接限位开关输入端,这里三极管处于小电流常通状态,起电压缓冲的作用;即使此电平信号在外部偶然接地,由于三极管的过流保护,也不会烧坏内部的 +5 V 电源;另一方面,即便此电平在外部偶然接触高压信号,也只毁坏该缓冲三极管,内部电源电路得到保护。

上、下限位开关的输出也经三极管缓冲,然后引入 BDAM－8050 的数字量输入引脚,缓冲的作用可以隔离外部机械设备与数字量采集模块,保护采集模块不被外部可能的强电烧毁(见图 3.21(b))。当换向开关未接触时,由于 20 kΩ 下拉电阻的作用,三极管处于截止状态,此时输入采集模块的信号为 0。而一旦限位开关合上,三极管导通,电压全部施加于 2 kΩ 的上拉电阻上,输入采集模块的信号则变成 +5 V 电平。计算机与采集模块通信,从而得知可逆电机已行进到哪个端点,据此采取适当的动作。

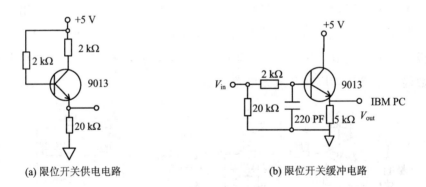

(a) 限位开关供电电路　　　　　(b) 限位开关缓冲电路

图 3.21　限位开关供电电路和限位开关缓冲电路

(4) 电机通道及其逻辑关系

如图 3.19 所示。扭振电机仅用输入输出模块的一个输出继电器控制,由 PC 计算机发出控制指令,输入输出模块分合内部继电器,由该继电器控制功率继电器分合,即可以控制电机的扭动或停止。

另外有 5 个固态继电器用来控制升降电机的上下运动,包括控制升降电机的动与不动和控制升降电机运动的方向。这里为了明确逻辑关系,还使用了三个门电路集成块,包括或非门、或门、与门各一块。从上限位开关及下限位开关的缓冲电路输出端各引出一根线连到或非门的输入端,当上、下限位开关均未接触时,二者信号均为低电平(如前所述),取或非之后变为高电平。将此或非门的输出信号再与一根来自输入输出模块的强制升降信号线接入或门的输入端,这表示无论强制升降信号线电平的高低,或门输出端都将为高电平,其中一个控制电机升降的固态继电器将被驱动,也就是说,只要上、下限位开关都未接触,那么升降电机必能够运动。

而如果上、下限位开关有一个合上,则或非门的输出端将变为低电平。此时则需要通过输入输出模块给强制升降信号线一个电平来控制电机运动。这个升降电机是否运动的总逻辑关系输出端我们再引出一根信号线,设为(1)。

如上所述,其中一个固态继电器用来控制升降电机的运动与否,而其他四个继电器则具体控制升降电机是上升还是下降,它们也均由来自输入输出模块的一根信号总线(2)控制。若输入输出模块给出高电平,则其中两个固态继电器的弱电信号输入端均为高电平,和表征升降电机是否运动的信号线(1)一起成为与门的输入端,取与之后,若仍为高电平,则意味着升降电机接通,并朝一个方向运动,假定是升,则上升指示灯亮。同时这根输入输出模块的信号总线(2)进入或非门输入端,并把这一路的其他输入端接地,这样就相当于简单的取反。因此这两个固态继电器上得到的均为低电平,下降指示灯不亮。

反之,若输入输出模块给出低电平,则这两个固态继电器导通,与信号线(1)取与,则升降电机向下运动,下降指示灯亮,上升指示灯不亮。

至于输入输出模块究竟是给出高电平还是低电平信号,可以由外部机械设备即考察哪个限位开关合上而决定。比如上限位开关合上,则无疑输入输出模块应给出低电平,因为此时电机只能向下运动。若两个限位开关均未接触,则由实际需要而定。

(5) 指示灯电路

我们用三极管对指示灯进行限流,避免了用电阻限流易发热的毛病,使电路工作更为可靠,使用寿命更长。限流电路见图 3.22,电流限制在 30 mA,决定于基极电阻,这里选用 5 kΩ 电阻,能使指示灯很好地工作。在整个电路设计中,我们一共使用了 4 个指示灯,分别用于总电源指示、扭转电机工作与否指示、升降电机上升指示、升降电机下降指示。

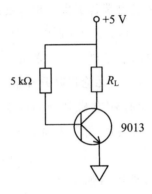

图 3.22　指示灯限流电路

3.3.6　固化仪控制软件设计

固化仪的控制软件主要完成以下功能:控制上模具的升降,控制下模具的扭振;控制温度;读取并记录扭振条件下的应力输出;提供图形化的用户界面以显示各种工作状态和实时曲线;控制各物理量,同时还应提供一定的文件操作能力便于数据的记录和转换。设计时应跳出这些框框,兼顾其他工控或仪器设计的需要,分析仪器设计的最新发展趋势,抓住数据采集-控制这一特点,设计出一套结构严谨的、通用的、便于扩充的工具软件,并以此来组态实际的树脂固化仪的控制软件。

1. 固化仪组态

(1) 配置数据库

有了上述的监控组态系统,我们就可以组态实际的树脂固化仪的控制软件了。首先是数据库的组态。整个树脂固化仪的控制需要三个现场网设备:两个控温模块 AI-708 分别控制上、下热盘的温度,一个 BDAM-8017 负责应力的采集以及升降、扭振等的控制。AI-708 可以根据计算机设置的温度值控制热盘温度,计算机可以通过通信获取其温度设定值和实际温度值;BDAM-8017 可以采集 8 路模拟量输入,同时还有 8 路独立的输入输出端口,计算机可以通过通信获取其每一路的模拟量值,并读写其输入输出端口而实现过程控制。两个控温模块占据一个扩展的 RS-485 端口,

BDAM-8017占据第二个扩展的RS-485端口。可以根据这些设备信息，配置数据库中的设备表(equip)、遥测表(YCP)和遥讯表(YXP)，如表3.1、表3.2、表3.3所示。

表3.1 equip数据表的主要内容

equip_no	equip_nm	equip_id	Drv	acq_time	com_adr	baud	data_bit
01	上热盘温控	01	AI_708.DLL	1	com3	9600	8
02	下热盘温控	02	AI_708.DLL	1	com3	9600	8
03	数据采集控制	01	ADAM.DLL	1	com4	9600	8

表3.2 YCP数据表的主要内容

equip_no	yc_no	yc_nm	val_min	val_max	command	cmd_parm
01	001	上热盘温度设定值	0.00	500.00	03	0
01	002	上热盘温度实际值	0.00	500.00	03	1
02	001	下热盘温度设定值	0.00	500.00	03	0
02	002	下热盘温度实际值	0.00	500.00	03	1
03	001	应力值	0.00	1024.00	#AAN	0

表3.3 YXP数据表的主要内容

equip_no	yx_no	yx_nm	command	cmd_parm
03	001	上端点检测	$AA6	1.0
03	002	下端点检测	$AA6	1.1
03	003	上升	$AA6	1.2
03	004	下降	$AA6	1.3
03	005	扭动	$AA6	1.4

(2) 显示页面组态

对于树脂固化仪，我们考虑由以下页面组成：欢迎页、操作页、测试结果曲线页、操作步骤说明页以及硬件和通信结构示意页等。欢迎页当然是首页，内容是学校、实验室、仪器功能说明、作者信息等，从此页可以方便地进入操作页；操作页包括所有的控制能力、文件能力、状态显示、测试结果显示等，同时从此页应能直观地进入其他各页；测试结果曲线页给出曲线全貌，便于整体把握，并能方便地回到操作页。

我们以操作页为例(图3.23)，说明树脂固化仪的组态过程。屏幕上方是一个横幅，指明该仪器，从组态角度看是一个带边框的静态文本。固化仪的操作命令，如上升、下降、启动测试、结束测试、数据存盘、打开文件、曲线等，以按钮的形式组织在屏幕左侧的命令区中，它们是带三维边框的文字，当鼠标左键在此区域按下时，执行相应的程序块，完成控制功能。这些按钮的颜色、填充模式、字体、边框等属性可以通过右键激活的浮动菜单改变（如"上升"按钮对应的浮动菜单，正悬挂在其右下方），也可以通过双击该对象而弹出的属性对话框设置。

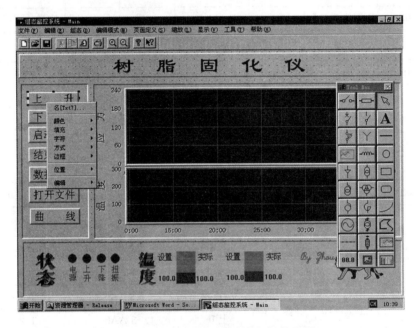

图 3.23　HLX-Ⅱ型树脂固化仪操作界面

作为例子，图 3.24 是"上升"按钮的属性对话框，里面包括"大小及位置变化"、"闪烁与隐含"、"显示文本"、"颜色控制"、"浮动菜单"等属性页。在"大小及位置变化"属性页内可以设置"移动"、"缩放"、"旋转"、"填充"等动态模式，对静态按钮可以忽略；在"闪烁与隐含"属性页内可以指定闪烁和隐含的动态表示；在"显示文本"属性页内可以输入显示内容（对于"上升"按钮，输入的内容即为"上升"），并选择字体、字型、字号、颜色等。图 3.24 显示的是"浮动菜单"属性页，其中可以编辑用户菜单，在下面的"执行正文"编辑框内写入该菜单项对应的执行内容，调用实时接口（RT Interface）的 Set Parm 函数向"03"号设备（即 BDAM 模块）发布设置命令"$AA6"，使其第一端口的第二引脚置为"1"。由于该引脚连接固化仪上热盘的上升控制,所以,这一命令的执行使固化仪的上热盘向上运动。

图 3.24　HLX-Ⅱ型树脂固化仪"上升"按钮的属性对话框

其他几个按钮的实现过程与此类似。

操作页的第二个区域为状态区域,在屏幕的左下方,有电源、上升、下降、扭振等指示灯,红色表示点亮,绿色表示熄灭,事实上其颜色、形状等都是可以改变的,也可以用图片的更换代表其状态,简述至此。

温度区域在屏幕下方的中间位置,分"上"热盘和"下"热盘两组,每一组又有"设置"和"实际"两个温度值,实际测试时,通过左键单击该区域,上述"执行正文"会被执行,它首先通过实时接口获得当前温度值,然后把此温度值作为缺省值,通过一个对话框,要求操作人员输入温度设置值,然后再通过实时接口把温度设置值传输给控温模块。

此屏最突出的内容是两个曲线坐标,由于曲线是系统提供的基本元素,所以只要选择右侧工具盒中的曲线图标,在绘图区拖动即可生成所需曲线坐标,再拖放至适当位置并调节其大小。曲线图标的许多特性也可在其属性对话框中修改,如图 3.25 所示。

曲线属性对话框中有"浮动菜单"、"坐标架设置"、"时间轴"、"竖轴"及

"实时量连接"等属性页。在"坐标架设置"里可以改变坐标颜色、背景色、网格类型和颜色等;在"时间轴"里可以设置横轴时间宽度、刻度间隔、时间表达形式、刷新速率等;在"竖轴"里可以设置竖轴的起点、终点、标注间隔、标注字体等。

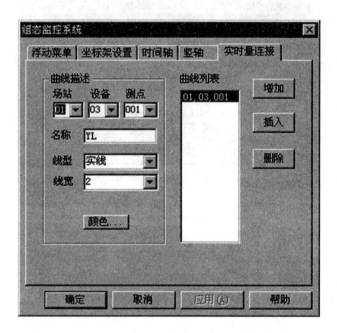

图 3.25 HLX-Ⅱ型树脂固化仪固化曲线的属性对话框

3.4 等温固化曲线的分析

用 HLX-Ⅰ型树脂固化仪的记录仪得到的实验固化曲线有如图 3.26(a) 所示的形状(环氧树脂的实验曲线)。因为开动扭振电机的同时,令记录仪走纸,因此走纸的时间就是树脂的固化时间,记录指针摆动的幅度就是为使树脂作小角度扭振所需的扭矩。由于是反复的等角度扭振,所测得的扭矩有正有负,图形成对称形状,实验固化曲线如同一个高脚的酒杯。

为分析方便起见,我们把实验固化曲线转一个方向,横轴表示固化时间 t,纵轴表示扭矩 G,看作是热固性树脂固化程度的一个相对参数。图形也只取实验固化曲线上半部分的外包络线,形成如图 3.26(b)所示的等温固化曲线。而由计算机控制的 HLX-II 型树脂固化仪得到的固化曲线已经调整为横轴为固化时间 t、纵轴表示扭矩 G 的形式,显示在屏幕上,如图 3.27 所示。

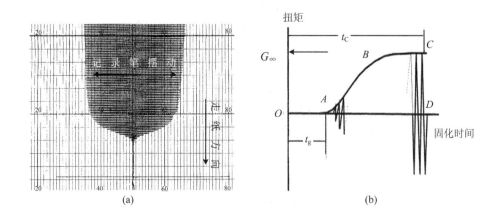

图 3.26　由 HLX-I 型树脂固化仪得到的环氧树脂的实验等温固化曲线(a)以及对等温固化曲线作的分析(b)

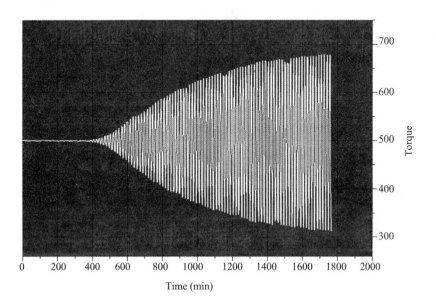

图 3.27　显示在 HLX-II 型树脂固化仪计算机屏幕上的环氧树脂实验等温固化曲线

把合模启动扭振电机的时刻取作固化的起始时间(O 点),A 点以前固化反应在树脂物料的力学状态上还没有表现出来,树脂一直保持液体状态。由于液体不传递应力,加上扭振频率很低,树脂高聚物的黏弹性也被抑制,上模不会跟着下模一起扭动,测力传感器没有形变,也就没有扭矩,反映在固化曲线上是一条直线(OA)。到了 A 点,线形的树脂高分子链开始发生交联,本是液态的树脂体系开始出现凝胶,黏度增加很大,这时已是凝胶的树脂就能传递应力了,下模的扭振会通过上、下模之间的树脂层,带动上模一起扭振,在测力传感器上开始能感受到扭矩的出现。因此,OA 段反映的时间应该是热固性树脂体系的凝胶化时间 t_g。A 点以后,为使下模作扭振所需的扭矩随固化时间的增加而增加,扭矩增加的快慢,反映了树脂固化的速度。因此曲线 AB 段的斜率就是树脂的固化速率。随固化时间的增加,固化反应逐渐完善,扭矩的改变渐趋平缓,最后达到平衡点,即达到了该温度下的完全固化。OD 代表的就是(相对)完全固化时间,它所对应的最大扭矩平衡值的大小就可以看作是热固性树脂的相对固化度。比较不同配比、不同温度下的固化程度,就可以得到完整的固化工艺条件、最佳配比、最适宜固化温度和固化时间。

与其他的动态力学方法相比,动态扭振法的优点在于它能定量跟踪固化反应,一旦固化反应完成,整个固化曲线也就同时得到。而从这一固化曲线可以得到许多热固性树脂固化反应的有关信息。

参 考 文 献

[1] 里森.热固性树脂[M].陆立明,译.上海:东华大学出版社,2009.

[2] 黄志雄,彭永利,秦岩,梅启林.热固性树脂复合材料及其应用[M].北京:化学工业出版社,2007.

[3] 孙慕瑾.扭辫分析及其应用[J].玻璃钢/复合材料,1990(3):33-40.

[4] 杨玉昆,张秀梅,李宗禹,漆宗能.动态弹簧分析法的改进及其在研究环氧树脂固化过程中的应用[J].高分子通讯,1981(5):344-349.

[5] 何平笙,李春娥.研究热固性树脂固化的动态扭振法:HLX-Ⅰ型树脂固化仪在热固性树脂和树脂基复合材料固化研究中的应用[J].现代科学仪器,1999(6):17-20.

[6] 何平笙,李春娥.树脂固化仪在环氧树脂固化过程研究中的应用[J].热固性树脂,1988(4):27-31.

[7] 姚远,陈大柱,何平笙.动态扭振法在树脂固化研究中的最新应用[J].功能高分子学

报,2004,17(4):661-665.
[8] 周润培,周达飞,关玉龙,陆根荣.温度-形变曲线法研究不饱和聚酯树脂的固化[J].工程塑料应用,1983(1),13-15.
[9] J K GILLHAM. Encyclopedia of polymer science and engineering, Vol 4[M].2nd Edition. John Wiley Sons, Lnc,1986.
[10] 何平笙,杨海洋,朱平平,等.高分子物理实验[M].合肥:中国科学技术大学出版社,2002.
[11] 杨海洋,朱平平,何平笙.高分子物理实验[M].2版,合肥:中国科学技术大学出版社,2008.
[12] 王本明,白莉,何平笙.热固性树脂固化过程的在线测量和控制[J].安徽大学学报:自然科学版,1996,20(1):48-53.

第4章 动态扭振法在热固性树脂黏合剂固化中的应用

4.1 "安徽一号"环氧树脂黏合剂的固化

4.1.1 "安徽一号"环氧树脂黏合剂的等温固化

"安徽一号"环氧树脂黏合剂是专为广大农村用户维修一般农用生产工具(扁担、水桶和水车等)乃至小型农机具配制的通用双组分环氧树脂黏合剂。主要成分是环氧树脂 E44、苯二甲酸二丁酯、液态丁腈等组成的 A 组分,以及主要成分是

$$\underset{CH_2NHCH_2CH_2NH_2}{\underset{|}{\overset{OH}{\bigcirc}}}CH_2NH(CH_2)NH_2$$

的 B 组分。"安徽一号"环氧树脂黏合剂常温下就能固化,但在 60~80 ℃下中温固化更为快捷。"安徽一号"环氧树脂黏合剂调制方便,强度也较好,成本低廉,适应性很广[1]。为更好地发挥该黏合剂的性能,我们用动态扭振法对"安徽一号"环氧树脂黏合剂的固化过程做了定量跟踪,并对其最优配料比和固化条件进行了精确确定。同时通过简单的分析,得到了"安徽一号"环氧树脂黏合剂的固化反应表观动力学数据[2,3]。固化温度、配料比等实验条件一并列于表 4.1 中。

表 4.1 "安徽一号"环氧树脂黏合剂的固化温度和配料比

固化温度	室温	室温后加温	60 ℃	80 ℃	100 ℃
配料比	5∶1	5∶1	5∶1	5∶1	5∶1
			7∶1		
			2.5∶1		
			3.5∶1		

图 4.1 是 A 组分∶B 组分＝5∶1 的"安徽一号"环氧树脂黏合剂在 60 ℃、80 ℃ 和 100 ℃ 三个不同温度下的等温固化曲线。不管是较低的 60 ℃ 固化温度,还是较高的 100 ℃ 固化温度,整根固化曲线都在不到一小时的时间里被完全描绘了出来,这是研究固化过程的其他动态力学实验(譬如动态扭辫法)做不到的。并且在这不到一小时的时间里,我们得到了包括凝胶化时间 t_g、固化速率 v、固化度 α 和完全固化时间 t_c 等几乎全部固化反应表观动力学的数据。虽然不同树脂黏合剂体系完全固化时间有长有短,有的树脂黏合剂体系固化可能需要更长的时间,但动态扭振法的优点之一就在于它能定量跟踪它们的固化反应,一旦固化反应完成,树脂体系的整根固化曲线就同时得到了。

由图 4.1 可见,不同温度下"安徽一号"环氧树脂黏合剂等温固化曲线的形状类似,都为 S 形曲线,但凝胶化时间 t_g 和固化速率 v 有明显差别。随固化温度增加,凝胶化时间 t_g 依次缩短,固化速率 v 逐渐增大。但是不同温度下"安徽一号"环氧树脂黏合剂的完全固化时间 t_c 不一样,温度越高,完全固化时间 t_c 越短,与通常化学反应与温度关系的一般规律相符。

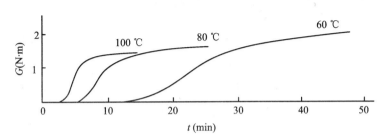

图 4.1　60 ℃、80 ℃ 和 100 ℃ 三个不同温度下 A 组分∶B 组分＝5∶1 的"安徽一号"环氧树脂黏合剂的等温固化曲线

4.1.2 "安徽一号"环氧树脂黏合剂的固化反应表观活化能

由 60 ℃、80 ℃ 和 100 ℃ 三个不同温度下的等温固化曲线,得到各温度下"安徽一号"环氧树脂黏合剂的凝胶化时间 t_g 分别为 795 s、390 s 和 187 s(表 4.2)。而在室温下固化得到的凝胶化时间 t_g 为 4440 s(25 ℃) 和 3600 s(30 ℃)。根据 Flory 凝胶化理论[4]:固化树脂体系在凝胶点时的化学转化是一定的(Flory 凝胶化理论的详细介绍见第 5 章),因此可由树脂体系的凝胶化时间 t_g 来推求固化反应的表观活化能 ΔE_{a1},它们的关系是:

$$\ln t_g = C + \frac{\Delta E_{a1}}{RT} \tag{4.1}$$

式中 R 是气体常数,T 是树脂等温固化的温度(以 K 计),C 为常数。对"安徽一号"环氧树脂黏合剂,用表 4.2 的数据,以 $\ln t_g$ 对 $1/T$ 作图是一条非常好的直线(图 4.2),由直线的斜率求得"安徽一号"环氧树脂黏合剂的固化表观活化能 ΔE_a 为 39.5 kJ·mol^{-1}。

一般说来,能在室温下发生的反应(包括固化反应)其活化能都不会很大,在 40～45 kJ·mol^{-1} 之间。所以,由动态扭振法,通过 Flory 凝胶化理论 $\ln t_g$ 对 $1/T$ 作图求得的"安徽一号"环氧树脂黏合剂的固化反应表观活化能的数值是完全合理的。

表 4.2 "安徽一号"环氧树脂胶不同温度下固化的凝胶化时间 t_g 和固化反应速率 v

固化温度 T (K)	$1/T \times 10^3$	凝胶化时间 t_g(s)	$\ln t_g$	反应速率 v (s^{-1})	$\ln v$	表观活化能 ΔE_a (kJ·mol^{-1})
299	3.338	4440	8.40	0.13	-2.11	ΔE_{a1} = 39.5
303	3.330	3600	8.19			(由 Flory 凝胶化理论求得)
333	3.003	795	6.68	0.67	-1.60	
353	2.833	390	5.97	1.50	0.41	ΔE_{a2} = 37.8
373	2.681	187	5.23	2.55	0.94	(由 Arrhenius 公式求得)

4.1.3 "安徽一号"环氧树脂黏合剂的固化反应速率

由 60 ℃、80 ℃ 和 100 ℃ 三个不同温度下等温固化曲线凝胶化时间 t_g 后曲线上升的斜率,可以求得"安徽一号"环氧树脂黏合剂凝胶点后的固化反应速率 v(图 4.2)。根据 Arrhenius 公式

$$v = k\mathrm{e}^{\frac{-\Delta E_{a2}}{RT}}$$

或

$$\ln v = k - \frac{\Delta E_{a2}}{RT} \tag{4.2}$$

也可以从 $\ln v$ 对 $1/T$ 作图的斜率来求取固化反应表观活化能 ΔE_{a2}。由图 4.2 中 $\ln v$-$1/T$ 直线斜率求得的"安徽一号"环氧树脂黏合剂固化反应表观活化能 ΔE_{a2} 为 37.8 kJ·mol^{-1},与由 Flory 凝胶化理论求得的活化能 ΔE_{a1} 非常接近。因为在树脂固化仪测定中,固化速率只在凝胶点后才能观察到,所以由 $\ln v$ 对 $1/T$ 作图求得的固化反应活化能是树脂体系凝胶点后的。这样,上述结果表明"安徽一号"环氧树脂黏合剂在凝胶点前后的固化反应具有相同的机理。当然,这个结果也清楚表明:通过动态扭振法测得的固化曲线确实是反映"安徽一号"环氧树脂黏合剂真实固化过程的。

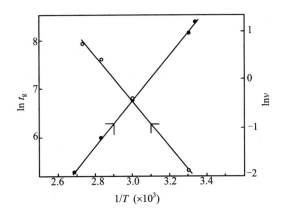

图 4.2 求取"安徽一号"黏合剂固化反应表现活化能的 $\ln t_g$ 对 $1/T$ 和 $\ln v$ 对 $1/T$ 作图

4.1.4 "安徽一号"环氧树脂黏合剂的固化反应级数

有了不同温度下完整的固化曲线,可以来推测"安徽一号"环氧树脂黏合剂固化反应的另一个主要表观动力学参数——固化反应的级数。为此,令 G_∞、G_t 分别为极大固化时间和固化时间为 t 时的扭矩测定值,那么,如

果"安徽一号"环氧树脂黏合剂的固化反应是一级反应的话,应该有

$$\frac{d(G_\infty - G_t)}{dt} = -k(G_\infty - G_t)$$

和

$$\ln(G_\infty - G_t) = -k(t - t_g) \tag{4.3}$$

以 $\ln(G_\infty - G_t)$ 对 $(t - t_g)$ 作图,如果是一条直线,就与式(4.3)所表达的相符,应该是一级反应。由表 4.3 列出的 60 ℃、80 ℃ 和 100 ℃ 三个不同温度下等温固化的数据,作出的图 4.3 确实有很好的线性关系,表明"安徽一号"环氧树脂黏合剂的固化反应符合一级反应的规律,直线的斜率即是反应速率常数 k,它们分别是 0.104(60 ℃)、0.333(80 ℃)和 0.445(100 ℃)。

表 4.3 "安徽一号"环氧树脂黏合剂的反应速率常数等数据

温度(℃)	t(min)	$(G_\infty - G_t)$ (N·m^{-1})	$\ln(G_\infty - G_t)$	反应速率常数 k (min^{-1})
60	21.0 22.4 25.0	0.67 0.58 0.41	-0.40 -0.58 -0.89	0.104
80	7.3 8.3 8.9	0.57 0.39 0.32	-0.56 -0.94 -1.14	0.333
100	3.6 4.3 5.0	0.55 0.42 0.29	-0.60 -0.87 -1.24	0.445

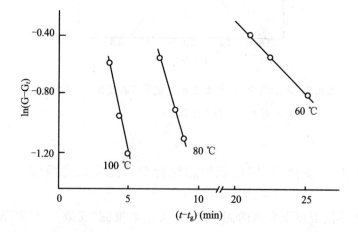

图 4.3 "安徽一号"环氧树脂黏合剂 $\ln(G_\infty - G_t)$ 对 $(t - t_g)$ 的作图

4.1.5 "安徽一号"环氧树脂黏合剂的配方筛选和固化条件优化

热固性树脂黏合剂和树脂基复合材料最优固化条件的确定在生产中具有特殊的意义。一方面,最优树脂-固化剂配方能保证产品的使用性能;另一方面,在确保产品质量的前提下,确定最优固化温度和固化时间有可能缩短生产周期和降低能耗,提高生产效率,是制备工艺中重要的一环。

但是,不管是对热固性树脂黏合剂还是树脂基复合材料,筛选配方和确定最优固化条件一直都是一件费时费力的事。因为树脂一旦固化,就不溶不熔,很难进行处理和做有关成分分析。传统上是选做一系列配方,再配合一系列温度的固化以及不同的固化时间,每每通过用拉力试验机测定固化树脂的力学强度这样的破坏性实验,从中选出强度最高的试样,反推出其树脂-固化剂配方、固化温度和固化时间。并且力学强度实验的精度不高,要得到一个数据需要重复多次实验,可以想像,这要做多少组实验!而动态扭振法是实时跟踪树脂体系的固化过程,只要做不同温度和不同配比的两组实验就能从等温固化曲线中确定最优配方和最优固化条件——最优固化温度和最优固化时间。

第一组温度不同(60 ℃、80 ℃和100 ℃)而组分比固定(A组分∶B组分=5∶1)的"安徽一号"环氧树脂黏合剂等温固化实验见图4.1。图4.1告诉我们,在60 ℃、80 ℃和100 ℃三个不同固化温度下,"安徽一号"环氧树脂黏合剂在60 ℃时得到的固化树脂扭矩最大,也即树脂固化后的力学性能最好。因此,第二组实验就是固定温度为60 ℃,做A组分∶B组分为2.5∶1、5∶1和7∶1三组不同配料比的等温固化实验(图4.4)。由图4.4可见,A组分∶B组分为5∶1的"安徽一号"环氧树脂黏合剂的扭矩最大。这样,结合图4.1的结果,"安徽一号"环氧树脂黏合剂的最优配料比为A组分∶B组分为5∶1,最优固化温度为60 ℃,而最优固化时间应为50 min。

为确定由动态扭振法得到的"安徽一号"环氧树脂黏合剂最优配方和最优固化条件是可信的,同时做了用"安徽一号"环氧树脂黏合剂搭黏钢板试样的剪切强度实验和固化后试样玻璃化温度T_g的实验,如图4.5所示。

用动态扭振法得到的最优配比和最优固化温度来评看"安徽一号"环氧

树脂胶的剪切强度和玻璃化温度,A 组分：B 组分＝5∶1 和 60 ℃的固化温度确实具有最优的胶合性能。显然,用动态扭振法做这样的配方实验比传统方法简单多了。此外,由动态扭振法实验结果、玻璃化温度和传统的剪切强度结果,也能看到不同配料比和不同固化温度对"安徽一号"环氧树脂黏合剂的性能没有数量级的影响,符合配料和使用方便的通用黏合剂胶的要求。

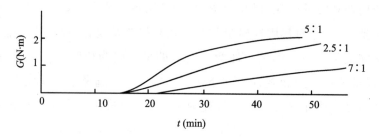

图 4.4　三个不同配料比的"安徽一号"环氧树脂黏合剂 60 ℃下的等温固化曲线

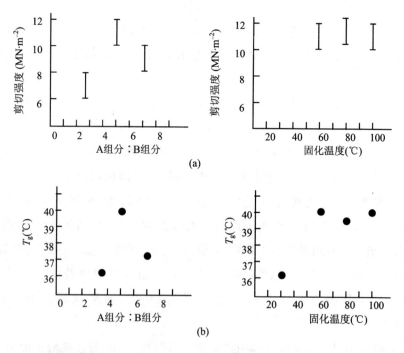

图 4.5　不同组分和不同固化温度下"安徽一号"环氧树脂的剪切强度(a)和玻璃化温度(b)

4.1.6 "安徽一号"环氧树脂黏合剂的二次固化

已经知道,在一定温度下用胺类固化剂固化环氧树脂是不完全的[5],如果提高固化温度,没有完全固化的环氧树脂还会进一步发生固化反应,这就是所谓的环氧树脂的二次固化。用动态扭振法观察到了以胺类作 B 组分(固化剂)的"安徽一号"环氧树脂黏合剂的这种二次固化现象。图 4.6 是"安徽一号"环氧树脂黏合剂在室温下固化到最大固化程度后再加温到 80 ℃ 进行再固化的固化曲线。由图可见,"安徽一号"环氧树脂黏合剂在室温下的固化速度较慢,凝胶化时间 t_g 很长,达到极大固化度的时间长达 200 min (3 小时多),在固化曲线上表现为曲线趋于平坦。这时开始再加热,随温度升高,已在室温下固化的"安徽一号"环氧树脂黏合剂开始变软,所需扭矩变小,固化曲线出现下跌。但随之开始了室温下不能实现的进一步固化交联反应,树脂再次变硬,所需扭矩也再一次增大,固化曲线又逐步上升。到 320 min(5 小时多)后固化曲线再一次趋于平坦,表明"安徽一号"环氧树脂黏合剂达到了 80 ℃ 下它的极大固化程度。为了比较合理,我们把 80 ℃ 下完全固化了的"安徽一号"环氧树脂黏合剂冷却到室温,随温度降低,固化树脂更加变硬,固化曲线继续提升上翘,再慢慢变缓,直到完全平坦。显然,室温下极大固化时的扭矩比 80 ℃ 下二次固化再冷却至室温的扭矩要小约 1/3。因此,尽管"安徽一号"环氧树脂黏合剂在室温下能固化变硬(尽管需时 3 小时,但对日常的应用来说,已很是方便了),但为了达到最优的黏接强度,还是应该在较高的温度下固化为好。这对所有用胺类作环氧树脂交联剂的黏合剂来说都是一样的。

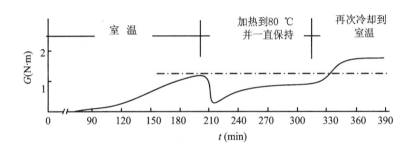

图 4.6 "安徽一号"胶的二次固化曲线

4.2 环氧树脂-三乙醇胺体系的固化

4.2.1 环氧树脂-三乙醇胺体系的等温固化和固化反应表观活化能

三乙醇胺是典型的有机三级胺,由三级胺固化的环氧树脂黏附性好,固化过程中体积收缩小,是环氧树脂常用的固化剂之一。所用环氧树脂为双酚 A 环氧树脂 E51,E51 与三乙醇胺按 100 比 16(重量计)混合。

用动态扭振法做了 59 ℃、70 ℃、72 ℃、87 ℃、90 ℃、92 ℃和 100 ℃的等温固化实验,环氧树脂 E51-三乙醇胺体系不同温度的等温固化曲线都有类似的形状。作为例子,图 4.7 是 100 ℃下环氧树脂 E51-三乙醇胺体系的等温固化曲线。由不同温度下等温固化曲线读取的凝胶化时间 t_g,按 Flory 凝胶化理论公式(4.1),以 $\ln t_g$ 对 $1/T$ 作图是一条非常好的直线(图 4.8),由此求得该体系的固化反应表观活化能 ΔE_a 为 62.4 kJ·mol^{-1}。

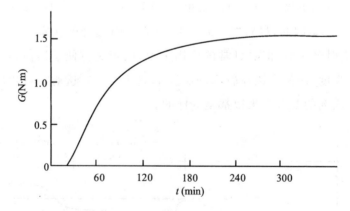

图4.7　100 ℃下环氧树脂 E51-三乙醇胺体系(100 比 16,重量计)的等温固化曲线

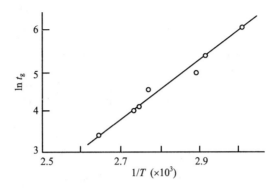

图4.8 环氧树脂 E51-三乙醇胺体系(100 比 16,重量计)的凝胶化时间 t_g 对 $1/T$ 的作图

4.2.2 环氧树脂-三乙醇胺体系凝胶点后固化曲线的一级反应近似

已经说过,三乙醇胺是环氧树脂的常用固化剂之一,它们的固化反应研究得也很多。文献报道说环氧树脂-三乙醇胺体系的固化反应是一级反应[5],如是,则应该满足式(4.3),我们用该体系 100 ℃下的等温固化曲线求得的 G_∞ 和 G_t 来作 $\ln(G_\infty - G_t)$ 对 $(t - t_g)$ 的作图,确实是一条很好的直线(图4.9),表明在这个温度下一级反应的近似是可以的,并由此求出固化反应速率常数 k 为 $0.015\ \mathrm{min}^{-1}$。

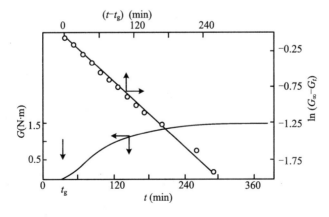

图4.9 100 ℃下环氧树脂 E51-三乙醇胺体系的等温固化曲线以及其 $\ln(G_\infty - G_t)$ 对 $(t - t_g)$ 的作图

但在较低的 70 ℃温度下,$\ln(G_\infty - G_t)$ 对 $(t-t_g)$ 的作图的线性关系很不好(图 4.10(a))。事实上,由式(4.3)可见,G_t 随 t 递增,则 $(G_\infty - G_t)$ 随 t 递减,因而固化反应速率 v 的极大值应该在 $t=t_g$ 处。因为 $v = \mathrm{d}G_t(t)/\mathrm{d}t$,$G_t$ 随 t 而变大,那么 v 就随 t 而变小,固化速率当然应该在 $t=t_g$ 处最快,以后逐渐减慢。可是在固化曲线(图 4.10(c))上我们并不能看到这一点,固化温度越低,偏差越大。因此,环氧树脂 E51-三乙醇胺体系固化一级反应的近似有相当局限性,它不能对体系不同温度下的固化行为,特别是较低温度下的固化行为做出预估。这或许是由于 70 ℃的固化温度低于树脂的玻璃化温度,使得凝胶点以后的一级反应不再成立。

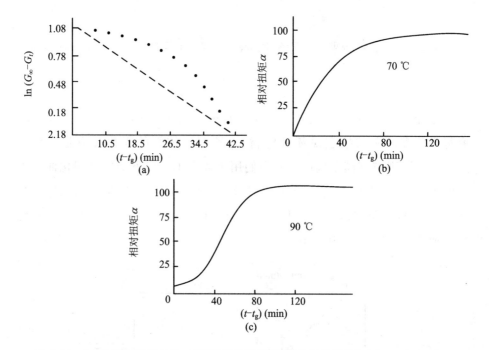

图 4.10 (a)为环氧树脂 E51-三乙醇胺体系 70 ℃等温固化时其 $\ln(G_\infty - G_t)$ 对 $(t-t_g)$ 的作图,(b)和(c)分别是该体系 70 ℃和 90 ℃等温固化的固化曲线

4.2.3 环氧树脂 E51-三乙醇胺体系凝胶点时的转化率预估

既然在 100 ℃下环氧树脂 E51-三乙醇胺体系的等温固化是一级反应,那么,根据一级反应时间与反应程度的关系,可以求得环氧树脂 E51-三乙醇胺体系在凝胶化点时的固化反应程度 P_c:

$$P_c = 1 - e^{-kt_g} \tag{4.4}$$

式中 t_g 为 100 ℃下环氧树脂 E51-三乙醇胺体系等温固化的凝胶化时间,由图 4.7 读出的 $t_g = 45.8$ min,而 k 为固化反应的速率常数,已经求得 $k = 0.015$ min^{-1}。代入式(4.4),求得环氧树脂 E51-三乙醇胺体系在凝胶化点时的固化反应程度 P_c 为

$$P_c = 1 - e^{-kt_g} = 1 - e^{-0.015 \times 45.8} = 48.2\%$$

这个由动态扭振法等温固化曲线求得的环氧树脂 E51-三乙醇胺体系在凝胶化点时的固化反应程度 P_c 与理论值 50%[5]相差无几,可以认为是基本相符的。

4.3 环氧树脂-咪唑体系的固化

4.3.1 环氧树脂-咪唑体系的等温固化

咪唑及其衍生物也是环氧树脂常用的固化剂之一。咪唑类属环氧树脂的碱性催化型固化剂,固化后的树脂具有较高的热变形温度和较好的力学强度,固化温度也不算高。咪唑 为白色结晶,熔点 88~90 ℃,由于催化型固化剂只是打开环氧基,催化环氧树脂本身均聚,所以用量比加成型的固化剂少,每 100 g 双酚 A 环氧树脂的用量为 5~8 g。

考虑到咪唑是结晶固体,熔点也高,为使固化尽量均匀,所有等温固化温度都选在咪唑的熔点温度以上。图 4.11 是咪唑用量为 5 phr 的环氧树脂 E51-咪唑体系在 92 ℃、100 ℃、110 ℃ 和 120 ℃ 四个不同温度下的等温固化曲线。不同温度下的固化曲线形状类似,凝胶化时间 t_g 随温度的升高而降低,反映固化速率的凝胶点后固化曲线的上升趋势也随固化温度升高而变快。其与一般胺类固化剂的差别是一旦发生凝胶化,固化反应进行很快,扭矩一下子就升高到了它们最大固化程度的平坦部分,符合咪唑类催化型固

化剂的特征。只要在咪唑的熔点温度以上进行固化,不同温度(92 ℃、100 ℃、110 ℃和 120 ℃)等温固化的极大扭矩基本相同,表明环氧树脂 E51-咪唑体系不论是在较低的温度亦或较高的温度下固化,都能一次固化完全,而无需进行再升温的二次固化。这与环氧树脂的加成型固化剂不同。

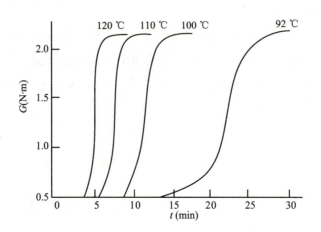

图 4.11　环氧树脂 E51-咪唑体系(咪唑用量为 5 phr)在 92 ℃、100 ℃、110 ℃和 120 ℃四个不同温度下的等温固化曲线

用 Flory 凝胶化理论处理凝胶化时间 t_g 与固化温度 $1/T$ 的关系作图($\ln t_g$-$1/T$ 作图),见图 4.12,仍然具有非常好的线性关系。为比较起见,对环氧树脂 E51-咪唑体系也做了相同配比和相同温度固化的动态扭辫实验。由动态扭辫法求得的体系凝胶化时间 t_g 当然也可用 Flory 凝胶化理论来处理,其 $\ln t_g$ 对 $1/T$ 作图也一并画在图 4.12 中,也是一条很好的直线。

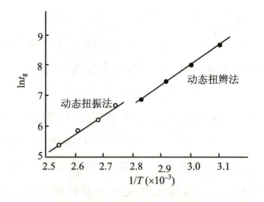

图 4.12　用动态扭振法(○)和动态扭辫法(●)测定的环氧树脂 E51-咪唑体系的 $\ln t_g$ 对 $1/T$ 作图

用动态扭振法和动态扭辫法求得的两条直线几乎平行,从而它们的斜率几乎相等。这一方面进一步证实了动态扭振法研究热固性树脂固化的可行性,另一方面,由图 4.12 可以看到,两条 $\ln t_g$-$1/T$ 直线不能互为延长线,表明动态扭振法和动态扭辫法求得的凝胶化时间 t_g 还不是完全等同的。其中由动态扭辫法求得的凝胶化时间 t_g 比动态扭振法求得的 t_g 来得大,这是因为两者的振动频率不一样所致。第 2 章中已经知道,动态扭振法中的下模是 20 秒才扭振一次,其对凝胶化时间 t_g 的敏感度不如振动更快的动态扭辫法(约 1 秒扭振一次)来得灵敏,所以动态扭振法求得的 t_g 相对来说要小一些。但从加工成型角度来看,动态扭振法应该是更为接近实际的情况。

如果等温固化实验在咪唑熔点以下的 80 ℃下进行,等温固化曲线反映出来的情况就没有那样有规律了,原因就在于咪唑在 80 ℃的温度下不能熔融,它们与环氧树脂的混合就不可能非常均匀,从而对咪唑与环氧树脂的固化有一定影响,所得凝胶化时间 t_g 分散性略大。但如果取几次实验结果的平均值,基本上仍然能落在它们的 $\ln t_g$-$1/T$ 直线上。

4.3.2 环氧树脂 E51-咪唑体系的固化反应表观动力学

由等温固化曲线读取的凝胶化时间 t_g 经 Flory 凝胶化理论公式(4.1)求得环氧树脂 E51-咪唑体系的固化反应表观活化能为 $\Delta E_a = 65.8 \text{ kJ} \cdot \text{mol}^{-1}$。由于咪唑固化的特点,其表观活化能 ΔE_a 比环氧树脂-三乙醇胺体系的 $62.4 \text{ kJ} \cdot \text{mol}^{-1}$ 来得大是完全合理的。

咪唑类化合物固化环氧树脂的固化反应也是一级反应[5]。如是,如下关系应该成立,即

$$\frac{dP}{dt} = k'c_0(1-P) \tag{4.5}$$

则

$$\ln(1-P) = -k'c_0 t$$

式中 P 为固化反应程度,c_0 为固化剂咪唑的含量(相当于浓度),t 为固化时间。在凝胶点时 $t = t_g$,有

$$\frac{\ln(1-P_c)}{t_g} = -k'c_0$$

这样,以咪唑的含量 c_0 对 $1/t_g$ 作图应该具有线性的关系。图 4.13 是环氧

树脂 E51-咪唑体系的这个作图,很好的直线表明该体系在凝胶点以前的固化反应遵从一级反应规律。但环氧树脂-咪唑体系的固化很快,固化时放热会导致等温固化条件的被破坏,乃至固化反应加速。所以,凝胶点后环氧树脂-咪唑体系的固化曲线与一级反应规律不符。

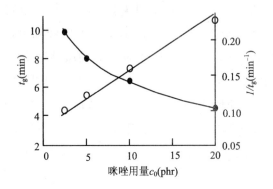

图 4.13 环氧树脂 E51-咪唑体系等温固化凝胶化时间 t_g 和 $1/t_g$ 与咪唑用量 c_0 的关系图

4.4 环氧树脂-T31 体系的固化

T31 或酚醛胺环氧树脂固化剂,是一种比较理想的常温固化剂,能在 0 ℃左右、湿度大于 80% 乃至水下等环境里固化各种型号的环氧树脂。由于其相对分子质量不大、黏度低、与环氧树脂的混溶性好、浸润性强、施工方便、固化速度快,因而被大量使用,是目前国内用量很大的无毒等级固化剂品种。但有关 T31 的文献大多是介绍固化剂本身以及固化产物的基本物性,而它们的固化行为却较少涉及[6,7]。我们使用树脂固化仪对环氧树脂-T31 体系进行了最优固化配比和最优固化条件的选择。

4.4.1 环氧树脂-T31 体系的最优固化条件

树脂仍然采用环氧树脂 E51。定量跟踪固化过程,通过比较不同配比和固化温度等温固化曲线的平衡扭矩大小就可判定树脂体系的最优配比、最优固化温度等。

为了确定环氧树脂 E51－T31 固化剂体系的最优固化条件,进行了 T31 用量为 15 phr、18 phr 和 20 phr 三个不同配比,以及 60 ℃、75 ℃ 和 90 ℃ 三个不同温度的九个等温固化实验。它们的等温固化曲线如图 4.14 所示,其中图 4.14(a)是实验固化曲线的原图。由图可见,无论是 T31 不同含量,还是不同温度的等温固化曲线,其直线段均较短,表明环氧树脂 E51－T31 体系的凝胶化时间均不长,最长的也不到半小时,即其初凝较快,这对许多应用是有利的。但相对而言,环氧树脂 E51－T31 固化剂体系达到完全固化的时间都较长,最短的也超过 6 h。由于高聚物的模量随温度变化很大,为比较不同温度下固化的环氧树脂的相对固化度,实验在达到扭矩平衡后令其降至室温(图中箭头所指为开始冷却时间),统一比较室温时不同 T31 用量和不同温度下的扭矩大小。从图 4.14 可见,T31 含量为 20 phr 的环氧树脂体系在 60 ℃ 下等温固化有最大的扭矩,即最好的黏接力学性能,这与许多 T31 固化剂使用报告中介绍的情况完全相符[7]。

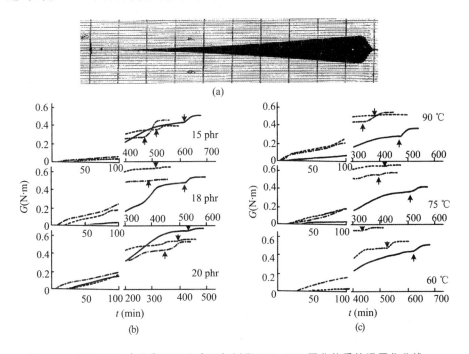

图 4.14　不同 T31 含量和不同温度环氧树脂 E51－T31 固化体系等温固化曲线
(a)实验等温固化曲线,(b)60 ℃,75 ℃,90 ℃,(c)15 phr,18 phr,20 phr

由不同 T31 用量的环氧树脂 E51-T31 固化剂体系等温固化曲线读取凝胶化时间 t_g，再按 Flory 凝胶化理论的公式(4.1)，以 $\ln t_g$ 对 $1/T$ 作图得到的是三条平行的直线(图 4.15)，即尽管 T31 用量不同，但环氧树脂 E51-T31 固化剂体系都具有相同的固化反应表观活化能 $\Delta E_a = 52.7 \text{ kJ} \cdot \text{mol}^{-1}$。它与单组分环氧树脂胶 7-2312 的 $\Delta E_a = 59.8 \text{ kJ} \cdot \text{mol}^{-1}$ 和环氧树脂 E51-咪唑体系的 $\Delta E_a = 53.9 \text{ kJ} \cdot \text{mol}^{-1}$ 都比较接近，应该认为是合理的。

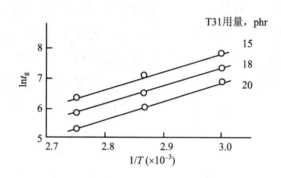

图 4.15　环氧树脂 E51-T31 体系的 $\ln t_g$ 对 $1/T$ 作图

4.4.2　环氧树脂 E51-T31 固化剂体系的残余应力

T31 固化剂和环氧树脂固化产物的收缩率较小，是 T31 固化剂又一个特殊的优点。众所周知，本来处在范德华作用距离(0.3～0.5 nm)的环氧树脂线形分子，由于发生了聚合(固化)将变成由化学键(约 0.154 nm)相连接。微观上分子间距离的缩短在宏观上反映为固化时树脂体积的收缩。凝胶化后树脂的体积收缩将引起环氧树脂固化物中残余应力的产生。这是热固性树脂产品使用过程中一个潜在的破坏因素，它使胶接接头之间在无外载时就已受到相当可观的应力，从而导致强度下降甚至造成接头的脱胶、挠曲以及尺寸不稳定性等。事实上，胶接接头界面之间的残余应力有时是非常大的，如果选用不合适的黏合剂来黏接脆性的材料(玻璃或水晶)，界面间的残余应力大到足以使玻璃或水晶破裂的程度。

应用自装的电阻应变电测装置测定了环氧树脂 E51-T31 体系固化产物的残余应力，并与环氧树脂-咪唑体系，环氧树脂-三乙醇胺体系比较，确认了 T31 固化剂固化的环氧树脂收缩率较小的特点[8]。

把直径 0.008 mm 的电阻应变丝埋入树脂与玻璃界面层并作为一电阻臂接入直流电桥(图 4.16),由于树脂固化时的收缩将导致电阻应变丝的形变,从而发生电阻的变化,这样,直流电桥平衡状态被破坏。测定树脂等温固化时电桥的这个不平衡电压,可求得因固化反应树脂体积收缩而引起的残余应力[9]。调节电阻应变丝埋入树脂层的深度,可了解残余应力随离界面距离的变化。

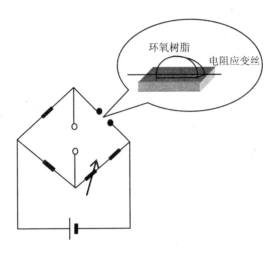

图 4.16 测定树脂与玻璃界面残余应力的直流电桥及电阻应变丝的植入位置示意图

图 4.17 是环氧树脂 E51-T31 体系 60 ℃下等温固化时树脂界面层内残余应力 σ_r 与界面层中离玻璃表面距离 h 的关系,为比较起见,图中同时列出了环氧树脂 E51-三乙醇胺和环氧树脂 E51-咪唑体系的类似数据[8]。

由图 4.17 可见,在树脂-玻璃界面,T31 固化的环氧树脂的残余应力只是三乙醇胺和咪唑固化的环氧树脂的几分之一。作为进一步比较,用固化剂 Epikure 114 固化的环氧树脂 Epikote 828-玻璃界面的残余应力为 4.7×10^7 Pa(光弹法测定),用二乙烯三胺固化的环氧树脂 E51,其残余应力为 12.8×10^7 Pa。从以上数据来看,用 T31 固化剂固化的环氧树脂 E51 玻璃界面残余应力最小。这与许多 T31 固化剂使用报告的结果相符。这里首次提供了 T31 固化剂固化环氧树脂残余应力的定量数据,它不大于 2×10^7 Pa。由图 4.17 还可见,树脂界面层中的残余应力随离玻璃表面距离 h 增加而单调地减小。离玻璃表面越近,树脂界面层中的残余应力越大,残余应力随距离 h 变化的衰减也越明显,这是符合一般规律的。到玻璃表面距离超过 0.25 mm,树脂本体中不同固化剂引起的残余应力差别就很小了。

从树脂与玻璃界面之间的残余应力角度来看,0.25 mm似乎应该就是树脂与玻璃黏接的界面层。

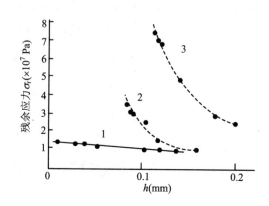

图4.17 环氧树脂E51-T31体系(1)、环氧树脂E51-三乙醇胺体系(2)和环氧树脂E51-咪唑体系(3)在玻璃表面界面层中残余应力 σ_r 与离玻璃表面距离h的关系

4.5 单组分环氧树脂黏合剂7-2312的固化

通常环氧树脂黏合剂是以基体树脂(环氧树脂组分)和固化剂分开的双组分包装形式提供应用。在环氧树脂中混配固化剂,会立刻开始反应,黏度随时间增加,如果时间过长以至于树脂体系的黏度太大,失去流动性而不能涂覆,就丧失了使用价值。显然,双组分混合给使用带来不便,一方面增加包装和储运的麻烦;一方面混合比例的准确性和均一性将影响黏接强度;另一方面是双组分树脂胶黏剂使用时,在树脂和固化剂混合后使用时间短。黏合剂中固化剂种类不同其使用期不同,如脂肪胺类为数十分钟,叔胺或芳香胺类为几小时,酸酐类为一天至数天,不能长期存放;同时,配置的胶液若不能及时用完也会造成不必要的浪费。

而单组分树脂胶黏剂避免了上述缺点,它可以使胶接工艺简化,适合于自动化操作。将固化剂和环氧树脂混合起来配制成单组分胶黏剂,主要是依靠固化剂的化学结构或者是采用某种技术手段把固化剂对环氧树脂的开环活化暂时冻结起来,然后在热、光、机械力或化学作用(如遇水分解)下使固化剂活性被激发,进而使环氧树脂迅速固化。单组分环氧胶黏剂是环氧树脂基体(包括增塑剂、增韧剂或填料等添加剂)与固化剂配制在一起的胶种,不必在使用时再行调配,直接挤出即可使用[10]。尽管已经配有固化剂,但单组分环氧胶黏剂在常温下并不固化,只有在加热后才开始固化,这是因为所采用的固化剂为"潜性固化剂"、促进剂或共固化剂——借助化学或物理的改性以抑制固化剂在室温下对环氧树脂的开环固化反应,一旦加热后放出活泼基则引起环氧树脂的固化。可作为环氧树脂潜性固化剂的化合物有双氰双胺、多元胺盐——多元胺与羟基酚形成盐、有机酸酰肼、三氟化硼、胺络合物和咪唑衍生物等[11]。本工作所用的单组分环氧树脂黏合剂7-2312(以下简称7-2312胶)系上海材料研究所生产的商品胶。

4.5.1　单组分环氧树脂黏合剂7-2312的最优固化条件

7-2312胶的基体树脂是双酚A环氧树脂E44,加有催化型潜性固化剂和促进剂及其他添加剂[12]。由于单组分环氧树脂7-2312胶的组成比已经固定,只需确定它的最优固化温度和最适宜的固化时间,就能找到最优的胶接强度。

为此,试验了130 ℃、140 ℃、150 ℃和160 ℃四个温度下单组分环氧树脂7-2312胶的等温固化,它们的等温固化曲线如图4.18(a)所示。这里以140 ℃的等温固化曲线为例说明之。在140 ℃下等温固化,凝胶化时间t_g = 20.8 min,凝胶点后,所需扭矩随固化时间而增大,但在固化60 min时间后扭矩的变化已不明显,即达到了该温度下的极大扭矩,因此可以认为单组分环氧树脂黏合剂7-2312在140 ℃下等温固化的最合宜固化时间就是60 min,继续延长固化时间对该温度下的固化反应已无显著作用。

图4.18中另三条曲线分别是130 ℃、150 ℃和160 ℃的等温固化曲线。由图可见,单组分环氧树脂7-2312胶在较低的温度130 ℃下等温固化达到完全固化的时间要长得多,达110 min,而在较高的温度150 ℃和160 ℃下等温固化,完全固化时间只要35 min和25 min。但比较它们固化后冷却至室温的扭矩,还是150 ℃固化的单组分环氧树脂7-2312胶的较大(图中没有给出)。

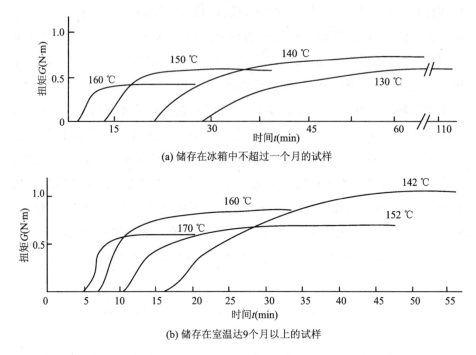

图 4.18　单组分环氧树脂黏合剂 7-2312 在四个不同温度下的等温固化曲线

生产方上海材料研究所原先提供的环氧树脂 7-2312 胶的固化条件是 160 ℃下 1 h 或 100 ℃下 3 h。根据动态扭振法的试验，7-2312 胶在 100 ℃下 5 h 后扭矩还没有达到极大，这样 3 h 显然是固化不足的；另一方面，在 160 ℃下固化不到半小时扭矩已达极大，1 h 的固化又偏长了。可以认为单组分环氧树脂 7-2312 胶的最优固化条件是固化温度 140～150 ℃，固化时间 35 min～1 h。这个最优固化条件得到该胶的生产单位——上海材料研究所的认可，并把我们发表的论文[13]选作为该所 7-2312 胶的产品鉴定会材料。

4.5.2　单组分环氧树脂黏合剂 7-2312 的储存期

已经说过，单组分黏合剂使用中的一个实际问题是它们的储存期。尽管使用了潜性固化剂，但毕竟是已经把固化剂与环氧树脂混配在一起了，长期储存过程中总会有部分环氧树脂会与固化剂发生固化反应，从而最后导致黏合剂丧失使用性能。而储存期的确定是一件费时费力的事。

我们用动态扭振法,通过凝胶化时间的精确测定来推求单组分环氧树脂 7-2312 的储存期。选用两批不同储存条件和储存时间的 7-2312 胶。一个批次的是储存在室温下达 9 个月以上,包括经历了一个室温高达 35 ℃以上的夏天。另一个批次的 7-2312 胶则是刚刚配制生产出来,时间不超过一个月,并一直在冰箱中保存。分别作它们不同温度下的等温固化实验,由此求得两个批次单组分环氧树脂 7-2312 胶的凝胶化时间 t_g。具体数据见表 4.4 和图 4.18(b)。由表 4.4 可见,单组分环氧树脂 7-2312 胶储存在室温下达 9 个月以上的凝胶化时间 t_g 一般要比刚配制出来,并在冰箱中保存时间不超过 1 个月的来的短。这个事实告诉我们,储存在室温下达 9 个月以上的单组分环氧树脂 7-2312 胶确有少量胶料发生了初步固化现象。但以达到完全固化的时间而论,两批次的单组分环氧树脂 7-2312 胶相差并不大。把两批次的单组分环氧树脂 7-2312 胶等温固化的凝胶化时间 t_g 按 Flory 凝胶化理论的公式(4.1)以 $\ln t_g$ 对 $1/T$ 作图,得到两条几乎平行的直线(图 4.19)。

表 4.4 两个不同储存时间的单组分环氧树脂 7-2312 的凝胶化时间 t_g

固化温度(℃)		130	140	142	150	152	160	170
凝胶化时间 t_g	储存在室温下 9 个月的胶料	–	–	14.5	–	9.8	6.6	4.5
	储存在冰箱中 1 个月的胶料	28.0	20.8	–	13.0	–	9.5	–

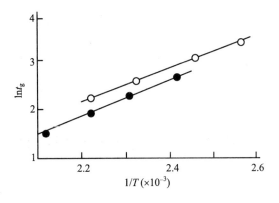

图 4.19 不同储存时间单组分环氧树脂黏合剂 7-2312 的 $\ln t_g$ 对 $1/T$ 作图,(○)在冰箱中储存 1 个月的试样;(●)在室温下储存 9 个月(经过一个夏天)的试样

因为 $\ln t_g$-$1/T$ 图直线的斜率就是固化反应表观活化能 ΔE_a，它们几乎平行意味着两批次 7-2312 胶的固化反应活化能 ΔE_a 没有什么变化，也就是说两批次单组分环氧树脂 7-2312 胶的基本化学组成和随后的固化反应没有根本的差别。从而在一个方面说明了单组分环氧树脂 7-2312 胶的潜性固化剂是成功的。单组分环氧树脂 7-2312 胶结题报告上标称的储存期为 6 个月以上是可信的[12]。

由图 4.19 直线斜率求得单组分环氧树脂 7-2312 胶的固化反应表观活化能 $\Delta E_a = 59.8$ kJ·mol^{-1}。因为找不到单组分环氧树脂 7-2312 胶的固化活化能的文献数据，我们只能通过比较其他环氧树脂-固化剂体系的固化活化能来确认数据的合理性。正如前文中已说过的，在室温下就能较快固化的"安徽一号"环氧树脂胶的 $\Delta E_a = 37.8$ kJ·mol^{-1}，室温下要几天才能固化，但稍提高温度就能较快固化的环氧树脂-咪唑体系的 $\Delta E_a = 53.9$ kJ·mol^{-1}，那么，配有潜性固化剂的单组分环氧树脂 7-2312 胶具有更高的固化反应表观活化能（$\Delta E_a = 59.8$ kJ·mol^{-1}）应该是合理的。活化能高，室温下就不易发生固化反应，只有加热到相当的温度才能发生固化，符合调配单组分黏合剂的初衷。

其他的单组分环氧树脂胶的固化反应表观活化能数值已有报道，用 DSC 数据和 Kissinger 方法（见第 5 章）求得以咪唑类化合物配制的单组分胶固化反应表观活化能 $\Delta E_a = 97.1$ kJ·mol^{-1}，以酸酐类化合物配制的单组分胶固化反应表观活化能 $\Delta E_a = 161.2$ kJ·mol^{-1} [11]。尽管上述单组分环氧树脂胶的固化温度都比较高（200 ℃以上），它们的活化能应该高一点，但作者还是认为这些活化能的数据似乎偏高了。

4.6 环氧树脂-三氟化硼·乙胺体系的固化

三氟化硼的络合物是环氧树脂工艺中最重要的常用酸类固化剂之一。三氟化硼本身就能使环氧树脂固化，但由于活性很大，固化反应大量放热，固化速度过快，加上三氟化硼易在空气中潮解，有刺激和腐蚀作用，所以改用三氟化硼的络合物。特别是三氟化硼与脂肪胺的络合物能降低三氟化硼的催化活性,很是稳定。我们这里选用三氟化硼·乙胺(BF_3·乙胺),分子式为$BF_3:NH_2CH_2CH_3$,作为环氧树脂的固化剂,一般用量为环氧树脂的1%~5%[5]。

4.6.1 环氧树脂 E51-三氟化硼·乙胺体系最优固化条件的确定

为确定环氧树脂 E51-BF_3·乙胺体系最优固化条件,安排了不同温度和不同 BF_3·乙胺含量的 12 个等温固化实验(表 4.5)。作为例子,图 4.20 画出了 BF_3·乙胺含量为 3 phr 和 120 ℃、130 ℃、140 ℃ 和 150 ℃ 四个不同温度下的等温固化曲线。不同温度下环氧树脂 E51-BF_3·乙胺体系等温固化曲线有类似的形状,但凝胶化时间 t_g 和固化反应速度 v 各不相同。随温度升高,t_g 缩短,v 加快,符合一般规律,有关数据也列于表 4.5 中。

为比较在不同等温固化条件下固化树脂的机械力学性能,必须要把它们处在相同的温度下。因此在各个不同温度下达到完全固化后,再把它们冷却至室温,观察在室温下的扭矩。图 4.20 中每条等温固化曲线后段向上翘的部分就是冷却至室温时的扭矩变化。环氧树脂 E51-BF_3·乙胺体系固化后的扭矩随温度降低变化都不大,表明该体系在一个温度下就能固化完全,不需要任何的后固化过程。

表 4.5　环氧树脂 E51-BF_3·乙胺体系最优固化条件的确定

BF_3·乙胺含量(phr)	等温固化温度(℃)	凝胶化时间 t_g(min)	活化能 ΔE_a(kJ·mol^{-1})
3	120	75.75	
	130	46.25	
	140	32.00	
	150	20.00	
4	120	70.25	71.4
	130	42.50	
	140	26.75	
	150	18.75	
5	120	60.00	
	130	38.75	
	140	25.00	
	150	17.00	

比较图 4.21,以及另外两个 BF$_3$·乙胺含量为 4 phr 和 5 phr 的体系的等温固化曲线(图 4.21 中的 4 和 5 曲线是 BF$_3$·乙胺含量为 4 phr 和 5 phr,固化温度为 150 ℃的曲线),可以确认 BF$_3$·乙胺含量为 3 phr,固化温度为 150 ℃,固化时间为 6.5 h 是环氧树脂 E51-BF$_3$·乙胺体系的最优固化条件,该条件下环氧树脂 E51-BF$_3$·乙胺体系的凝胶化时间 t_g 也最短(t_g = 20 min)。

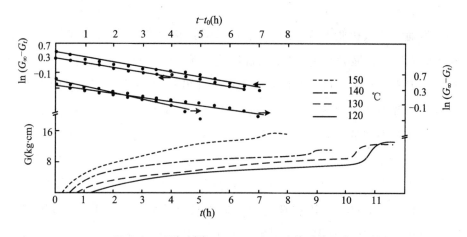

图 4.20 环氧树脂 E51-BF$_3$·乙胺体系的固化

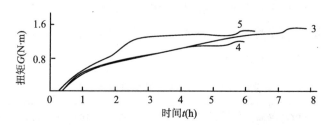

图 4.21 BF$_3$·乙胺含量为 3、4 和 5 phr,固化温度为 150 ℃环氧树脂-BF$_3$·乙胺体系的等温固化曲线

4.6.2 环氧树脂 E51-三氟化硼·乙胺体系固化反应动力学参数

仍然用 Flory 凝胶化理论的公式(4.1),以 $\ln t_g$ 对 $1/T$ 作图来求取环氧树脂 E51-BF$_3$·乙胺体系的固化表观活化能 ΔE_a。3 phr、4 phr 和 5 phr 三个 BF$_3$·乙胺含量的 $\ln t_g$-$1/T$ 图是三条平行的直线,不同 BF$_3$·乙胺含量对体系固化表观活化能没有影响,都具有相同的值,ΔE_a = 71.4 kJ·mol^{-1}

(图 4.22 和表 4.5)。

BF$_3$·乙胺含量与凝胶化时间的倒数 $1/t_g$ 的直线关系(图 4.23)表明在凝胶点前,环氧树脂 E51-BF$_3$·乙胺体系的固化是符合一级反应规律的。而从 $\ln(G_\infty - G_t)$ 对 $(t - t_g)$ 的作图(图 4.20)也是很好的直线来看,该体系在凝胶点以后也是一个一级反应。

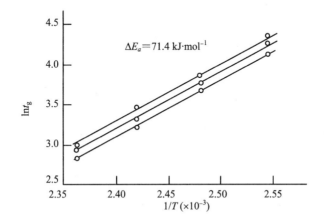

图 4.22　环氧树脂 E51-BF$_3$·乙胺体系的 $\ln t_g$ 对 $1/T$ 作图

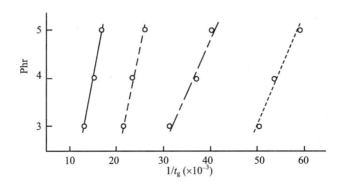

图 4.23　环氧树脂 E51-BF$_3$·乙胺体系中 BF$_3$·乙胺含量对凝胶化时间倒数 $1/t_g$ 的作图

4.7　高压互感器不饱和树脂胶的配方改进

某电器厂生产大型高压互感器使用不饱和树脂胶作为基体材料,一直沿用数十年前留下来的配方和固化工艺,即 80 ℃ 下先预固化 4 h,然后升温至 110 ℃ 正固化 12 h,最后还要把温度升高到 140 ℃ 再保持 8 h,整个固化过程需时 24 h 之久。

我们用动态扭振法对该配方的固化过程进行了优选。因为涉及工厂生产的方方面面,最容易做的事是保留原不饱和树脂配方不变,原生产装置固化温度区段不变,只对该温度区段下的固化时间进行判定。即仍然在 80 ℃、110 ℃、140 ℃ 三个温度下测定它们的等温固化曲线,从而来观察它们的固化进程。图 4.24 就是大型高压互感器用不饱和树脂胶在上述三个温度区段内的等温固化曲线。实验固化曲线表明,在 80 ℃ 温度下,不饱和聚酯的扭矩变化甚小,所以我们在 2 h 后即升高温度到 110 ℃。在 110 ℃ 温度下,不饱和聚酯的扭矩随固化时间增加而变大,表明固化主要发生在这个温度段。但也只要 3.5 h(从一开始固化算起)就达到了该温度下的扭矩平坦值。在达到了 110 ℃ 温度下扭矩不再增大的 3.5 h 后再次升温至设定的 140 ℃,扭矩仍有所增大,表明这个温度段也是必需的。但到 5 h 后扭矩就趋于平坦,不再变化,意味着不饱和聚酯的固化反应已经全部完成。

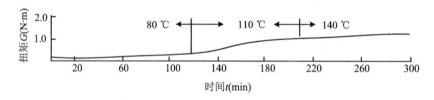

图 4.24　生产大型高压互感器用不饱和树脂胶在三个温区的等温固化曲线

这样,按原配方和原生产装置温度区段,不饱和聚酯高压互感器的固化并不需要 24 h。由于树脂固化仪的固化实验用料只有区区几克,实际的高压互感器用料达几百千克,实际生产过程要考虑传热、温度分布均匀等诸多因素。我们提出,以动态扭振法测定的固化曲线数据为基础,80 ℃、110 ℃、140 ℃ 三个温度区段只要固化 12 h 就已足够完成整个生产过程(固化过程),即 80 ℃ 温度下预固化 3 h 后在 110 ℃ 温度下固化 6 h,再在 140 ℃ 温度下保持 3 h。工厂技术人员采纳了基于动态扭振法实验数据提出的这个建议,以上述固化工艺生产高压互感器,并以传统的测试方法对按新固化工艺生产的高压互感器产品进行验证,其力学性能和电气绝缘性能完全符合要求。这样,在不更改原有生产设备和温控装置,不增加任何投入情况下,仅仅修改固化工艺就把生产效率提高了整整一倍。

我们认为,如果能对配方进行优化,在最优配方基础上再做更多的实验对固化温度和固化时间进行优化,将会得到更高生产效率的工艺流程,并且还有进一步提高高压互感器产品物理力学性能的潜力。

4.8 四溴双酚 A 环氧树脂的固化

像其他高聚物一样,作为材料来使用的热固性树脂和树脂基复合材料的阻燃性能越来越受到人们的重视。要使热固性树脂譬如环氧树脂获得阻燃性,通常可以添加阻燃剂或阻燃助剂(含磷或含卤阻燃剂),采用阻燃固化剂(含卤的胺类或含卤的酸酐),或添加耐燃的填料(石棉粉料或石墨纤维)等[14]。但最直接的方法还是合成含有卤素的环氧树脂,因为作为反应组分,含卤的环氧树脂比添加阻燃剂等方法可使固化物获得更好的物理力学性能。本节我们就介绍阻燃的四溴双酚 A 环氧树脂的固化。

四溴双酚 A 环氧树脂具有如图 4.25 所示的结构。

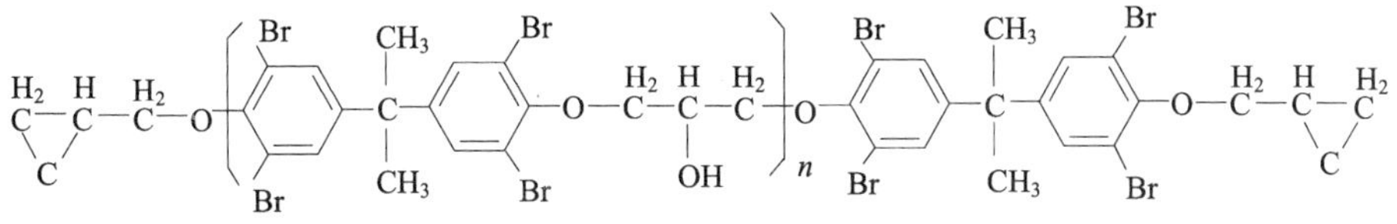

图 4.25 四溴双酚 A 环氧树脂的结构

用动态扭振法做了 45 ℃、55 ℃ 和 65 ℃ 三个温度以及固化剂 T31 含量为 20%、25% 和 30% 的四溴双酚 A 环氧树脂-T31 体系的等温固化试验,由此寻得的四溴双酚 A 环氧树脂-T31 体系最优固化温度为 55 ℃,最优固化剂 T31 含量为 25%。作为例子,55 ℃ 温度下,T31 含量为 20%、25% 和 30% 的四溴双酚 A 环氧树脂-T31 体系的等温固化曲线如图 4.26(a)所示。为求取该体系的固化反应表观活化能,做了 45 ℃、55 ℃、60 ℃、65 ℃ 和 80 ℃ 五个温度的等温固化实验。由不同温度等温固化曲线的凝胶化时间 t_g,按 Flory 凝胶化理论,通过 $\ln t_g$ 对 $1/T$ 作图(图 4.26(b))直线斜率求得的四溴双酚 A 环氧树脂-T31 体系固化反应表观活化能为 34.4 kJ·mol^{-1}。

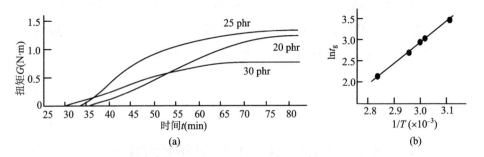

图 4.26　四溴双酚 A 环氧树脂-T31 体系不同 T31 含量的等温固化曲线及该体系的 lnt_g 对 1/T 的作图

为进一步增加溴化环氧树脂-T31 体系的阻燃性和降低成本,在该体系中加入了含量不等的硅微粉填料。发现硅微粉填料对溴化环氧树脂-T31 体系的凝胶化时间 t_g 有影响。图 4.27 是 60℃下,硅微粉含量为 0 phr、5 phr、10 phr、15 phr、20 phr、40 phr、80 phr 和 120 phr 的四溴双酚 A 环氧树脂-T31 体系的凝胶化时间 t_g,可见,随硅微粉填料增加,凝胶化时间 t_g 缩短,当硅微粉含量达 20% 时有一个明显的突变。20% 的填料含量被认为是树脂体系具有临界表面层的含量。这方面的内容在第 6 章中将有进一步的讨论。

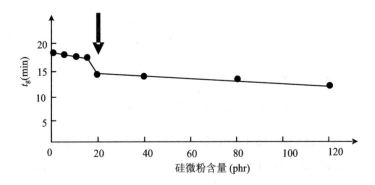

图 4.27　四溴双酚 A 环氧树脂-T31 体系凝胶化时间 t_g 与硅微粉填料含量的关系

参 考 文 献

[1] 魏春鸣,鲁家荣.环氧树脂在建筑上的应用[J].黏接,1982(2):43-45.

[2] 何平笙.动态力学方法及其在热固性树脂固化过程研究中的应用[J].黏合剂,1983(4):10-15.

[3] 李春娥,曹森涌,何平笙,刘翠侠,刘彦.研究热固性树脂固化过程的新方法[J].工程塑料应用,1983(3):42-45.

[4] FLORY P J. Principles of polymer chemistry[M]. Cornell University Press,1953.

[5] 杨玉昆,廖增琨,余云照,卢凤才.合成胶黏剂[M].北京:科学出版社,1983.

[6] 张兴喜,李娟.酚醛胺(T-31)环氧树脂固化剂之浅谈[J].中国胶黏剂,2005,14(8):52-54.

[7] 李娟,张兴喜.酚醛胺环氧树脂固化剂[J].网络聚合物材料通讯,2005(4):17-19.

[8] 李春娥,何平笙,管鹤芳.T31-环氧树脂固化过程研究Ⅱ:电阻应变丝法测残余应力[J].复合材料学报,1992,9(1):37-41.

[9] 何平笙,李春娥,陈显东,刘建威.环氧树脂-玻璃界面的残余应力[J].高分子材料科学与工程,1990,6(3):39-43.

[10] 周建文.单组分环氧树脂胶黏剂的研究现状[J].化学与黏合,2004(1):36-40.

[11] 陈尔春,唐振新,袁怡沪.单组分环氧胶配制及固化行为的研究[J].中国胶黏剂,1993,2(2):37-39.

[12] 陈尔春.单组分环氧胶黏剂的研究:配方7-2312的研制和应用[R].上海材料研究所,1982年10月.

[13] 何平笙,李春娥.动态扭振法确定单组分环氧树脂胶黏剂的固化条件[J].塑料工业,1984(3):60-62.

[14] 胡源,宋磊,尤飞,钟茂华.火灾化学导论[M].北京:化学工业出版社,2007.

第5章 树脂固化过程的理论预估

在介绍动态扭振法在树脂基复合材料固化以及其他方面的应用前,有必要先介绍热固性树脂固化过程的理论预估,以便在后续章节的应用实例中用相关理论模型对树脂固化体系的固化行为进行预估。

已经说过,热固性树脂的固化反应有多种表征方法,根据不同测试方法建立的固化模型也非常多,主要可分为机理模型和唯象模型两大类。机理模型从分析具体的固化反应机理入手,研究固化过程中的动力学关系,在理论上考虑整个反应过程中所有的基元反应。唯象模型则相反,不考虑个别的基元反应,而是用一个虚拟的表观反应代表整个固化过程,从宏观尺度上研究固化反应的主要动力学特征。由于固化过程的复杂性,要鉴别每一个具体的基元化学反应非常困难,尤其在固化后期扩散因素将起着控制的作用,因而通常更多采用唯象模型来描述固化过程。唯象模型又包括动力学模型、微观机理模型、非平衡涨落理论等。表5.1简要归纳了常见的用于描述热固性树脂固化过程的理论模型。

表 5.1 描述树脂固化过程的理论模型

模型类别	主要特点	参考文献
机理模型	从具体固化反应机理入手,通过相关计算和模拟得到微观尺度上的固化动力学关系;理论上推导过程应考虑整个反应过程中所有基元反应的动力学机理	1~3
凝胶化理论	从理论上导出凝胶化形成的临界条件,认为凝胶点时的化学转化率只取决于体系中的固化组分,与反应温度和实验条件无关	1,4,5

续表 5.1

模型类别	主要特点	参考文献
动力学模型	忽略固化过程中的反应细节,把整个固化过程考虑成一个虚拟的宏观反应,从宏观尺度上考察该虚拟反应的动力学特征(如反应级数、活化能等)	6~8
微观机理模型	将固化过程与高聚物的结晶过程相类比,运用结晶动力学方程(Avrami 公式)对固化过程的微观机制进行分析。	9~11
非平衡涨落理论	以不可逆热动力学涨落理论对树脂的固化反应(松弛)过程进行解释。该理论将固化度与树脂的物理力学性质联系起来,可以预测树脂固化过程中物理力学性能的变化	12,13
流变学理论	将树脂的黏度与温度及固化度相关联。以树脂黏度的变化作为量度来考察热固性树脂的固化进程	14,15

这些理论模型都是从热固性树脂体系的某一个与固化过程密切相关的化学或物理性质入手,推导出固化过程中的相关动力学关系。所选用的物理量不同或侧重点不同,所得关系式的物理意义也不尽相同,适用场合也各异。如动力学模型常用于处理由热分析等方法得到的固化反应数据,可以对固化过程的表观动力学进行分析,求取动力学"三因子",目前广泛用于表征热固性树脂及其复合材料的固化反应特征;Avrami 方程可用于探讨固化过程中因相分离导致的微观固化机制,但它不能预测某一时刻树脂的固化速率;Hsich 非平衡涨落理论则是将热固性树脂体系的固化程度与其物理性能联系起来,可对固化过程中树脂的物理力学性能进行理论预估。

随分析测试技术的发展和研究的深入,各种新的理论模型层出不穷。全面地介绍热固性树脂固化过程的各种理论不是本章的宗旨,也不可能。本章的讨论希望能从实验角度来看待固化理论。因为不管是光谱实验、量热学实验,还是动态力学实验,测定热固性树脂固化过程总是一件麻烦的事。因此希望能找到合适的固化理论,从而能够在有限的几个实验数据基础上,运用这个理论来预估热固性树脂在任何时刻的固化行为,以及使热固性树脂达到一定的物理力学性能要求所需的固化条件;并通过固化理论推求出固化过程的一些动力学参数,反应级数、表观活化能、固化反应速率常数等。

5.1　Flory 凝胶化理论

5.1.1　形成凝胶化的临界条件

热固性树脂固化的本质是线形高分子链发生交联化学反应,生成三维立体网状结构的过程,因此可以借由体系中的多官能团($f>2$)组分形成交联网络来描述。只有当热固性树脂体系中线性高分子链充分交联形成三维"无限网络"时,树脂体系才能表现出物理性质的本质变化。热固性树脂的固化过程可用 T-T-T(时间-温度-转变)状态图来描述(参见第3章3.1.1节),其中有两个重要临界点:凝胶化(gelation)和玻璃化(vitrification)。凝胶化时固化体系的交联网络初步形成,标志着树脂从液态转变为橡胶态;而玻璃化时固化体系的玻璃化转变温度达到固化温度,如果固化温度足够高,此时交联网络已充分形成,固化接近完成,标志着树脂从橡胶态到玻璃态的转变。从分子链结构层次来看,当交联进行到一定程度时,固化体系内的高分子链逐渐形成交联网络,体系的黏度突然急剧增加,难以流动,体系转变为具有弹性的凝胶状物质,这一现象即称为凝胶化,此转变点即为凝胶点。凝胶点后,树脂由原先的黏性液体变为半固态的弹性凝胶,失去流动性,不再能够溶解。凝胶化是热固性树脂固化过程中一个重要的标志性阶段,凝胶化时间(出现凝胶点所对应的时间)是热固性树脂成型加工的重要工艺参数。

Flory[1]通过引入支化点和支化系数的概念,用统计方法研究了凝胶化形成的条件,建立了凝胶化理论。我国的唐敖庆[5]以重均聚合度趋于无穷大为凝胶化临界条件的判据,也得到了众多复杂体系的临界凝胶化条件。

以含有双官能团的化合物 A—A、B—B 和三官能团的化合物 $\mathrm{A{-}{\overset{A}{\underset{|}{A}}}}$ 固化体系为例,固化过程中的主要交联反应为

$$\text{A—A} + \text{B—B} + \text{A}\!\!<^{\text{A}}_{\text{A}} \longrightarrow >\!\!\text{A[B— BA— A]}_n\text{B—BA}\!\!<$$

这里 n 为从 0 至 ∞ 的整数,表示分子链的聚合度。根据官能团等活化理论,假设官能团 A 与官能团 B 的反应程度为 p_A,官能团 B 与 A 的反应程度为 p_B,ρ 为支化单元中的官能团 A 占全部 A 的分数,则 $(1-\rho)$ 是 A—A 单元中 A 官能团占全部 A 的分数,于是官能团 B 与支化单元反应的几率为 $p_B\rho$,官能团 B 与 A—A 单元反应的几率为 $p_B(1-\rho)$。这样,两个支化点之间链段的总反应几率为各步反应几率的乘积:

$$p_A[p_B(1-\rho)p_A]^n p_B\rho$$

定义支化系数为反应时一个支化点连接到另一个支化点的几率,以 α 表示,则 α 可表示为上式的加和:

$$\alpha = \sum_{n=0}^{\infty} p_A[p_B(1-\rho)p_A]^n p_B\rho$$

或

$$\alpha = p_A p_B \rho \sum_{n=0}^{\infty} [p_A p_B(1-\rho)]^n$$

因为

$$\sum p^n = \frac{1}{1-p}$$

所以

$$\alpha = \frac{p_A p_B \rho}{1 - p_A p_B(1-\rho)} \tag{5.1}$$

假设反应开始时 A、B 官能团的比例为 r。由于反应中 A、B 两官能团反应消耗的数目应相等,即 $N_A p_A = N_B p_B$,所以

$$r = \frac{N_A}{N_B} = \frac{p_B}{p_A}$$

即

$$p_B = r p_A$$

将此关系式代入式(5.1),得

$$\alpha = \frac{r p_A^2 \rho}{1 - r p_A^2 (1-\rho)} \tag{5.2}$$

或

$$\alpha = \frac{p_B^2 \rho}{r - p_B^2(1-\rho)} \tag{5.3}$$

上述关系式中的 r 和 ρ 可由反应开始时的原料组分比例确定,通过实验可测定出固化反应过程中官能团 A、B 的反应程度 p_A 和 p_B,这样由式 (5.2)或式(5.3)便可算出支化系数 α。

支化系数和单体的官能度对体系能否产生凝胶化作用起着决定作用,只有当支化系数达到一定的临界值,体系才能形成无限交联网络,即产生凝胶化作用。设体系中支化单元的官能度为 $f(f>2)$,某一分子链的一端连接上一个支化单元的几率为 α。由于已经连接上的支化单元可以再连上 $(f-1)$ 个支链,而每个支链又可以以几率 α 再连上一个支化单元,故一个连接在链上的支化单元再连接上另一个支化单元的几率为 $(f-1)\alpha$。如果 $(f-1)\alpha<1$,这种支化连接方式不能持续,最终不能形成无限网络,因而不会出现凝胶作用;而如果 $(f-1)\alpha>1$,反应中产生的支链数目多于体系中原先的分子链数,体系的支化程度持续增加,会出现凝胶作用。因此产生凝胶的临界条件(用下标"c"表示"临界")为 $(f-1)\alpha_c=1$,即

$$\alpha_c = \frac{1}{f-1} \tag{5.4}$$

将式(5.4)代入式(5.2),得到凝胶点时官能团 A 的临界反应程度为

$$p_c = \frac{1}{[r + r\rho(f-2)]^{1/2}} \tag{5.5}$$

此式也称为 Flory - Stockmayer 公式[1,4],可从理论上计算出凝胶点时树脂的固化程度。如对于化学计量的环氧树脂(二元环氧/二元胺)固化体系 $(f=4, r=\rho=1)$,凝胶化时所对应的理论固化程度为 0.577,考虑不同基团反应活性不等带来的偏差,则此固化反应程度应介于 58%~62% 之间[16]。

5.1.2 根据凝胶化理论求取体系的表观活化能

由式(5.5)可看出,树脂固化体系在凝胶点时的化学转化率只取决于体系中的固化组分。对一组分确定的固化体系,其化学转化率(即反应程度)是一定的,而与反应温度和实验条件无关。因此可用凝胶化时间 t_g 来推求固化反应的表观活化能。忽略固化反应中的具体反应细节,把固化过程当作一个整体宏观反应考虑,其反应活化能用表观活化能 ΔE_a 表示,则固化

反应过程的动力学关系可表示为

$$\frac{d\alpha}{dt} = kf(\alpha)$$

这里 α 表示反应转化率(与前面意义不同);$\frac{d\alpha}{dt}$ 表示反应速率;$f(\alpha)$ 为固化过程的机理函数,这里不考虑其具体形式;k 为速率常数,符合 Arrehnius 关系:

$$k = A_0 \exp(-\frac{\Delta E_a}{RT})$$

A_0 为频率因子,ΔE_a 为表观活化能,R 为气体常数,T 为固化反应温度。上述两式合并后得

$$\frac{d\alpha}{dt} = A_0 \exp(-\frac{\Delta E_a}{RT}) f(\alpha) \tag{5.6}$$

对式(5.6)从时刻 $t=0$ 到凝胶化时间 t_g 进行积分并整理,得

$$\ln t_g = \ln\left[\int_0^{\alpha_c} \frac{d\alpha}{f(\alpha)}\right] - \ln A_0 + \frac{\Delta E_a}{RT} \tag{5.7}$$

由前面分析已知,式(5.7)右边第 1 项与时间和温度无关,频率因子 A_0 也为常数,所以上式可进一步简化为

$$\ln t_g = \ln C + \frac{\Delta E_a}{RT} \tag{5.8}$$

式(5.8)表明,固化体系的凝胶化时间 t_g 的对数与固化温度的倒数成线性关系。实验中测量出不同固化温度 T 下的凝胶化时间 t_g,以 $\ln t_g$ 对 $1/T$ 作图,可得一直线。由其斜率和截距可以分别计算得出表观活化能 ΔE_a 和常数 C。

根据式(5.8)计算得到的是固化体系在凝胶化前反应的表观活化能。凝胶化点后,由于受交联网络影响,分子运动减弱,必须考虑扩散控制因素的影响。

5.1.3 Flory 凝胶化理论的应用

图 5.1 为张明等人[17]用 DMA 方法测定的双组分环氧树脂(E-54：AG-80：二氨基二苯砜 = 40：60：40)体系的 $\ln t_g - 1/T$ 关系图,两者呈很好的线性关系。由直线的斜率乘以 R,得到该体系的表观活化能为 ΔE_a

$= 75.7 \text{ kJ} \cdot \text{mol}^{-1}$。

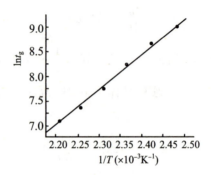

图 5.1 双组分环氧树脂(E-54∶AG-80∶二氨基二苯砜=40∶60∶40)体系的凝胶化时间 t_g 与温度 T 关系

将图中直线外推得到的截距和活化能数值代入式(5.8),可得该固化体系的固化动力学关系为

$$\ln t_g = -13.42 + \frac{9.103 \times 10^3}{T}$$

图 5.2 为降冰片烯封端的 PMR 型聚酰亚胺固化时的凝胶化时间 t_g 与温度 T 的关系[17]。该体系的 $\ln t_g$-$1/T$ 关系呈 Z 字型,以 310 ℃ 为分界点,对前后两段分别处理,各自仍可得到较好的线性关系,其表观活化能分别为 97.1 kJ·mol^{-1} 和 141.3 kJ·mol^{-1}。这意味着该固化体系前后两段可能存在着两种不同的固化机理。

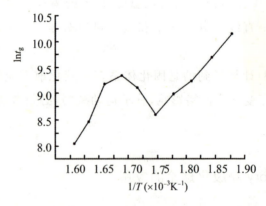

图 5.2 PMR 型聚酰亚胺固化时的凝胶化时间 t_g 与温度 T 关系

我们实验室曾用动态扭振法研究了包括环氧树脂-咪唑、环氧树脂-三乙醇胺、环氧树脂-聚酰胺、环氧树脂-咪唑-蒙脱土、环氧树脂-聚酰胺-玻璃

微珠等多个固化树脂体系以及液态橡胶聚氨酯预聚体-MOCA等的固化过程，它们的$\ln t_g - 1/T$关系均符合Flory凝胶化理论公式(5.8)，呈线性很好的直线，并由其斜率求取了相关体系的固化反应表观活化能等数据。具体数值见本书有关章节的介绍。

5.2 Hsich非平衡态动力学涨落理论

固化程度是化学意义上的概念，与高聚物的物理、机械、蠕变等性质无直接关联。由量热等方法发展起来的动力学模型也不能预测材料的黏度、动态模量等性质，而正是这些性质将直接决定材料的加工操作条件和最终产品的物理力学性能。Hsich的非平衡态热力学涨落理论用不可逆热动力学涨落理论对固化反应(松弛)过程予以解释，可以用来直接描述固化过程中树脂体系物理力学性能的变化[12,13]。其优点是可以通过有限的几个实验数据得到固化过程的基本关系后，便可对不同固化程度的树脂体系的物理力学性能作出理论预估。该理论已经成功地应用于天然橡胶/碳黑体系硫化行为的预估[13]以及环氧树脂/SiO_2体系固化行为的预估[18,19]。

5.2.1 非平衡态动力学涨落理论的推导

非平衡态涨落理论认为热固性树脂固化反应的动力学过程与玻璃态的分子结构松弛过程具有相似性，都是非平衡热力学状态。与液态和结晶态等平衡态不同，非平衡态的物理性质依赖于之前的热历史及力学历史(表5.2)。这种现象对预测非平衡态的物理力学性能以及表征其内在结构具有重要的意义。据此可以把固化过程中树脂体系的物理力学性能的变化用一个与时间相关的热力学有序参数ξ的均方涨落值表示。有序参数ξ的改变将会导致反应体系的体积和压缩性的改变，并进一步引起超声波吸收(扩散)性能、介电系数、光散射及力学模量等物理性质的改变。因此在固化过程中，可以通过观察测量有序参数ξ随时间的变化得到相关物理力学性质。

表 5.2 玻璃态与其他热力学平衡状态的区别[12]

液体状态	玻璃态	结晶态
热力学平衡态	热力学非平衡态	热力学平衡态
存在一个分布松弛函数；物理性质不依赖于热历史及力学历史	存在一个分布松弛函数；物理性质依赖于热历史及力学历史	物理性质完全由热力学参数（温度、压力）决定
能够在比实验观察时间小得多的尺度内达到平衡	达到热平衡前，热及力学历史都会被"凝固"到其结构中	
物理性质函数形式 $P(T,P)$	物理性质函数形式 $P(T,P,\{\xi_i\})$	物理性质函数形式 $P(T,P)$

把固化反应看作为一组多元化学反应（松弛过程），假设每个化学反应都有一个热力学有序参数 ξ_i，则热固性树脂体系在固化过程中的物理力学性能变化可以表示为所有松弛过程的热力学参数统计加和：

$$\frac{P_\infty - P(t)}{P_\infty - P_0} = \sum_i W_i \langle(\Delta_i\xi)^2\rangle \exp\left[-\left(\frac{t}{\tau_i}\right)\right] \tag{5.9}$$

式中 P_0 和 P_∞ 分别为树脂体系起始和最终的物理力学性能，$P(t)$ 为时间 t 的物理性能，W_i 为权重常数，$\langle(\Delta_i\xi)^2\rangle$ 是有序参数 ξ_i 的均方涨落值，τ_i 是与 ξ_i 有关的化学反应时间常数，亦即松弛时间。

令

$$g_i = W_i \langle(\Delta_i\xi)^2\rangle$$

则

$$\frac{P_\infty - P(t)}{P_\infty - P_0} = \sum_i g_i \exp\left[-\left(\frac{t}{\tau_i}\right)\right] \tag{5.10}$$

式中的 g_i 应满足归一化条件 $\sum_i g_i = 1$。

以上单个松弛过程的加和可以更一般性地表示为这种松弛过程的连续分布，得到松弛过程的分布函数松弛谱如下：

$$\frac{P_\infty - P(t)}{P_\infty - P_0} = \exp\left[-\left(\frac{t}{\tau}\right)^\beta\right] \tag{5.11}$$

式中 τ 是固化反应的松弛时间，β 是松弛时间分布宽度系数。

物理量 P_0 和 P_∞ 可由实验方法测定，因此只要知道了在固化条件下树

脂体系的 τ 和 β 值,就能推求出固化过程中任何时刻 t 时树脂固化体系的物理力学性能 $P(t)$,或者为使体系达到一定的力学性能要求所需要的固化时间。

5.2.2 非平衡态动力学涨落理论的应用

作为应用,Hsich[13]本人用该理论对碳黑填充的天然橡胶体系的固化过程进行了研究。橡胶的固化过程用孟山都(Mensanto)流变仪监测,所得的固化曲线如图 5.3 所示。测得的物理量是固化过程中扭振对样品产生的扭矩 $G(t)$,与树脂的某种模量(如剪切模量)相关。扭矩的大小反应了固化程度的高低。按非平衡涨落理论,其固化过程的动力学关系可表示为

$$\frac{G_\infty - G(t)}{G_\infty - G_0} = \exp\left[-\left(\frac{t}{\tau}\right)^\beta\right] \quad (5.12)$$

式中 G_0 和 G_∞ 分别为实验固化曲线上的最小和最大扭矩值。

注意到固化曲线上的最小扭矩点并非 $t = 0$ 时的扭矩,这是因为固化反应开始前,温度的升高会导致体系黏度的下降。所以在式(5.12)中应扣除最小扭矩之前的引导时间 t_0,将其修正为

$$\frac{G_\infty - G(t)}{G_\infty - G_0} = \exp\left[-\left(\frac{t - t_0}{\tau}\right)^\beta\right] \quad (5.13)$$

或者

$$G(t) = G_0 + (G_\infty - G_0)\left\{1 - \exp\left[-\left(\frac{t - t_0}{\tau}\right)^\beta\right]\right\} \quad (5.14)$$

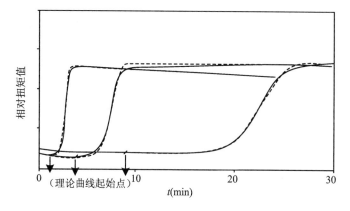

图 5.3 天然橡胶体系的固化曲线。实线为实验数据,虚线为理论计算值

式(5.14)表示固化体系在任一时刻 $t(t>t_0)$ 时体系的扭矩与时间的关系。由此式可求出体系的松弛时间 τ。令 $t = t_0 + \tau$，则

$$G(t_0 + \tau) = G_0 + (G_\infty - G_0)(1 - e^{-1}) \quad (5.15)$$

在固化曲线上找出对应于扭矩值为 $[G_0 + 0.63(G_\infty - G_0)]$ 时的时间 t，便可求出体系的松驰时间 $\tau = t - t_0$。

松驰时间 τ 是温度的函数，两者的关系可用 Arrehnius 公式表示：

$$\tau = \tau_0 \exp\left(\frac{\Delta E_a}{RT}\right)$$

或

$$\ln \tau = \ln \tau_0 + \frac{\Delta E_a}{RT} \quad (5.16)$$

式中 τ_0 为常数，ΔE_a 为固化反应活化能。本例中以 $\ln \tau$ 对 $1/T$ 作图，由直线斜率求出该固化体系的活化能为 $75.3\ kJ \cdot mol^{-1}$。

松弛时间 τ 确定后，Hsich 方程(5.14)即成为只含一个变量 β 的单参数关系式。通过对所有的固化实验数据进行与式(5.14)相关的最小二乘法拟合，选择拟合结果最好时的 β 值作为实验条件下的变量 β 拟合值。图 5.3 中虚线为根据 Hsich 方程(5.14)拟合出的固化过程曲线，可见与实际固化曲线符合得非常好。表 5.3 列出了最佳拟合状态时，碳黑填充橡胶体系固化时的相关参数。对于同一体系，τ 值随着固化温度的提高而减小，τ 和 β 值都随着体系填充组分的增加而减小。而且由于 $\beta > 1$，还可以推断该固化反应非一级反应，而是高级次反应。

表 5.3 由 Hsich 方程计算的碳黑填充橡胶体系的固化动力学参数

炭黑含量 (phr)	温度(℃)	t_0(min)	τ(min)	$\tau_0 (\times 10^{-9}\ min)$	$\Delta E(kcal \cdot mol^{-1})$	β
0	130	8.10	15.10	3.02	18	7.72
	150	2.51	5.25			
	170	1.03	2.01			
10	130	5.12	12.84	2.57	18	5.92
	150	1.42	4.47			
	170	0.71	1.71			
20	130	3.60	11.42	2.28	18	5.92
	150	1.07	3.97			
	170	0.77	1.52			

续表 5.3

炭黑含量 (phr)	温度(℃)	t_0(min)	τ(min)	τ_0(×10^{-9} min)	ΔE(kcal·mol^{-1})	β
30	130	3.62	10.42	2.08	18	4.29
	150	1.15	3.63			
	170	0.73	1.39			
40	130	3.46	9.77	1.95	18	3.94
	150	1.16	3.40			
	170	0.78	1.30			
50	130	3.43	8.80	1.76	18	3.67
	150	1.22	3.06			
	170	0.78	1.17			
60	130	3.50	8.00	1.60	18	3.29
	150	1.25	2.78			
	170	0.70	1.06			

非平衡态热力学涨落理论直接把时间 t、温度 T 等固化参数与树脂体系的物理力学性能相联系,比建立在量热学基础上的其他固化理论更具实用性。对于热固性树脂固化体系,应用非平衡态热力学涨落理论时,只要做有限的几个实验求取出参数 τ 和 β 后,用式(5.14)即可预估该体系的整个固化行为。

5.3 Avrami 理论

热固性树脂的固化过程除了存在化学交联等反应外,往往还伴随着微相分离、反应介质的玻璃化转变和高聚物网络的形成等[9]。这些物理、结构上的变化会直接影响聚合动力学和固化产物的结构与性能。从微观机理上看,这一过程与高聚物的结晶过程颇为相似,可将两者进行类比。因此近年来 Avrami 相变理论被用来作为解析热固性树脂固化数据的一种新型模型。相关研究表明,Avrami 方程能够很好地描述热固性树脂等温固化以及等速变温固化过程[10,11]。

5.3.1 Avrami 相变理论研究热固性树脂固化的物理基础

一般认为,高聚物的结晶过程包括成核及生长两个过程。晶核的生长表现为高分子链段向核的扩散和堆砌。研究表明,热固性树脂固化反应过程的微观机制与高聚物的结晶机制具有一定的相似性[9,10]。如在多官能团线形高聚物的交联过程中,有许多分子聚集体或高平均分子质量粒子的存在,这些微凝胶粒子稳定地分散于低分子齐聚物连续相中,彼此互不反应。随着反应的进行,微凝胶粒粒子数目增加,体积变大并相互碰撞,体系黏度增大,最终初始相被新相所包裹而发生了两相转换,凝胶相成为连续相[20]。从微观机理上看,固化过程与结晶过程具有高度的可类比性:微凝胶粒子的形成可类比于成核过程,微凝胶体积的变大可类比于晶核的生长,两个过程都具有异相生长特性。固化过程是化学交联过程,而结晶可以被看作成物理交联过程。因此可以考虑应用基于相变理论的 Avrami 方程来研究热固性树脂的固化动力学行为。表 5.4 比较了树脂固化过程和高聚物结晶过程的异同点[11]。

表 5.4 热固性树脂固化过程与高聚物结晶过程的类比

过程	物态变化	机理及驱动力	性质	Avrami 方程基本形式	适用范围
结晶	从无序到三维有序	包括晶核的形成、生长与聚集。结晶前期分子链热运动剧烈,成核自由能大,受成核动力学控制;后期分子链段被冻结、迁移活化能高,受链段的扩散控制。具有不同的温度依赖性。相对结晶度反映结晶程度的大小(通常以结晶部分的含量表示)	物理变化	①等温条件: $$\alpha = 1 - \exp(-kt^n)$$ ②非等温条件: $$\alpha = 1 - \exp\left[-\left(\int_0^t k\mathrm{d}t\right)^n\right]$$	具有结晶能力的高聚物的等温或非等温结晶

续表5.4

过程	物态变化	机理及驱动力	性质	Avrami方程基本形式	适用范围
固化	从液态到三维立体网状结构	包括微凝胶粒(聚集体)形成、长大与聚集。固化前期微凝胶粒形成自由能大,受成核动力学控制,后期体系黏度增大,分子链段运动受限,受扩散控制。具有不同的温度依赖性。反应程度的大小以固化度表示	化学变化	α:结晶度 k:Avrami速率常数 n:Avrami指数	热固性树脂的等温或非等温固化

高聚物等温结晶过程中的动力学关系可用Avrami方程描述:

$$\alpha = 1 - \exp(-kt^n) \tag{5.17}$$

或

$$\ln[-\ln(1-\alpha)] = \ln k + n\ln t \tag{5.18}$$

式中 α 表示相对结晶程度,可用结晶过程中的体积变化表示: $\alpha = \dfrac{v_0 - v_t}{v_0 - v_\infty}$ (v 是比容,下标 0、∞、t 分别表示结晶开始、终了和时刻 t); n 为反映晶核生成及生长机理的 Avrami 指数; k 为 Avrami 速率常数。Avrami 方程用于描述热固性树脂的固化过程时, α 表示树脂体系的相对固化程度, k 为固化反应速率常数, n 则为与固化机制相关的指数。处理实验数据时以 $\ln[-\ln(1-\alpha)]$ 对 $\ln t$ 作图,可得到一直线关系,由直线的截距和斜率可求出 k 和 n 值。通过求导,还可以求出在给定固化温度下,凝胶点后达到最大固化速率的时间 t_p:由 $\dfrac{d^2\alpha}{dt^2}=0$,得

$$t_p = \left(\frac{n-1}{nk}\right)^{\frac{1}{n}} \tag{5.19}$$

5.3.2 Avrami相变理论在热固性树脂固化过程中的应用

Lu 等用 DSC 方法研究了由丙二醇、邻苯二甲酸酐、富马酸等组成的不饱和聚酯树脂的固化过程[21],图 5.4 为该体系 $\ln[-\ln(1-\alpha)]$ 对 $\ln t$ 所作的关系图。由图可见,在固化前期每条线都具有很好的线性关系,但固化后

期的数据点明显偏离该直线。可以把整个数据线看作为两个直线段,前后段的斜率有较大变化。如 70 ℃下斜率变化的转折发生在固化程度约 35%处。在高聚物的结晶过程中,Avrami 指数 n 定性地给出晶核生成以及核生长的特征,而且会随结晶机制而发生变化。在结晶后期由于新的晶核难以形成,已生成晶粒的生长就是主要的,所以 n 值通常会减小。尽管热固性树脂固化过程中形成微凝胶和微凝胶的变大不能像描述高聚物结晶那样给出较明确的定性信息,但因直线斜率是 Avrami 指数 n 的标尺,可以认为固化反应斜率的这一转折揭示了固化过程中交联机理的显著变化。可以按斜率将固化过程分成两个阶段分别处理,假设每个阶段的反应常数 k 都服从 Arrhenius 公式:

$$k = A\exp(-\frac{\Delta E_a}{RT})$$

或

$$\ln k = \ln A - \frac{\Delta E_a}{RT}$$

式中 ΔE_a 为固化活化能。对前后两段分别以 $\ln k$ 对 $1/T$ 作图,均得到很好的直线关系(图 5.5)。将直线外推可算出不饱和聚酯体系在不同阶段的固化动力学参数 k、n、ΔE_a 等值,列于表 5.5。这里应注意反应常数 k 的单位为 $\min^{-n}$,随 n 值的变化而不同。

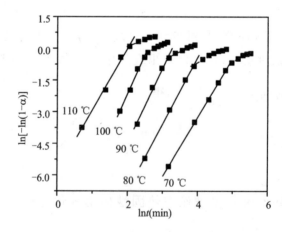

图 5.4 不饱和聚酯体系固化过程的 Avrami 公式拟合

由表 5.5 数据可见,随固化反应的进行,n 值从 3 左右降到大约 1 上下。这预示着随固化程度的增加,微凝胶粒的自由生长(动力学控制)已逐渐被扩散限制的反应所代替。在固化的前期,苯乙烯与聚酯共聚形成的微凝胶粒分散在单体和齐聚物里。在此阶段,微凝胶粒浓度低,呈局部分散,交联反应主要在胶粒内部进行。此时微凝胶粒的生长几乎不受空间限制,而且由于自由基聚合反应非常快,可以认为早期的固化反应是瞬时成核的三维生长,这与此时 n 约等于 3 的实验结果相吻合。随着反应的进行,微凝胶粒数目增加,呈密集分布,乃至相互碰撞聚集,微凝胶粒之间的反应逐渐占支配地位。这就导致了体系黏度的显著增大,因此固化过程或微凝胶粒的生长受限,n 值降低。此外,在固化后期固化反应还会受到扩散因素的控制。在全部固化时间内 Avrami 图的非线性关系也同样反映在不同固化时期活化能的数值变化上。不饱和聚酯后期固化的活化能为 96.8 kJ·mol^{-1},约是前期活化能的 1/2。活化能的这一减少现象常见于异相反应,尤其是扩散限制的反应中[22]。

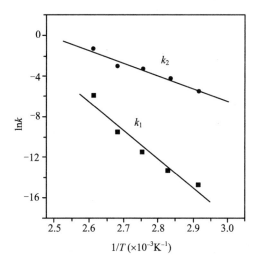

图 5.5 不同阶段反应速率常数与温度倒数的关系

表 5.5 不饱和聚酯固化过程中的动力学参数

T(K)	n_1	n_2	k_1(10^2 min^{-3})	k_2(min^{-1})	ΔE_{a1}(kJ·mol^{-1})	ΔE_{a2}(kJ·mol^{-1})
343	2.83	0.95	0.72	0.16		
353	3.17	0.86	1.34	0.25		
363	3.24	0.87	2.22	0.34	198.5	96.8
373	3.52	1.04	4.24	0.37		
383	2.97	0.76	14.0	0.66		

Ozawa 发展了 Avrami 方程使之能够用于非等温结晶过程动力学的研究[23]。假设非等温结晶是由无数微小的等温结晶步骤构成的,则 Avrami 方程可修改为下式:

$$1 - \alpha = \exp(-k(T)/\phi^m) \tag{5.20}$$

两边取对数,得

$$\ln[-\ln(1-\alpha)] = \ln k(T) - m\ln\phi \tag{5.21}$$

其中,速率常数 $k(T)$ 为固化过程中温度的函数,ϕ 为升(或降)温速率,m 为 Ozawa 指数。从而 Avrami 方程就可以被用来研究热固性树脂的非等温固化行为。Lu 等[24]研究发现,在动态固化(即在不同的升温速率下固化)纯环氧树脂以及用橡胶(CTBN)共混的环氧树脂时,在某一温度下 Avrami 指数也都同样会出现一个转折点,超过此温度(前者 160 ℃,后者 140 ℃),指数 n 均有所下降。假定速率常数 $k(T)$ 与温度 $1/T$ 的关系符合 Arrhenius 公式,以 $\ln k$ 对 $1/T$ 作图,拟合线也同样存在明显的转折(图 5.6),而且低温阶段的活化能近似为高温阶段的 3 倍。这一现象进一步说明固化反应后期扩散因素占据主导地位,在固化反应过程中分散于单体和低平均分子质量齐聚物(连续相)中的微凝胶粒子数目增加,当达到较高温度时质量传递限制机制建立,微凝胶粒子相互聚集,于是相的转换(inversion)发生了。另外,低温阶段的固化活化能与等温固化条件下的活化能相近,说明动态固化时,受动力学控制的前期反应机理与等温固化反应机理相似[10]。

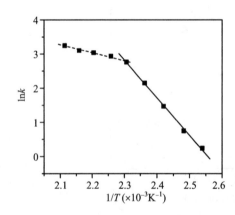

图 5.6 环氧树脂-二胺体系的反应速率常数对温度的依赖性

徐卫兵等[25]利用 Avrami 方程对以动态扭振法测得的环氧树脂-咪唑固化体系的固化过程进行了拟合。以相对固化度 α 对应相对结晶度,凝胶化时间 t_g 后的固化时间 $(t - t_g)$ 对应结晶时间,则描述固化反应的 Avrami 方程为

$$\alpha = 1 - \exp[-k(t - t_g)^n] \tag{5.22}$$

或

$$\ln[-\ln(1-\alpha)] = \ln k + n\ln(t - t_g) \tag{5.23}$$

这里 k 表示凝胶点后固化反应速率常数。由此获得的动力学参数 k 具有明显的温度依赖性,温度升高,k 值增大。在较低的固化温度下（<90℃）,n 接近 3;随反应温度增加,n 值逐渐减小,这是由于凝胶点后体系黏度增大,固化反应已转为扩散控制的异相反应机制,在较高的温度下影响微凝胶粒子生长的质量传递限制增强。当以甲基四氢邻苯二甲酸酐作固化剂时,填料含量的增加逐渐增加了对质量传递的限制,这一点已由 n 随填料含量增加而减小的事实得到证实。类似的现象也见于用 Avrami 方程分析 ZnO 填充环氧树脂体系的 DSC 数据中[26]。

5.3.3 热固性树脂固化的宏观动力学模型(macrokinetic model)及其应用

为了进一步明确三维高聚物网络形成机制以及描述热固性树脂固化过程的 Avrami 方程中各参数的物理意义,Lu 等从 Avrami 相变理论出发推导出描述热固性树脂固化的宏观动力学模型[9]。他们认为树脂固化过程中微凝胶粒的形成和长大与结晶过程中晶核的生成和晶粒的生长相似,因此 Avrami 方程可以写成一个更为普遍的形式:

$$\dot{\alpha} = \dot{\alpha}(T, \alpha) \tag{5.24}$$

这里 $\dot{\alpha} = d\alpha/dt$ 表示固化的速率,是温度和固化程度的函数。

类比高聚物的结晶过程,假设树脂交联反应过程中微凝胶粒相的发展也包括成核与生长两个阶段。成核是指稳定的聚集体(微凝胶粒)的形成,随着固化反应的进行,微凝胶粒子逐渐生长增大,则

$$\dot{\alpha}(T, \alpha) = \dot{\alpha}_1(T, \alpha) + \dot{\alpha}_2(T, \alpha) \tag{5.25}$$

$\dot{\alpha}_1$、$\dot{\alpha}_2$ 分别为微凝胶粒子形成和生长因素对固化速率的贡献,它们都可以写成如下形式:

$$\dot{\alpha}_i(T, \alpha) = f(T)f(\alpha) \tag{5.26}$$

与温度 T 相关的函数 $f(T)$ 具有 Arrehnius 公式类似的形式:

$$f(T) = A_i \exp\left(-\frac{E_i + W_i}{RT}\right) \tag{5.27}$$

A_i 为常数,E_i 为成核或生长阶段分子在界面扩散的能垒,W_i 为成核或生长

所需要的能量。与固化程度 α 相关的函数 $f(\alpha)$ 可表示为 n 级化学反应方程形式：

$$f(\alpha) = (\alpha_{eq} - \alpha)^n \tag{5.28}$$

α_{eq} 为与固化温度相关的平衡固化程度，n 为化学反应的级数。这样经过进一步推导，可得描述热固性树脂固化过程的一般方程：

$$\frac{d\alpha}{dt} = \left[A_1 \exp\left(-\frac{E_a + \Delta G_n}{RT}\right) + A_2 \exp\left(-\frac{E_D + W^*}{RT}\right) \alpha^p \right] (\alpha_{eq} - \alpha)^n \tag{5.29}$$

式中第一项表征初始微凝胶粒子形成时固化程度变化的速率，第二项表示微凝胶粒子长大过程中的固化速率。E_a 和 ΔG_n 分别为液-核界面扩散的位垒和核形成的热力学能垒；E_D 和 W^* 分别为微凝胶粒界面传输（扩散）过程的活化能和表面核形成的自由能；A_1 和 A_2 为常数。

令 $k_1 = A_1 \exp\left(-\frac{E_a + \Delta G_n}{RT}\right)$，$k_2 = A_2 \exp\left(-\frac{E_D + W^*}{RT}\right)$，式（5.29）则可简化成

$$\frac{d\alpha}{dt} = (k_1 + k_2 \alpha^p)(\alpha_{eq} - \alpha)^n \tag{5.30}$$

式（5.30）与常用于描述固化反应的机理模型[26]：

$$\frac{d\alpha}{dt} = (k_1 + k_2 \alpha^m)(1 - \alpha)^n \tag{5.31}$$

具有相似的形式，说明用 Avrami 理论描述热固性树脂的固化动力学是可行的。所不同的是机理模型（式（5.32））通常仅用于对固化过程中动力学关系的描述，而不能令人信服地赋予各个参数基本的物理意义；而式（5.30）是由相变理论推出的，每个参数均有明确的物理意义。k_1、k_2 和 α_{eq} 都是温度的函数；k_1 和 k_2 分别表征着成核和生长的速率；由于在许多等温条件下完全的固化难以实现，α_{eq} 的物理意义是固化反应达到平衡时的固化程度（如固化完全，则 $\alpha_{eq} = 1$）；p 和 n 分别反映微凝胶粒生长的表面几何性质与微凝胶粒形成机理。此外，式（5.30）还简化了对非等温固化过程的描述，有利于许多非等温问题的解决。假定成核与核（微凝胶粒）的生长的形状因子具有同样的形式，则动力学关系式为

$$\frac{d\alpha}{dt} = K \alpha^p (\alpha_{eq} - \alpha)^n \tag{5.32}$$

$K = k_1 + k_2$,表示成核和生长的总速率。式(5.32)也是机理模型中常用的表示形式。

如果固化过程符合均质一级反应(homogeneous first-order)模型,式(5.30)可简化为

$$\frac{d\alpha}{dt} = (k_1 + k_2\alpha)(\alpha_{eq} - \alpha) \tag{5.33}$$

引入约化固化程度 $\alpha^* = \alpha/\alpha_{eq}$,并令 $C_0 = k_2\alpha_{eq}/k_1$,则式(5.33)可以转换为

$$\frac{d\alpha^*}{dt} = k_1(1 + C_0\alpha^*)(1 - \alpha^*) \tag{5.34}$$

等温固化时,很容易求得其解为

$$\alpha^*(t) = 1 - \frac{C_0 + 1}{C_0 + \exp(C_1 t)} \tag{5.35}$$

式中,$C_1 = (C_0 + 1)k_1$。

图 5.7 为环氧树脂(DGEBA)-二苯胺(MDA)体系按式(5.34)以 $(d\alpha^*/dt)/(1-\alpha^*)$ 对 α^* 的作图,良好的线性关系说明相变理论的宏观动力学模型用于描述树脂固化反应具有可行性。不同温度下的速率常数 k 可直接从拟合直线的斜率求得。由式(5.35)可以计算出各个时刻的固化程度 α,理论预测的固化曲线与实验曲线在固化程度80%以前都吻合得较好,如图5.8所示。

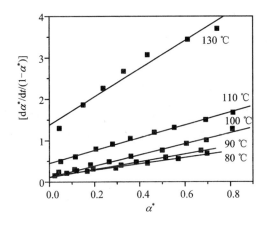

图 5.7 环氧树脂-二胺等温固化体系的 $(d\alpha^*/dt)/(1-\alpha^*)$ 对 α^* 的作图

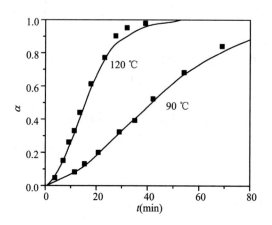

图 5.8 用宏观动力学模型对环氧树脂-二胺等温固化曲线的拟合

实线是等温固化实验数据,黑方点是用宏观动力学模型模拟的结果

5.4 WLF 方程在热固性树脂固化预估中的应用

热固性树脂固化过程中,随固化程度的提高,固化体系的本体黏度、力学模量都迅速增大。其中有两个标志性阶段——凝胶化和玻璃化。凝胶化标志着树脂体系的交联网络初步形成,玻璃化则意味着交联网络的充分发展完善。无限交联网络的限制使得树脂分子的运动受到限制,在一定程度上,其运动主要以链段运动为主。所以此时本体黏度、力学模量等物理量可借助 WLF(Williams - Landel - Ferry)方程加以描述。

WLF 方程是从实验得到的半经验公式,也可以从自由体积概念出发推导而得,是玻璃化转变温度附近高分子链段运动特有的温度依赖性方程,对所有非晶高聚物在玻璃化转变温度附近都适用[28]。

$$\log a_T = \frac{-C_1(T - T_g)}{C_2 + (T - T_g)} \quad (5.36)$$

式中 a_T 是位移因子;T 是温度(K);T_g 为参考温度,一般可选择玻璃化转变温度;C_1 和 C_2 分别是与自由体积及高聚物在液态和玻璃态的热膨胀有关的常数。

5.4.1 用WLF方程预估复合材料的杨氏模量[29]

式(5.36)中位移因子 a_T 与体系黏度 η 和松弛时间 τ 有关：

$$a_T = \frac{\rho_0 T_0}{\rho_T T} \frac{\eta_T}{\eta_{T_0}} \approx \frac{\eta_T}{\eta_T} \tag{5.37}$$

这里 T_0 为参考温度，T 为实验温度，ρ_0 和 ρ_T 分别为温度 T_0 和 T 时树脂的密度。

树脂的黏度与其力学模量密切相关。如按牛顿定律，黏度与应力的关系为[28]

$$\sigma = \eta \frac{d\varepsilon}{dt} \tag{5.38}$$

σ 为应力，η 为黏度，$\frac{d\varepsilon}{dt}$ 为应变速率。而应力 σ 又是正比于剪切模量 G 或杨氏模量 $E(E=3G)$，所以式(5.36)所示WLF方程又可写成

$$\lg \frac{G_T}{G_{T_g}} = \frac{-C_1(T-T_g)}{C_2 + (T-T_g)} \tag{5.39}$$

或

$$\lg \frac{E_T}{E_{T_g}} = \frac{-C_1(T-T_g)}{C_2 + (T-T_g)} \tag{5.40}$$

这里 G_T 和 G_{T_g} 分别是温度为 T 和 T_g 时的剪切模量，E_T 和 E_{T_g} 分别是温度为 T 和 T_g 时的杨氏模量。

这样，WLF方程就可以用来估算不同温度下高聚物材料的杨氏模量。陈大柱等[29]曾用该模型对黏弹谱仪测得的硅粉填充环氧复合材料的固化数据进行了拟合。首先以玻璃化转变温度为参考温度，用式(5.40)以待定系数法确定出含不同硅粉填充量时的常数 C_1、C_2 值：

20 phr 时，$C_1=12.40$，$C_2=154.13$

40 phr 时，$C_1=6.41$，$C_2=91.36$

再把求得的 C_1、C_2 值代入WLF方程(式(5.40))，计算出不同温度下树脂体系的杨氏模量。图5.9给出了拟合结果与实验结果的对比，可见在 T_g 附近两者符合得非常好。这样就可以从有限的实验数据对其他固化温度下的树脂模量做出理论预估。

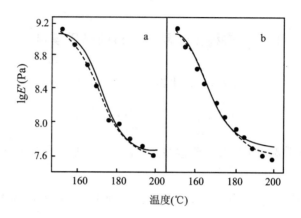

图5.9 硅粉填充环氧复合材料的 lgE' 的温度依赖性。(a) 20 phr SiO_2；(b) 40 phr SiO_2。实线为实验数据,黑点为计算结果

5.4.2 基于 WLF 方程的化学流变模型及应用

热固性树脂体系的黏度是时间、温度和固化程度的函数。通过分析树脂体系的黏度和温度与固化程度的关系也可以研究树脂的固化行为,这样建立起来的模型称为化学流变学(chemo-rheology)模型。温度对热固性树脂体系的黏度有两种相反的影响作用:一是随温度升高,分子运动加剧,固化体系黏度下降。这主要发生在凝胶化转变之前,体系中组分仍主要为线形高聚物或低聚物。二是温度升高会促进固化交联反应的进行,使树脂的相对分子质量增大,固化程度提高,体系黏度迅速增大。这主要发生在凝胶化转变之后。在凝胶点前体系的黏度可用 WLF 方程或 Arrehnius 公式描述,但以 WLF 方程为佳[15]。描述黏度变化的 WLF 方程为

$$\ln \frac{\eta(T)}{\eta_g} = -\frac{C_1(T-T_{g0})}{C_2+(T-T_{g0})} \tag{5.41}$$

或

$$\eta(T) = \eta_g \exp\left[-\frac{C_1(T-T_{g0})}{C_2+(T-T_{g0})}\right] \tag{5.42}$$

这里 T_{g0} 为参考温度,可选择未固化体系的玻璃化转变温度;η_g 为温度 T_{g0} 时的树脂黏度;C_1、C_2 是可调参数。由式(5.41)可推得

$$T-T_{g0} = -C_2 - C_1 \frac{T-T_{g0}}{\ln(\eta/\eta_g)} \tag{5.43}$$

等温固化情况下,树脂体系在固化过程中由于聚合(交联)反应导致的树脂黏度 η 变化与固化程度 α 的关系,常用 Castro 和 Macosko 经验方程描述[30]:

$$\eta(T,\alpha) = \eta_0(T)\left(\frac{\alpha_g}{\alpha_g - \alpha}\right)^{A+B\alpha} \quad (5.44)$$

式中 η_0 为温度 T 时的起始黏度;α_g 为凝胶化点处的固化程度,可通过 DSC 等方法确定;A、B 为可调参数。由式(5.44)可见,凝胶化点时树脂体系的黏度趋于无穷大。

Ivankovic M. 等[15]研究了双酚 A 环氧树脂 LY556-酸酐固化剂 HY918-杂环胺促进剂 DY070 固化体系的流变性与固化度的关系。以树脂固化体系的 $\ln(\eta/\eta_0)$ 对 $\ln[\alpha_g/(\alpha_g - \alpha)]$ 作图,不同温度下的实验数据均在一直线上(图 5.10)。而且由于所得直线通过原点,式(5.44)中的指数 A 应为 0,所以此时 Macosko 公式可简单表示为

$$\eta(T,\alpha) = \eta_0(T)\left(\frac{\alpha_g}{\alpha_g - \alpha}\right)^n \quad (5.45)$$

由直线斜率可求得 $n = 2.7$。

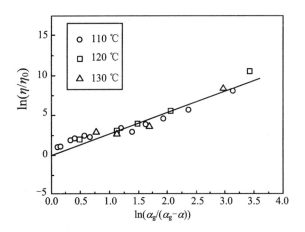

图 5.10 双酚 A 环氧树脂 LY556-酸酐固化剂 HY918-杂环胺促进剂 DY070 固化体系 $\ln(\eta/\eta_0)$ 对 $\ln[\alpha_g/(\alpha_g - \alpha)]$ 关系图

考虑到 $\eta_0(T)$ 也是时间函数,将 WLF 方程(5.42)代入式(5.45)得到 WLF 方程修正模型:

$$\eta(T,\alpha) = \eta_g \exp\left[-\frac{C_1(T - T_{g0})}{C_2 + T - T_{g0}}\right]\left(\frac{\alpha_g}{\alpha_g - \alpha}\right)^n \quad (5.46)$$

对上述环氧树脂体系,式(5.46)用到的相关参数数值列于表5.6。

表5.6 环氧树脂/酸酐体系的化学流变模型相关参数

参数	数值
$\eta_g(\text{Pa}\cdot\text{s})$	10^{12}
C_1	36.5
C_2	19.6
$T_{g0}(\text{K})$	235.4
α_g	0.331
n	2.7

图 5.11 和图 5.12 分别显示了用动态黏度计在等温和非等温条件下测得的固化体系复数黏度随时间的变化,及应用修正 WLF 方程(式(5.46))拟合的结果,可见在固化前期两者符合得很好。

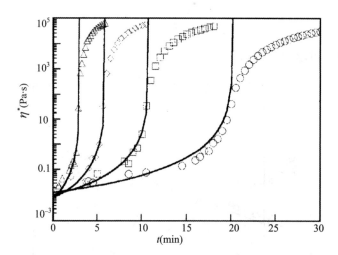

图 5.11 等温固化时复数黏度随时间的变化
○:110 ℃;□:120 ℃;◇:130 ℃;△:140 ℃;实线为式(5.45)的拟合曲线

如果 $A \neq 0$,应采用 WLF 方程和 Macosko 方程的更一般混合形式:

$$\eta(T,\alpha) = \eta_g \exp\left[-\frac{C_1(T-T_g)}{C_2+T-T_g}\right]\left(\frac{\alpha_g}{\alpha_g-\alpha}\right)^{A+B\alpha} \quad (5.47)$$

张赛军等[31]用式(5.47)对 APG 工艺用环氧树脂体系的固化过程进行了拟合,在固化前期模型预测与实验数据也基本吻合。

综上所述,基于 WLF 方程的化学流变模型能够很好地描述固化前期树脂体系的流变性。模型拟合与实验数据符合得较好，尤其可以较精确地反映出非等温固化时开始阶段的黏度变小现象。模型的适用温度范围也较广，因而很适合用于对热固性树脂固化加工过程中的流变性做出理论预估。模型的主要缺点是，由于 WLF 方程主要适用于玻璃化转变温度附近，所以该模型对固化后期的拟合会有较大偏差。

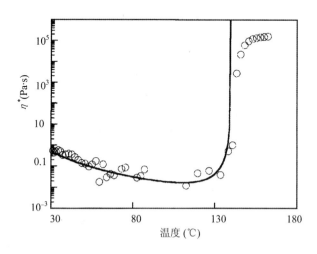

图 5.12　等速升温固化时复数黏度随温度的变化（实线为式(5.45)的拟合曲线）

5.5　基于 DSC 方法的动力学模型

DSC 方法是目前实验室分析热固性树脂固化动力学最常用的方法之一。实验所用试样的量少，操作简单，方便灵活（具体测试方法参见第 2 章）。既可以用于筛选合适的固化条件，还可以用于固化动力学的研究。通过分析可以求出描述固化反应的"动力学三因子"，即固化反应表观活化能 ΔE_a、频率因子 A 和机理函数 $f(\alpha)$。由于热分析方法应用的广泛性，基于热分析的理论模型也较多[32,33]，本节仅介绍几种最为常用的数据处理方法。

5.5.1 常用热分析动力学模型简介[34]

热分析的基本动力学关系式是

$$\frac{d\alpha}{dt} = k(T)f(\alpha)$$

这里 α 为反应基团转化率,即固化度;t 为反应时间;$\frac{d\alpha}{dt}$ 为固化反应速率;$f(\alpha)$ 是与具体固化反应过程密切相关的函数,称为反应模型函数或机理函数,随热固性树脂种类和实验条件的变化而变化;$k(T)$ 是反应常数,可用 Arrhenius 公式表示。求解动力学关系的最关键因素是要知道 $f(\alpha)$ 函数的形式,只有正确的 $f(\alpha)$ 函数才能求解出正确的动力学参数。等温固化体系常用的动力学模型主要有 n 级模型与自催化模型。

1. n-级模型

n 级固化反应的特点是反应开始时,反应速率最大,等温 DSC 曲线上 $t=0$ 时 dH/dt 具有最大值,α-t 曲线上 $t=0$ 时斜率最大。其动力学关系用下式表示

$$\frac{d\alpha}{dt} = k(1-\alpha)^n$$

$$k = A\exp(-\frac{\Delta E_a}{RT}) \qquad (5.48)$$

式中,α 为 t 时刻的固化反应程度,DSC 测量时可以用固化过程中的热量变化表示:

$$\alpha(t) = \frac{\Delta H(t)}{\Delta H_T}$$

式中 $\Delta H(t)$ 是在时间 $0\sim t$ 间的焓变;ΔH_T 为固化反应过程的总焓变。$\frac{d\alpha}{dt}$ 为固化反应速率,即 α-t 曲线上的斜率。ΔE_a 为表观活化能。n 为反应级数。

将式(5.48)改写,得

$$\ln\frac{d\alpha}{dt} = \ln k + n\ln(1-\alpha)$$

$$= \ln A - \frac{\Delta E_a}{RT} + n\ln(1-\alpha) \qquad (5.49)$$

以 $\ln\dfrac{\mathrm{d}\alpha}{\mathrm{d}t}$ 对 $\ln(1-\alpha)$ 作图，可得到线性关系。直线的斜率为反应级数 n，在纵坐标上的截距为速率常数的对数 $\ln k$。根据 Arrhenius 公式，由 $\ln k$ $-1/T$ 关系可以进一步求出频率因子 A、表观活化能 ΔE_a 等反应动力学参数。

2. 自催化模型[8]

自催化反应的特点是反应有诱导期，反应经历一定时间后，反应速率才达到最大值，等温 DSC 曲线上有峰值，α-t 曲线呈倒"S"形。

应用于热固性树脂固化过程的自催化模型首先由 Smith[35] 提出：

$$\dfrac{\mathrm{d}\alpha}{\mathrm{d}t} = k\alpha^m (1-\alpha)^n \tag{5.50}$$

其后，Kamal[7] 和 Horie[36] 等进一步将其发展为如下复合形式：

$$\dfrac{\mathrm{d}\alpha}{\mathrm{d}t} = (k_1 + k_2\alpha^m)(1-\alpha)^n \tag{5.51}$$

式中 $\dfrac{\mathrm{d}\alpha}{\mathrm{d}t}$ 为反应速率；α 为固化程度；m 和 n 为决定固化反应级数的可变参数；k、k_1 和 k_2 为表观速率系数，其中 k_1 和 k_2 分别对应于由体系中固有质子催化的反应速率和由固化过程中产生的质子催化的反应速率。这些动力学参数可用不同的方法予以确定。

可以先根据经验假设出反应级数 m、n，再用动力学方程(5.51)对固化曲线进行拟合确定出动力学参数。对大多数环氧树脂-胺固化体系，其固化过程符合二级动力学机理，可选取 $n=2$，$m=1$[37]。也可以仅选取 $m=1$，然后以不同 n 值对应的 $\dfrac{\mathrm{d}\alpha}{\mathrm{d}t}/(1-\alpha)^n$ 对 α 作图，拟合出最合适的 n 值。图 5.13 为 TGAP-DDS 环氧树脂体系的 $\dfrac{\mathrm{d}\alpha}{\mathrm{d}t}/(1-\alpha)^2$ 对 α 关系图[7]，可见低转化率时两者呈线性关系，符合自催化动力学。由线性部分关系可推求出速率常数 k 或 k_1 和 k_2。转折点后由于交联网络的形成，固化反应受扩散控制，曲线明显偏离自催化动力学机理。不难理解，固化温度升高时，高分子链段运动能力增强，可使自催化机理历程延长。

动力学参数也可直接由实验数据进行数学拟合得到。由等温 DSC 曲线得到一系列 $\dfrac{\mathrm{d}\alpha}{\mathrm{d}t}$ 与 $(1-\alpha)$ 的对应关系后，直接应用 Matlab 等数学计算软件对实验数据进行拟合。比较模型拟合曲线与实验数据点的标准误差 SSE 值、R_2 值的大小，选择出最合适的反应级数 m、n 和速率常数 k、k_1、k_2 等，进而判断固化反应最符合哪种固化反应模型[38]。与前面的经验假设方法相比，直接拟合法不需要预先对 m、n 做出假设，所以其分析结果有更为广泛的适用性。

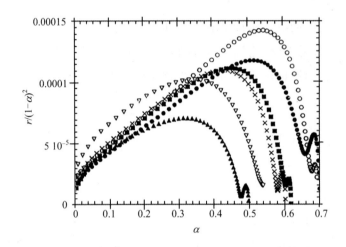

图 5.13　TGAP-DDS-PSF 环氧树脂体系在 120 ℃ 时 $\dfrac{d\alpha}{dt}/(1-\alpha)^2$ 对 α 关系图

树脂中 PSF 含量(%)分别为 0(○),10(●),15(■),20(×),30(▽),50(▲)

这里还有个扩散控制因素的修正问题。因为在树脂固化的后期，体系的反应明显受到扩散因素控制。Chern 等[39]对自催化模型进行了修改，以确定控制扩散开始起作用的反应点。为此将动力学方程改写为

$$\frac{d\alpha}{dt} = (k_1 + k_2\alpha)(1-\alpha)^n F(\alpha) \tag{5.52}$$

式中引入了一个与 WLF 方程形式类似的未知函数 $F(\alpha)$：

$$F(\alpha) = \frac{1}{1 + \exp[C(\alpha - \alpha_c)]}$$

显然 $F(\alpha)$ 等于 $d\alpha/dt$ 的实验值除以 Kamal 模型计算值。C 和 α_c 是曲线拟合变量，α_c 为与扩散控制起作用的点密切相关的参数。随固化程度提高，扩散控制影响逐渐增大，$F(\alpha)$ 随 α 增大而逐渐减小。当 $\alpha \gg \alpha_c$ 时，$F(\alpha) \rightarrow 0$，链段运动被冻结而固化趋于停止。扩散控制是由于凝胶化导致自由体积较少、链段运动减弱所引起的，所以固化温度越高时，扩散控制的影响会越小。

5.5.2 用 Kissinger 方法求取固化活化能[40,33]

对动态(等速升温)DSC 扫描所得数据,一般常用 Kissinger 微分法和 Flynn–Wall–Ozawa 积分法来处理。

如前所述,固化反应过程的基本动力学关系可表示为

$$\frac{d\alpha}{dt} = kf(\alpha) = A\exp(-\frac{\Delta E_a}{RT})f(\alpha) \tag{5.53}$$

在等速升温时,温度变化关系为

$$T = T_0 + \beta t \tag{5.54}$$

式中 $\beta = dT/dt$,为升温速率(K/min);T_0 为 DSC 曲线偏离基线的始点温度(K)。

合并以上两式,可得等速升温条件下的动力学方程式为

$$\frac{d\alpha}{dT} = \frac{A}{\beta}\exp(-\frac{\Delta E_a}{RT})f(\alpha) \tag{5.55}$$

Kissinger 在处理上述动力学方程时,假设反应机理函数 $f(\alpha)$ 符合 n 级反应

$$f(\alpha) = (1-\alpha)^n$$

于是相应的动力学方程可表示为

$$\frac{d\alpha}{dt} = A e^{-\frac{\Delta E_a}{RT}}(1-\alpha)^n \tag{5.56}$$

对方程(5.56)两边微分,得

$$\frac{d}{dt}\left[\frac{d\alpha}{dt}\right] = \left[A(1-\alpha)^n \frac{d e^{-\frac{\Delta E_a}{RT}}}{dt} + A e^{-\frac{\Delta E_a}{RT}} \frac{d(1-\alpha)^n}{dt}\right]$$

$$= A(1-\alpha)^n e^{-\frac{\Delta E_a}{RT}} \frac{\Delta E_a}{RT^2} \frac{dT}{dt} - A e^{-\frac{\Delta E_a}{RT}} n(1-\alpha)^{n-1} \frac{d\alpha}{dt}$$

$$= \frac{d\alpha}{dt} \frac{\Delta E_a}{RT^2} \frac{dT}{dt} - A e^{-\frac{\Delta E_a}{RT}} n(1-\alpha)^{n-1} \frac{d\alpha}{dt}$$

$$= \frac{d\alpha}{dt}\left[\frac{\Delta E_a}{RT^2} \frac{dT}{dt} - A e^{-\frac{\Delta E_a}{RT}} n(1-\alpha)^{n-1}\right]$$

$$\tag{5.57}$$

在 DSC 曲线放热峰的峰顶处,其一阶导数应为 0,即

$$\frac{d}{dt}\left[\frac{d\alpha}{dt}\right] = 0 \tag{5.58}$$

于是在放热峰的峰顶处有如下关系：

$$\frac{E}{RT_P^2}\frac{dT}{dt} = Ae^{-\frac{\Delta E_a}{RT}}n(1-\alpha_P)^{n-1} \tag{5.59}$$

式中 T_P 为放热峰峰顶处对应的温度。

Kissinger 认为 $n(1-\alpha_P)^{n-1}$ 与升温速率 β 无关，其值近似等于 1。因此，式(5.59)可简单写为

$$\frac{\Delta E_a \beta}{RT_P^2} = Ae^{-\frac{\Delta E_a}{RT}} \tag{5.60}$$

对式(5.60)两边取对数并合并，得

$$\ln\left[\frac{\beta}{T_P^2}\right] = \ln\frac{AR}{\Delta E_a} - \frac{\Delta E_a}{RT_P} \tag{5.61}$$

此式即一般常用的 Kissinger 方程。

Kissinger 方程的更一般形式为

$$\ln\left[\frac{\beta}{T_P^2}\right] = \ln\left[\frac{AR}{\Delta E_a}\right] + \ln\left[-\frac{df(\alpha)}{d\alpha}\right]_{\alpha_P} - \frac{\Delta E_a}{RT_P} \tag{5.62}$$

式(5.61)、式(5.62)表明，$\ln\frac{\beta}{T_P^2}$ 与 $1/T_P$ 成线性关系，将二者的实验数据作图应可以得到一条直线，可从直线斜率求 ΔE_a，从截距求 A。

5.5.3 用 Ozawa 方法求取固化活化能

动态 DSC 数据的另一种常用处理方法是 Flynn－Wall－Ozawa 积分法[41,32]。设 $G(\alpha)$ 为固化反应机理函数的积分形式，显然它与微分形式的机理函数 $f(\alpha)$ 的关系为

$$f(\alpha) = \frac{1}{G'(\alpha)} = \frac{1}{d[G(\alpha)]/d\alpha}$$

或

$$G(\alpha) = \int_0^\alpha \frac{d\alpha}{f(\alpha)} \tag{5.63}$$

将式(5.55)代入式(5.63)，得

$$G(\alpha) = \int_0^\alpha \frac{d\alpha}{f(\alpha)} = \frac{A}{\beta}\int_0^T \exp\left(-\frac{\Delta E_a}{RT}\right)dT$$

第 5 章 树脂固化过程的理论预估

$$= \frac{A\Delta E_a}{\beta R}\int_\infty^u \frac{-e^{-u}}{u^2}du = \frac{A\Delta E_a}{\beta R}p(u) \qquad (5.64)$$

式中

$$p(u) = \int_\infty^u \frac{-e^{-u}}{u^2}du$$

$$u = \frac{\Delta E_a}{RT}$$

对 $P(u)$ 按 Dolye 近似法处理,有

$$\lg p(u) \approx -2.315 - 0.4567\frac{\Delta E_a}{RT} \qquad (5.65)$$

再将式(5.65)代入式(5.64),得到 Ozawa 公式:

$$\lg\beta = \lg\left(\frac{A\Delta E_a}{RG(\alpha)}\right) - 2.315 - 0.4567\frac{\Delta E_a}{RT} \qquad (5.66)$$

式中的 ΔE_a 可用以下两种方法求得:

(1) 由于不同升温速率 β 下,各放热峰的峰顶温度 T_P 处的固化程度 α 值近似相等,因此可用 $\lg\beta$ 对 $1/T_P$ 作图,由拟合直线的斜率求出 ΔE_a 值。

(2) 在不同的升温速率 β 下,选择相同的 α,则 $G(\alpha)$ 是一个恒定值,这样式(5.66)中 $\lg\beta - 1/T$ 呈线性关系,因此以 $\lg\beta$ 对所选 α 值对应的温度倒数作图,由其拟合曲线的斜率也可求得 ΔE_a 值。

与其他方法相比,Ozawa 法避免了因反应机理函数的假设不同而可能带来的误差,因此往往被其他学者用来检验由他们假设反应机理函数的方法求出的活化能值,这是 Ozawa 法的一个突出优点。

将式(5.66)稍做改写,可得 Šatava-Šesták 方程:

$$\lg G(\alpha) = \lg\left(\frac{A\Delta E_a}{R\beta}\right) - 2.315 - 0.4567\frac{\Delta E_a}{RT} \qquad (5.67)$$

升温速率一定时,β 为定值,因此右边第一项为常数,则 $\lg G(\alpha)$ 是 $1/T$ 的线性函数。以不同形式机理函数的 $\lg G(\alpha)$ 对 $1/T$ 作图,如果只有一个满足线性关系,则这一 $G(\alpha)$ 就是所选的最可几机理函数。如果有几个 $G(\alpha)$ 都满足线性关系,则选择活化能与由 Ozawa 方法求取的活化能最为接近的 $G(\alpha)$ 作为固化反应的最适宜机理函数。

求出 ΔE_a 值后,固化反应的级数 n 可由 Crane 方程[42]计算得到,

$$\frac{d(\ln\beta)}{d(1/T_P)} = -\frac{\Delta E_a}{nR} \qquad (5.68)$$

5.5.4 无模型法[43]

上述模型法的基本特点是从几个待选模型中确定一个合适的模型来较准确地描述体系的动力学行为。选取合适的模型非常重要,模型选择不当很可能对动态热力学参数造成较大影响,使拟合结果产生较大偏差。同时,所有模型法的数据处理都暗含一个基本假设——固化活化能 ΔE_a 为常数。但实际的固化反应机理复杂,其表观活化能 ΔE_a 在整个固化过程内不是一个常数,而是固化程度 α 的函数,随固化反应的进行而改变。

与模型法不同,无模型法无需事先假设机理模型,而是直接通过数学处理求取体系的反应活化能,可以避免模型选择的盲目性和拟合结果的较大偏差。无模型法假设反应活化能和频率因子均为固化程度的函数,通过数学处理将差分或者积分信号直接转化为转化率。如对于差分信号(DSC),聚合度 $\alpha(t)$ 可表示为

$$\alpha(t) = \frac{\int_{t_s}^{t}[\text{DSC}(t) - \text{Baseline}(t)]\text{d}t}{\int_{t_s}^{t_F}[\text{DSC}(t) - \text{Baseline}(t)]\text{d}t} \tag{5.69}$$

式中 t 为固化时间;t_S 为反应起始时间;t_F 为反应结束时间;$\text{DSC}(t)$ 为差示扫描量热信号;Baseline 为反应峰的基线信号。

对 DSC 的基本关系式(5.53)、(5.55)进行积分并合并,可求得在等温(T_{iso})固化情况下达到固化程度 α 所需的时间 t_α:

$$t_\alpha = \frac{\int_0^{T_\alpha} \exp\left[-\dfrac{E(\alpha)}{RT}\right]\text{d}T}{\beta^* \exp\left[-\dfrac{E(\alpha)}{RT_{\text{iso}}}\right]} \tag{5.70}$$

式中 T_α 是以升温速率 β 进行动态 DSC 扫描时达到固化程度 α 时的温度。

为了避免传统的等转化率方法的偏差,Vyazovkin 等[44]提出了一种新的计算活化能的方法。即在有 n 个不同加热速率的 DSC 实验中,任一转化率 α 下的反应活化能 ΔE_a 均可通过求取下式的最小值得到:

$$\sum_{i=1}^{n}\sum_{j\neq i}^{n} \frac{I(\Delta E_{A,\alpha}, T_{\alpha,i})\beta_j}{I(\Delta E_{A,\alpha}, T_{\alpha,j})\beta_i} \tag{5.71}$$

其中

$$I(\Delta E_A, T_a) = \int_0^{T_a} \exp\left(-\frac{\Delta E_A}{RT}\right) dT \tag{5.72}$$

参 考 文 献

[1] FLORY P J. Principles of polymer chemistry[M]. Cornell University Press, 1953.

[2] STEVENSON J F. Free radical polymerization models for simulating reactive processing[J]. Polym. Eng. Sci., 1986, 26(11):746-759.

[3] DIMITRIS S ACHILIAS. A review of modeling of diffusion controlled polymerization reactions[J]. Macromol. Theory Simul, 2007(16), 319-347.

[4] STOCKMAYER W H. Theory of molecular size distribution and gel fraction in branched-chain polymers[J]. J Chem Phys, 1943(11):45-55.

[5] 唐敖庆, 等. 高分子反应统计理论[M]. 北京:科学出版社, 1985.

[6] BL DENG, YS HU, LW CHEN, WY CHIU, TR WU. The curing reaction and physical properties of DGEBA/DETA epoxy resin blended with propyl ester phosphazene[J]. Journal of Applied Polymer Science, 1999(74):229-237.

[7] KAMAL M R, SOUROUR S. Kinetics and thermal characterization of thermoset Cure[J]. Polymer Engineering and Science, 1973, 13(1):59-64.

[8] R J VARLEYA J H HODGKINA, D G HAWTHORNEA, G P SIMONB, D MCCULLOCHC. Toughening of a trifunctional epoxy system Part Ⅲ. Kinetic and morphological study of the thermoplastic modified cure process[J]. Polymer, 2000(41):3425-3436.

[9] M G LU, M J SHIM, S W KIM. The macrokinetic model of thermosetting polymers by phase-change theory[J]. Materials Chemistry and Physics, 1998(56):193-197.

[10] S W KIM, M G LU, M J SHIM. The isothermal cure kinetic of epoxy/amine system analyzed by phase-change theory[J]. Polymer J, 1998(30):90-94.

[11] 陈大柱, 何平笙. 从高聚物的结晶到热固性树脂的固化:Avrami 理论在研究热固性树脂固化过程中的应用[J]. 功能高分子学报, 2003, 16(2):256-260.

[12] HSICH H S Y. Physical and thermodynamic aspects of the glassy state, and intrinsic non-linear behavior of creep and stress relaxation[J]. J Mater Sci, 1980(15): 1194-1206.

[13] HSICH H S Y. Kinetic model of cure reaction and filler effect[J]. J Appl Polym Sci, 1982(27): 3265-3277.

[14] CASTRO J M, MACOSKO C W. Kinetics and rheology of typical polyurethane

reaction injection molding systems[J]. Soc Plast Eng Tech. Pap., 1980(26):434 - 438.

[15] M IVANKOVIC, L INCARNATO J M KENNY, L NICOLAIS. Curing kinetics and chemorheology of epoxy/anhydride system[J]. Journal of Applied Polymer Science, 2003(90):3012 - 3019.

[16] HUANG M L, WILLIAMS J G. Mechanisms of solidification of epoxy - amine resins during cure[J]. Macromolecules, 1994(27):7423 - 7428.

[17] 张明,安学锋,李小刚,益小苏.研究环氧树脂聚酰亚胺树脂凝胶行为的新方法[J].热固性树脂,2005,20(5):5 - 9.

[18] HE PINGSHENG, LI CHUNE. Curing studies on epoxy system with fillers[J]. J Mater Sci, 1989(24):2951 - 2956.

[19] HE PINGSHENG, LI CHUNE. Study on cure behavior of epoxy resin - BF_3 - MEA system by dynamic torsional vibration method[J]. J Appl Polym Sci, 1991(43):1011 - 1016.

[20] POLLARD M, KARDOS J L. Analysis of epoxy resin curing kinetics using the Avrami theory of phase change[J]. Polym Eng Sci, 1987(27): 829 - 836.

[21] M G LU, M J SHIM, S W KIM. Curing behavior of an unsaturated polyester system analyzed by Avrami equation[J]. Thermochimica Acta, 1998(323):37 - 42.

[22] DESIO G P, REBENFELD L. Crystallization of fiber - reinforced poly(phenylene sulfide) composites 2: Modeling the crystallization kinetics[J]. J Appl Polym Sci, 1992(45): 2005 - 2020.

[23] OZAWA T. Kinetics of non - isotherml crystallization[J]. Polymer, 1971(12): 150 - 158.

[24] LU M G, SHIM M G, KIM S W. Dynamic DSC characterization of epoxy resin by means of the avrami equation[J]. Therm Anal Calorim, 1999(58): 701 - 709.

[25] XU WB, HE PS, CHEN DZ. Cure behavior of epoxy/montmorillonite/imidazole nanocomposite by dynamic torsional vibration method[J]. Eur Polym J, 2003(39): 617 - 625.

[26] LU M G, SHIM M G, KIM S W. Effect of filler on cure behavior of an epoxy system: cure modeling[J]. Polym Eng Sci, 1999(39): 274 - 286

[27] A DUTTA, M B RYN. Effect of fillers on kinetics of epoxy cure[J]. J. Appl. Polym. Sci. 1979(24):635 - 649.

[28] 何平笙.高聚物的力学性能[M].2版,合肥:中国科学技术大学出版社,2008.

[29] 陈大柱,梁谷岩,何平笙.颗粒填充复合材料的界面层研究[J].功能高分子学报,2002,15(2):185 - 188.

[30] CASTRO J M, MACOSKO C W. Kinetics and rheology of typical polyurethane reaction injection molding systems, Soc. Plast. Eng. Tech. Pap[J]. Soc Plast Eng Technol Pap, 1980(26):434-438.

[31] 张赛军,袁宁,阮锋. APG工艺用环氧树脂体系的固化及流变模型[J]. 合成树脂及塑料,2007,24(3):20-24.

[32] P J HALLEY, M E MACKAY. Chemorheology of thermosets - an overview[J]. Polymer Engineering and Science, 1996,36(5):593-609.

[33] 胡荣祖,史启祯. 热分析动力学[M]. 北京:科学出版社,2001.

[34] 王遵,邢素丽,曾竟成,肖加余. 热固性树脂固化反应动力学模型研究进展[J]. 高分子材料科学与工程,2007,23(4):11-14.

[35] SMITH H T. The mechanism of the crosslinking of epoxide resins by amines[J]. Polymer, 1961(2):95-108.

[36] HORIE K, HIURA H, SAWADA M, MITA I, KAMBE H. Calorimetric investigation of polymerigation reactions Ⅲ:Curing reaction of epoxides with amines[J]. J Polym Sci, Part A-1, 1970(8):1357-1372.

[37] BARTON J M. Differential scanning calorimetry cure studies of tetra-N-glycidyldiamino-diphenylmethane epoxy resins. part 1-reaction with 4,4^s-diaminodiphenylsulphone[J]. British Polym J,1986(18):37-43.

[38] 代晓青,肖加余,曾竟成,刘钧,尹昌平,刘卓峰. 等温DSC法研究RFI用环氧树脂固化动力学[J]. 复合材料学报,2008,25(14):18-23.

[39] CHERN C S, POEHLEIN G W. Kinetic model for curing reactions of epoxides with amines[J]. Polymer Engineering and Science,1987(27):788-795.

[40] KISSINGER H E. Reaction kinetics in different thermo analysis[J]. Analytical Chemistry, 1957(29):1702-1706.

[41] OZAWA T. A new method of analyzing thermogravimetric data[J]. Bulletin of the Chemical Society of Japan,1965,3(11):1881-1886.

[42] CRANE L W. Analysis of curing kinetics in polymer composites[J]. Polymer Science, Polymer Letter Edition,1973(11):533-540.

[43] J R OPFERMANN, E KAISERSBERGER, H J FLAMMERSHEIM. Model-free analysis of thermoanalytical data-advatages and limitations[J]. Thermochimica Acta, 2002(391):119-127.

[44] SERGEY VYAZOVKIN, CHARLES A Wight. Model-free and model-fitting approaches to kinetic analysis of isothermal and nonisothermal data[J]. Thermochimica Acta,1999(340-341):53-68.

第6章　动态扭振法在树脂基复合材料固化中的应用

树脂基复合材料是以热固性树脂为基体,添加无机粉料填料或长条纤维状填料组成的多组分材料。正如在第1章中已经描述的,由于复合作用原理,树脂基复合材料不但克服了热固性树脂本身强度不高等缺点,并且由于拔出功等新特性的呈现,使得树脂基复合材料成为高新技术领域中特别重要的新型材料之一[1]。

6.1　粉状填料对热固性树脂固化反应的影响

无机颗粒粉料,如硅微粉(SiO_2粉末)、云母粉和$CaCO_3$粉等常用来改善热固性树脂的物理力学性能,包括增强树脂的强度、提高树脂的耐磨性和阻燃性能,当然价廉的这些无机粉料的加入也降低了树脂基复合材料的成本和固化时的体积收缩率。通常加入树脂中的无机填料的量是很大的,往往超过50%,有时甚至超过了树脂本身(即超过100%)。与此同时发生的是,无机粉料填料的加入肯定会对纯热固性树脂的固化行为有直接的影响,因此已不再能沿用纯树脂的固化工艺和固化条件,而必须研究填料对热固性树脂固化反应的影响,寻求在无机填料存在时热固性树脂体系的最优固化温度和固化时间[2]。

树脂固化仪半球形的下模为粉状填料树脂基复合材料的研究提供了可能性,对玻璃纤维填料的复合材料(玻璃钢),则使用树脂固化仪的平板模具

(见第3章),一样方便。

6.1.1 不同硅微粉含量的环氧树脂E51-咪唑体系的等温固化曲线

廉价的硅微粉是常用的树脂基复合材料的填料。树脂就选用通用的双酚A环氧树脂E51,固化剂为咪唑,用动态扭振法研究硅微粉增强的环氧树脂复合材料的固化行为。在环氧树脂E51-咪唑体系中加入0~120 phr不等的硅微粉,测定它们的等温固化曲线。图6.1是75℃下不同硅微粉含量的等温固化曲线,由图可见,纯环氧树脂E51-咪唑体系的凝胶化时间t_g约为45 min,随硅微粉填料含量的增加,E51-咪唑体系的凝胶化时间t_g总的都是缩短的,即都比45 min短。但凝胶化时间t_g随硅微粉填料含量的变化不是单值的,在硅微粉填料含量为10 phr和20 phr时,t_g的缩短非常明显,20 phr硅微粉填料含量的E51-咪唑体系的凝胶化时间t_g只有纯环氧树脂E51-咪唑体系的一半左右。但当硅微粉填料含量超过20 phr以后,随硅微粉填料含量增加,环氧树脂E51-咪唑体系凝胶化时间t_g缩短得越来越少。直到120 phr,凝胶化时间t_g仍比纯环氧树脂E51-咪唑体系的t_g来得短。因此,硅微粉填料的加入尽管能对固化树脂起增强作用,但它们对纯环氧树脂的固化行为也的确是有影响的。对这个事实,从事无机填料增强复合材料制备、使用和研究工作者应引起足够的重视,即需要重新订定存在填料时树脂体系的固化条件。

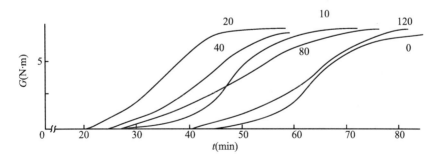

图6.1 75℃下不同硅微粉含量的环氧树脂E51-咪唑体系的等温固化曲线
(图中数字为具体的硅微粉含量的数值,单位是phr)

6.1.2 不同温度、不同硅微粉含量的环氧树脂 E51-咪唑体系的等温固化曲线

图 6.2 是硅微粉含量 0 phr(纯环氧树脂)、10 phr、20 phr、40 phr、80 phr 和 120 phr 在 75℃、85℃ 和 95℃ 三个温度下的等温固化曲线。由图可见,加有硅微粉填料和不加硅微粉填料的环氧树脂 E51-咪唑体系等温固化曲线在形状上是相似的,随固化温度升高,凝胶化时间 t_g 缩短和固化反应速率增加也是与纯环氧树脂的行为一样。但凝胶化时间 t_g 随硅微粉含量增加的变化则比较复杂,如上节所述。表 6.1 列出了由图 6.2 读取得到的不同温度和不同硅微粉含量的环氧树脂 E51-咪唑体系的凝胶化时间 t_g 及其他有关数据。

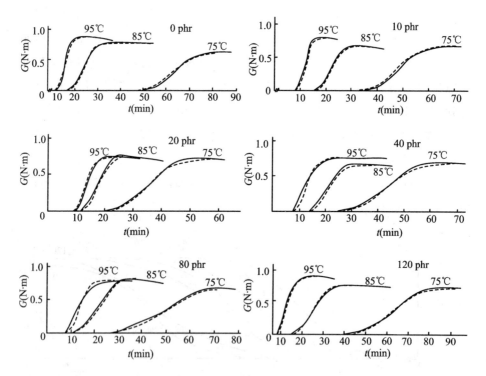

图 6.2　75℃、85℃ 和 95℃ 三个温度下,0 phr(纯环氧树脂)、10 phr、20 phr、40 phr、80 phr 和 120 phr 六个不同硅粉含量的环氧树脂 E51-咪唑体系的等温固化曲线。图中虚线是用 Hsich 非平衡态热力学涨落理论得到的理论值

表 6.1 不同温度和不同硅微粉含量的环氧树脂 E51-咪唑体系的凝胶化时间 t_g 以及其他有关数据

硅微粉含量 (phr)	$T(℃)$	t_g(min)	τ(min)	τ_0 (10^{-11}min)	ΔE_a (kJ·mol^{-1})	β
0	75	45.25	20.50	6.33	76.6	2.70
	85	15.75	9.50			
	95	11.25	5.25			
10	75	30.25	19.50	5.96	76.6	2.55
	85	15.25	9.00			
	95	7.75	5.00			
20	75	21.00	17.50	5.41	76.6	1.98
	85	11.25	7.88			
	95	7.75	5.00			
40	75	24.00	22.30	7.19	76.6	2.07
	85	12.75	10.13			
	95	7.75	6.25			
80	75	26.75	28.00	8.46	76.6	2.16
	85	10.75	13.25			
	95	8.00	7.00			
120	75	40.00	26.75	8.46	76.6	2.35
	85	14.25	13.75			
	95	7.50	7.00			

6.1.3 环氧树脂 E51-咪唑体系的松弛时间和固化反应表观活化能

按第 5 章中介绍的直接描述固化过程中体系物理力学性能变化的非平衡态热力学涨落 Hsich 理论，任何时刻 t，树脂的扭矩 $G(t)$ 与完全固化树脂的扭矩 G_∞、凝胶化前树脂的扭矩 G_0 有如下的关系：

$$\frac{G_\infty - G(t)}{G_\infty - G_0} = \exp[-(\frac{t}{\tau})^\beta] \tag{6.1}$$

这里 τ 是固化反应的松弛时间，β 是描述松弛时间谱宽度的参数。

凝胶化前,树脂体系的扭矩为 0,$G_0 = 0$,则凝胶化时间 t_g 以后,Hsich 理论公式(6.1)变为

$$\frac{G_\infty - G(t)}{G_\infty} = \exp\left[-\left(\frac{t - t_g}{\tau}\right)^\beta\right] \tag{6.2}$$

或写成

$$G(t) = G_\infty \left\{1 - \exp\left[-\left(\frac{t - t_g}{\tau}\right)^\beta\right]\right\} \tag{6.3}$$

方程(6.3)描述的是在任何时刻 t 时,树脂体系的扭矩的变化。方程(6.3)中凝胶化时间 t_g 和完全固化时树脂体系的扭矩可以由等温固化曲线直接读出,而 Hsich 理论中松弛时间 τ 也可简单由方程(6.3)推出,即如果令 $t = t_g + \tau$,代入方程(6.3),有

$$G(t = t_g + \tau) = G_\infty(1 - e^{-1})$$
$$= 0.63 G_\infty \tag{6.4}$$

那么,在实验固化曲线上,读取相应于 $0.63G_\infty$ 扭矩的时间 t 减去凝胶化时间 t_g 就是这个松弛时间 τ:

$$\tau = t_{[G(t) = 0.63G_\infty]} - t_g \tag{6.5}$$

不同温度和不同硅微粉含量的环氧树脂 E51-咪唑体系的松弛时间 τ 值已列在表 6.1 中。

松弛时间 τ 与固化温度的关系服从 Arrhenius 方程,即

$$\tau = \tau_0 \exp\left(\frac{\Delta E_a}{RT}\right) \tag{6.6}$$

那么

$$\ln \tau = \ln \tau_0 + \frac{\Delta E_a}{RT} \tag{6.7}$$

这里 ΔE_a 是树脂体系固化反应的表观活化能。这样由 $\ln \tau$ 对 $1/T$ 作图(图 6.3),其斜率就是活化能 ΔE_a。由图 6.3 可见,不同硅微粉含量环氧树脂 E51-咪唑体系的 $\ln \tau - 1/T$ 图是几乎平行的直线,表明硅微粉填料尽管对体系的凝胶化时间 t_g 有一定影响,但对环氧树脂 E51-咪唑体系固化反应的表观活化能没有什么影响[3,4]。由 $\ln \tau - 1/T$ 直线斜率求得的环氧树脂 E51-咪唑体系固化反应的表观活化能 $\Delta E_a = 76.6$ kJ·mol^{-1},与第 4 章 4.4.3 节中由凝胶化时间 t_g 求得的固化反应的表观活化能($\Delta E_a =$

65.8 kJ·mol^{-1})不一样。由松弛时间 τ 求得的表观活化能反映的是凝胶化点后树脂体系的情况,而由凝胶化时间 t_g 求得的活化能则反映凝胶化点前树脂体系的情况,看来硅微粉填料在凝胶化点后的树脂体系里还有更为复杂的影响。

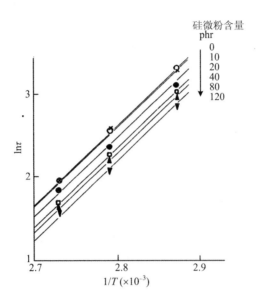

图 6.3　0 phr,10 phr,20 phr,40 phr,80 phr,120 phr 六个不同硅微粉含量环氧树脂 E51-咪唑体系的 lnτ 对 1/T 作图

6.1.4　硅微粉填料对环氧树脂 E51-咪唑体系固化反应速率的影响

由 lnτ-1/T 作图(图 6.3)在纵轴 lnτ 上的截距可求得 τ_0,硅微粉填充环氧树脂 E51-咪唑体系的数据已一并列在表 6.1 中。τ_0 值与体系中硅微粉含量的关系画在了图 6.4 中。硅微粉填料对树脂体系固化反应的影响存在两个相反的作用。一方面硅微粉填料的加入使树脂体系固化中树脂的反应浓度下降,反应速度应该变慢;但另一方面,硅微粉填料的加入同时又引入了新的表面,硅微粉填料表面的吸附作用乃至催化作用又可能使反应速度变快。图 6.4 清楚表明,在硅微粉填料含量小于 20 phr 时,加速反应的机理占优势,反应总的来说是加速的;但在硅微粉含量超过 20 phr 时,环氧树脂反应浓度的下降胜过了任何可能的吸附作用,树脂体系总的固化反应速

度变慢。这样,固化反应速度就与硅微粉填料表面的性状有关。事实上,若用偶联剂处理硅微粉填料的表面,其表面性状发生变化,就观察不到环氧树脂-硅微粉体系在某个硅微粉填料含量时固化反应速度存在有极值[4]。

6.1.5 环氧树脂E51-咪唑-硅微粉复合材料体系固化行为的理论预估

求得树脂体系的松弛时间 τ 以后,式(6.3)只是单一参数 β 的方程了。对所有实验等温固化曲线都用最小二乘法来逼近方程(6.3),求得最佳逼近时的 β 值(见表6.1)。再以所求得的这个 β 值代入方程(6.3)来计算不同时刻 t 的扭矩 $G(t)$,这个 $G(t)$ 即是树脂体系等温固化扭矩的理论值。用表6.1中列出的最佳逼近 β 值计算得到的不同固化时间的理论扭矩值也一并画在了图6.2中,就是图中的虚线。由图可见,无论是不同温度,还是不同硅微粉填料含量,理论计算值 $G(t)$ 的虚线与动态扭振法试验测得的实验固化曲线(实线)都符合得很好,说明 Hsich 非平衡态热力学涨落理论的方程(6.1)的确能很好地描述实际的树脂-固化剂-填料体系的固化行为。

β 值随硅微粉填料含量的增加也是先下降后有一个回升,回升发生在 20 phr 以后(图6.4)。因为 β 是描述松弛谱的一个参数,β 的这种变化意味着松弛谱也有类似固化反应速度那样的变化规律,先加宽后再回过头来变窄。

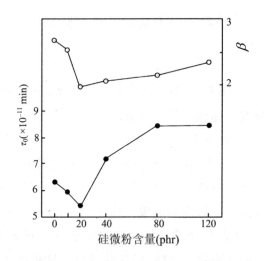

图6.4 不同硅微粉含量的环氧树脂E51-咪唑体系的动力学参数 τ_0 和 β 值

6.1.6 填料与环氧树脂界面层的进一步研究

在用无机填料改性树脂的复合材料中,无机填料和基体树脂之间形成了新的界面,界面层内的组成和结构与本体中的无机填料和树脂均不相同[5]。界面层在复合材料中起着传递应力、阻止裂纹扩展和减缓应力集中等作用。界面层的存在是导致这类复合材料具有特殊复合效应的重要原因之一[6,7],树脂基复合材料的许多物理力学性能不仅决定于基体和填料本身的结构和性能,同时也受到界面层相互作用的影响。了解界面层的结构和作用机理,对于界面设计、改进复合材料性能有一定指导意义。

界面层的微观结构与无机填料的性质、种类和含量密切相关。扫描电子显微技术(SEM)、红外及拉曼光谱(FT-IR)、示差扫描量热法(DSC)、X射线光电子能谱(XPS)等许多实验方法都可用来研究界面层的性质。这里则介绍用动态黏弹谱仪研究不同含量的硅微粉和 Al_2O_3 颗粒填充复合材料的动态力学行为,由此来了解界面层。因为动态力学行为能够提供力学松弛及相界面层相互作用的深入信息[8]。复合材料的动态力学行为直接与基体树脂有关,但同时它也在一定程度上反映了界面层的力学行为。

图 6.5 为不同含量硅微粉填充的环氧树脂复合材料在 100~200 ℃ 的动态力学松弛谱。由图可见,在低填料含量(10 phr)时,损耗峰的高度比纯环氧树脂的略有增高。随硅微粉含量的增加,损耗峰的高度趋于降低,半高宽趋于增大。由于界面层中环氧树脂分子的运动受到阻碍,在复合材料的动态力学温度谱上,环氧树脂基体损耗峰的高温侧出现了反映界面层松弛转变的内耗峰。当界面层中环氧树脂的玻璃化转变温度与基体相差不大时,两个 α-转变损耗峰叠加,表现为复合材料损耗峰的宽度增大[9]。

从玻璃化温度 T_g 上看,在低填料含量时 T_g 比纯环氧体系的稍低,这主要是由于交联网络中填料的存在导致交联密度降低引起的[10]。当填料含量超过 20 phr 时,随填料含量的增加,T_g 逐渐移向高温方向,这是因为填料多了,界面层也多,使得吸附在填料颗粒表面的高聚物链段运动更加困难,填料含量越大,这种作用越强,从而使得 α-转变活化能越高[11]。当这种效应超过因引入填料而导致交联密度减小对 T_g 的影响时,T_g 值便开始增大。从图 6.5 中还可看出,对硅微粉来说,当填料含量增加到 20 phr 时,损耗峰的高度和宽度都有一个突跃式的下降和增宽,而且 T_g 值也大于纯环氧树脂体系的,甚至比 60 phr 填料填充的环氧树脂固化体系还高。这与前面在动态扭振法中观察到的一样:在填料含量为 20 phr 处存在某些性状的突变。在由填料、界面层和树脂组成的三元体系中,20 phr 的填料含量可以认为是该复合体系的临界填料浓度 ϕ_c[9]。在此浓度下,填料粒子与界面层之间的相互作用加强,从而导致 T_g 的突变。在 ϕ_c 之后随填料含量的增加,T_g 升高幅度不大。

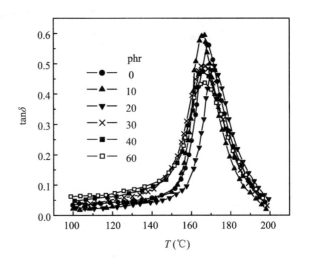

图 6.5　不同硅微粉 SiO_2 含量的环氧树脂复合材料损耗角正切 tanδ 的温度谱

高聚物的模量-温度曲线在一定程度上反映其微观结构及分子运动特点对宏观力学性能的影响。图 6.6 为不同含量硅微粉填充的环氧复合材料在 0～200 ℃ 的杨氏模量 E'-温度 T 曲线。从模量曲线看,在 $T<T_g$ 时,随温度 T 增加,模量 E' 均逐渐降低。当温度升高至 T_g 附近时,模量 E' 下降很快,这与不同温度区间内高聚物分子运动特征相一致。

复合材料模量的大小与填料颗粒的性状和粒径大小有关。在与不同粒度 Al_2O_3 粉填料的对比实验中我们知道,200 目 Al_2O_3 填充的环氧复合材料模量增加的幅度比 600 目硅微粉填充的要大得多。这应是由固化过程中树脂与填料之间相互作用力的差异造成的。填料粒子和树脂基体分子间存在范德华力等物理相互作用。另外,由于树脂固化后体积有明显的收缩,树脂对填料将产生一种压缩力。当填料颗粒极细时,比表面积大,这种压缩力相对较小,界面层结构松散,分子间作用力较弱,树脂与填料间的作用以压缩力为主,因而模量随填料含量的增加变化不明显。反之,当填料颗粒增大时,比表面积减小,这种压缩力相对增加不少,致使界面层结构紧密,其间的作用力除力学作用以外,还有范德华力等作用,甚至还会有树脂基体和填料之间的主价键合力。如 Andress 等曾对双酚 A 型环氧树脂 Epikote 828(用含有促进剂苯甲醇的两种环脂族类混合物 Epikure 114 固化剂固化)-玻璃黏接的破坏进行了研究,通过高速摄影试验和 Andress 普适断裂力学理论分析,环氧树脂-玻璃界面之间的相互作用力,竟然有 30% 是主价键的键合[12]。于是,当填料含量增大时,模量的增加就比较明显。

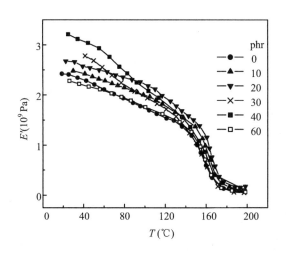

图 6.6　不同硅微粉 SiO_2 含量的环氧树脂复合材料杨氏模量 E 的温度谱

综上所述,界面层中高聚物的分子链段运动因填料的存在而受到限制,链段的受限运动与填料的引入致使交联密度降低两种因素的共同作用影响着 T_g 的变化。当填料用量小于 20 phr 时,体系交联密度减小起主要作用;当填料用量大于 20 phr 时,链段的受限运动占支配地位。界面对材料模量的影响与填料和基体树脂间的分子间作用力,以及受基体树脂对填料压缩作用支配的界面层特征,即界面层的紧密程度密切相关。由此我们可以得出如下结论[13],即:

(1) 填充型复合材料中填料的加入使得界面层树脂分子的链段运动受限,从而导致 T_g 移向较高的温度。并且界面层和树脂本体的玻璃化转变温度有差异,两者的叠加造成损耗峰形态的变化。

(2) 在填料含量为 20 phr 时,损耗峰的高度和半高宽突然下降和增宽,是该复合体系的临界填料浓度 ϕ_c，此时界面相互作用最强。

（3）填料粒径对复合材料模量也有影响，起因包括树脂基体与填料之间的范德华相互作用、树脂固化引起的压缩作用和可能的化学主价键合作用。

6.2 环氧树脂-聚酰胺及其 SiO_2 填充体系的固化

本节介绍环氧树脂-低相对分子质量聚酰胺以及环氧树脂-低相对分子质量聚酰胺-纳米 SiO_2 复合体系的固化行为。选用的树脂是双酚 A 环氧树脂 E51，固化剂是胺值为 200 左右的低相对分子质量聚酰胺，填料是平均粒径 16 nm 的纳米 SiO_2 粉料。

环氧树脂最大的弱点是性脆。解决的方法之一是在树脂中加入反应性液体橡胶，如用端羧基聚丁二烯丙烯腈（CTBN）和端胺基丁腈橡胶（ATBN）等[14,15]来增韧。然而这类橡胶本身耐热性差，从而会降低环氧树脂固化物的热稳定性。如果采用耐热性好的有机硅橡胶改性，虽然不会对热稳定性有很大影响[16]，但却会使环氧树脂固化物的模量和拉伸强度等力学性能有所下降。所以最好是能找到一种使环氧树脂固化物的总体性能都有提高的方法。可以设想，如果在环氧树脂-固化剂体系中加入一些活动性较强而耐热性也好的"柔性段"来增加网状高分子链的活动能力，就能得到较理想的增韧效果。采用柔性的低相对分子质量聚酰胺作环氧树脂的固化剂，实现对环氧树脂的固化和增韧，是一种有效的方法[17]。这里所说的低相对分子质量聚酰胺是一种改性的多元胺，常常由亚油酸二聚体和脂肪族多元胺发生缩合反应制得，呈琥珀色黏稠状液体[18]。其活性一般用胺值来表征，胺值高意味着活性大，与环氧树脂反应速度快，但使用寿命短。在该树脂中有各种极性基团，如一级和二级胺基，以及酰胺基，在一定温度下除了一级、二级胺的活泼氢与环氧基团的加成，同时会发生酰胺基和羟基的交换反应。一方面，低相对分子质量聚酰胺中的游离胺基对环氧树脂的交联和催化聚合提供了合适的地点；另一方面，由于低相对分子质量聚酰胺分子中较长脂肪碳链的存在,起到了内增塑作用,进而也给固化后的体系带来了柔韧性。这样,低相对分子质量聚酰胺起到了(加成型)催化剂和增塑剂的双重作用。

尽管低相对分子质量聚酰胺是环氧树脂常用的固化剂之一,广泛用于黏合剂和复合材料的制备,但该体系的详细固化过程研究却并不多见报道。

6.2.1　不同配比环氧树脂E51-低相对分子质量聚酰胺的固化

环氧树脂和低相对分子质量聚酰胺树脂的配比(质量比)为1∶0.8、1∶1和1∶1.2。在研究纳米SiO_2粉料对固化的影响时,环氧树脂和低相对分子质量聚酰胺树脂的配比固定为1∶1。

图6.7为环氧树脂E51-低相对分子质量聚酰胺(质量比1∶1)体系在80℃、90℃、100℃和110℃四个温度下的等温固化曲线。由图6.7可见,不同温度下的等温固化曲线形状相似,呈"S"型,但在凝胶化时间t_g上却有显著差别。四个温度下固化的凝胶化时间t_g值列于表6.2。随固化温度增加,树脂体系的t_g依次缩短,凝胶化过程加快。

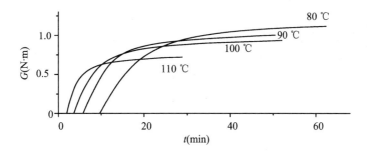

图6.7　80℃、90℃、100℃和110℃四个温度下环氧树脂E51-低相对分子质量聚酰胺(质量比1∶1)体系的等温固化曲线

表6.2　环氧树脂E51-低相对分子质量聚酰胺体系的固化反应动力学参数

环氧树脂E51与低相对分子质量聚酰胺的质量比	T (℃)	t_g (min)	τ (min)	k (min^{-n})	n	β
1∶0.8	80	11.6	15.6	0.11	0.77	0.82
	90	6.4	9.3	0.14	0.86	0.88
	100	3.8	7.0	0.21	0.77	0.79
	110	2.0	3.9	0.36	0.72	0.80

续表 6.2

环氧树脂 E51 与低相对分子质量聚酰胺的质量比	T (℃)	t_g (min)	τ (min)	k (min^{-n})	n	β
1∶1	80	10.6	10.7	0.14	0.83	0.83
	90	5.8	6.7	0.18	0.87	0.87
	100	3.6	5.4	0.24	0.78	0.78
	110	2.0	3.3	0.36	0.82	0.82
1∶1.2	80	9.7	12.0	0.10	0.90	0.92
	90	5.8	6.9	0.14	1.00	1.03
	100	3.3	4.5	0.22	0.95	0.95
	110	1.8	2.5	0.42	0.91	0.90

起始扭矩 G_0 为 0，凝胶点后扭矩开始出现，标志着环氧树脂三维交联网络结构开始形成，并且扭矩上升的幅度随着固化温度的提高变得越来越陡，即固化速率变快了，符合固化速率的温度依赖性。增加固化温度导致交联密度提高，并且固化时间越长交联密度越高。从图 6.7 中还可看出，动态扭振法测得的环氧树脂 E51-低相对分子质量聚酰胺体系平衡扭矩 G_∞ 反而随着固化温度的升高而降低，这一现象在其他两个配比的固化曲线中也有呈现。显然，环氧树脂 E51-低相对分子质量聚酰胺体系平衡扭矩 G_∞ 的这一变化特征与第 4 章中用咪唑和酸酐固化的环氧树脂体系不同（它们都具有较高的玻璃化转变温度 T_g）。原因应该是在环氧树脂 E51-低相对分子质量聚酰胺体系的固化实验中所采用的固化温度接近或高于其最终固化产物的玻璃化转变温度 T_g，使得环氧树脂 E51-低相对分子质量聚酰胺体系处在玻璃化转变区或已进入了高弹态，玻璃态到橡胶态时发生的模量降低（数量级上的降低）超过了交联密度增加对扭矩的影响，从而呈现出相对较低的平衡扭矩 G_∞。为了证实这一事实，用动态力学热分析（DMTA）的方法测定了不同温度下环氧树脂 E51-低相对分子质量聚酰胺体系固化物的储能模量 E'（见图 6.8）。所有 DMTA 样品的固化时间与动态扭振法跟踪固化过程的时间控制一致。从图 6.8 中可以看出，当测试温度升至相应的固化温度时，全部样品都处于橡胶平台区或玻璃化转变区域。80 ℃、90 ℃、100 ℃ 和 110 ℃ 温度下固化样品的四条储能模量 E'-温度 T 曲线上对应各自固化温度的模量按温度从 80 ℃ 到 110 ℃ 的顺序递减，符合动态扭

振法监测得到的平衡扭矩 G_∞ 的变化趋势。

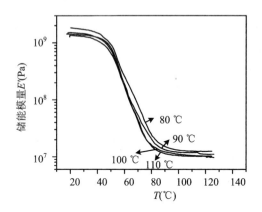

图 6.8　环氧树脂 E51-低相对分子质量聚酰胺(质量比 1∶1)
体系的储能模量与温度的关系

低相对分子质量聚酰胺的用量对固化速率有影响。图 6.9 是不同配比的环氧树脂 E51-低相对分子质量聚酰胺体系在 70 ℃时的三条等温固化曲线。由图 6.9 可见,随着固化剂低相对分子质量聚酰胺用量的增加,体系的凝胶化时间 t_g 依次缩短,扭矩上升的速度加快,说明随着低相对分子质量聚酰胺含量的增加,反应活性点增加,体系的凝胶化和交联进程都得以加快[19]。

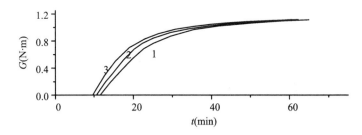

图 6.9　70 ℃下环氧树脂∶低相对分子质量聚酰胺为 1∶0.8(1)、
1∶1(2)、1∶1.2(3)体系的等温固化曲线

扭矩的大小反映了环氧树脂 E51-低相对分子质量聚酰胺体系的固化程度。由于凝胶化时间 t_g 前的扭矩 $G_0=0$,可以定义 t_g 后任意时刻 t 的扭矩 $G(t)$ 与平衡扭矩 G_∞ 之比为相对固化度 α:

$$\alpha = \frac{G(t)}{G_\infty} \tag{6.8}$$

利用式(6.8)可将实验得到的扭矩-固化时间曲线($G \sim t$)转换为直接反映相对固化度 α 与固化时间 t 之间关系的等温固化曲线($\alpha \sim t$)。图6.10 为低相对分子质量聚酰胺含量不同的环氧树脂 E51-低相对分子质量聚酰胺体系在 80~110 ℃时的等温固化 $\alpha \sim t$ 曲线。从图中曲线上升的趋势同样可以看出交联反应随温度的升高而加快的规律。另外,从图 6.10 中一样可方便地读出凝胶化时间和固化完全的时间。

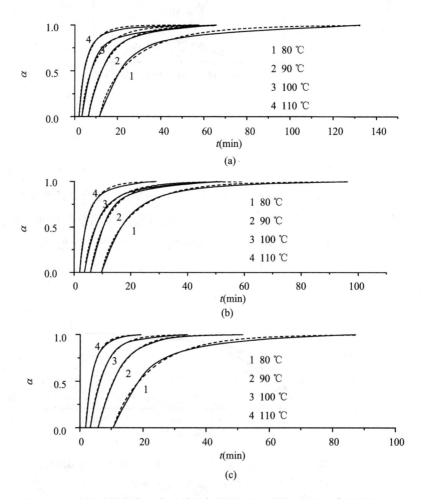

图 6.10 用相对固化度 α 表示的环氧树脂 E51-低相对分子质量聚酰胺 (质量比 1∶0.8)体系在 80 ℃、90 ℃、100 ℃和 110 ℃四个温度下的等温固化曲线

6.2.2 非平衡态热力学涨落理论在环氧树脂 E51-低相对分子质量聚酰胺体系中的应用

如果用相对固化程度 α 替代扭矩 G，则描述固化反应的非平衡态热力学涨落理论有如下数学形式：

$$\alpha = 1 - \exp\left[-\left(\frac{t - t_g}{\tau}\right)^\beta\right] \tag{6.9}$$

同样，在知道了固化条件下固化体系的 τ 和 β 后，也可根据式(6.9)推求出固化过程中任意时刻体系的相对固化程度 α。这里就用式(6.9)对相对固化程度 α 表示的固化曲线 $\alpha \sim t$ 进行理论预估。

显然，为求 τ，令 $t = t_g + \tau$，则 $\alpha(t = t_g + \tau) = 1 - e^{-1} = 0.63$。因此，从等温固化曲线 ($\alpha \sim t$) 上直接读出对应于 $\alpha = 0.63$ 的时间 t，由 $\tau = (t - t_g)$ 即可得到固化反应的松弛时间 τ（见表6.2）。

由最小二乘法拟合整个固化曲线求得的 β 值也列于表6.2中。理论预估的等温固化曲线已一并画在图6.10中（虚线所示），理论曲线与实验等温固化曲线有很好的符合，可见运用非平衡态热力学涨落理论的数学形式可很好地预测环氧树脂 E51-低相对分子质量聚酰胺体系的固化行为。因此，从有限的实验求得 G_∞、t_g，由理论求得参数 τ 和 β 后，即可计算环氧树脂 E51-低相对分子质量聚酰胺体系在固化过程中任何时刻的扭矩（或相对固化度），从而可以预估该树脂体系的固化行为。

6.2.3 环氧树脂 E51-低相对分子质量聚酰胺体系固化反应的表观活化能

现在，我们已经有三个方法来求取树脂体系的固化反应表观活化能了，即：

(1) 根据 Flory 凝胶化理论，由凝胶化时间 t_g 与温度的关系公式

$$\ln t_g = C + \frac{\Delta E_{a1}}{RT} \tag{6.10}$$

来求取。即将 $\ln t_g$ 对 $1/T$ 作图（图6.11），由直线斜率即可得到固化反应的表观活化能 ΔE_{a1}（表3.2）。

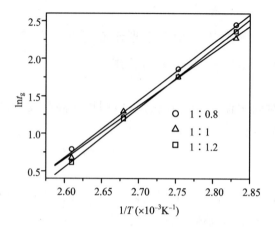

图 6.11　环氧树脂 E51-低分子量聚酰胺体系的 $\ln t_g$ 对 $1/T$ 作图

（2）根据松弛时间 τ 与 T 的普适关系，即 Arrhenius 公式

$$\ln \tau = \ln \tau_0 + \frac{\Delta E_{a2}}{RT} \tag{6.11}$$

以 $\ln \tau$ 对 $1/T$ 作图（图 6.12），由拟合直线的斜率计算出活化能。

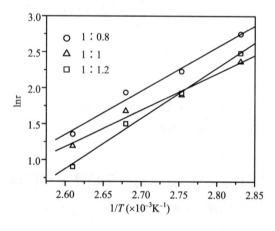

图 6.12　不同聚酰胺含量的环氧树脂 E51-低相对分子质量聚酰胺体系的 $\ln \tau$ 对 $1/T$ 作图

（3）根据表观速率常数求取，见 4.2.4 节的详细介绍。

由上述三个方法求得的环氧树脂 E51-低相对分子质量聚酰胺体系固化反应的表观活化能均列于表 6.3 中。从表 6.3 的活化能数据可以看出，按照凝胶化时间 t_g 或松弛时间 τ 与固化温度 T 的关系求得的活化能数值比较接近，而且在环氧树脂 E51 与低相对分子质量聚酰胺质量比为 1∶1 时，体系具有相对较小的表观活化能值。

表 6.3　用不同方法求得的环氧树脂 E51-低相对分子质量聚酰胺体系
固化反应的表观活化能

环氧树脂 E51 与低相对分子质量聚酰胺的质量比	ΔE_{a1} (kJ·mol^{-1})	ΔE_{a2} (kJ·mol^{-1})	ΔE_{a3} (kJ·mol^{-1})
1∶0.8	63.3	50.3	51.5
1∶1	58.9	42.2	40.3
1∶1.2	65.4	58.1	58.1

注：ΔE_{a1}、ΔE_{a2}、ΔE_{a3} 分别是由凝胶化时间、松弛时间和表观速率常数求取的固化反应表观活化能

6.2.4　Avrami 理论在环氧树脂 E51-低相对分子质量聚酰胺体系固化研究中的应用

高聚物结晶过程包括成核及生长两个过程，晶核的生长表现为高分子链段向核的扩散和堆砌。建立在相变基础上的 Avrami 理论描述高聚物等温结晶动力学的方程为[20]

$$\alpha = 1 - \exp(-kt^n) \quad (6.12)$$

式中 α 是相对结晶度，n 为反映晶核生成及生长机理的 Avrami 指数，k 为 Avrami 速率常数。热固性树脂的固化也伴随着微凝胶的形成、聚集与长大，直至形成固态的三维交联网络[21]。因此，从广泛意义上讲，结晶可以被考虑成交联反应的物理形式。热固性树脂固化反应的这种异相特性赋予 Avrami 相变理论被用来研究热固性树脂的固化动力学的可能性[22]。

以相对固化度 α 对应相对结晶度 ϕ，t_g 后的固化时间 $(t-t_g)$ 对应结晶时间，则固化反应的 Avrami 方程为

$$\alpha = 1 - \exp[-k(t-t_g)^n] \quad (6.13)$$

或

$$\ln[-\ln(1-\alpha)] = \ln k + n\ln(t-t_g) \quad (6.14)$$

这里，k 为凝胶点后固化反应速率常数，n 为反映固化机理的 Avrami 指数。式中 k 和 t 或 t_g 的单位分别为 $\min^{-n}$ 和 min。

图 6.13 为不同质量比的环氧树脂 E51-低相对分子质量聚酰胺体系在不同温度下的 $\ln[-\ln(1-\alpha)]$ 对 $\ln(t-t_g)$ 的作图。从图 6.13 可以看出，不同低相对分子质量聚酰胺含量、不同固化温度下，环氧树脂 E51-低相对

分子质量聚酰胺体系都有良好的线性关系,说明利用 Avrami 方程研究环氧树脂 E51-低相对分子质量聚酰胺体系在凝胶点后的固化反应过程是可行的。由直线的截距和斜率可求出参数 k、n 值。

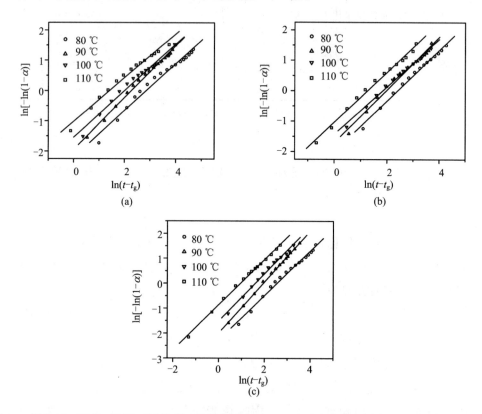

图 6.13　80 ℃、90 ℃、100 ℃ 和 110 ℃ 四个温度下不同配比的环氧树脂 E51-低相对分子质量聚酰胺体系 Avrami 作图。配比分别为(a) 1∶0.8;(b) 1∶1;(c) 1∶1.2

在描述高聚物结晶过程中,Avrami 指数 n 提供了关于成核和生长过程(例如时间相关的成核、均相成核和异相成核共同作用等)的定性信息。在描述热固性树脂固化过程中,Avrami 指数 n 提供的是微凝胶粒子形成的信息。从表 3.1 可看出,不同配比的环氧树脂-低相对分子质量聚酰胺体系的 n 值都低于 1.0,并且 n 值随着固化剂浓度的增加而增大。如前所述,低相对分子质量聚酰胺含量越高,反应的活性点越多。反应活性点的增多又不可避免地会导致成核(微胶粒子的形成)机理以及核生长表面几何的复杂性,从而会出现逐渐增高的 n 值。对于不同的固化体系,随着温度的升高，n 值基本呈现降低的趋势。这是因为凝胶点后的固化反应主要受扩散控制，较低的温度下固化过程中质量传递的受限程度要小些[23]。

从表 6.2 列出的 k 数据看，对于相同聚酰胺用量的体系，随固化温度的提高，k 值增大，t_g 逐渐减小，说明固化速率随着反应温度的增高而加快，符合一般规律。表 6.2 显示的固化速率常数 k 具有温度依赖性，表明它是一个热活化过程。k 与 T 之间的关系是[24]

$$k^{\frac{1}{n}} = A\exp\left(-\frac{\Delta E_{a3}}{RT}\right) \tag{6.15}$$

或

$$\frac{1}{n}\ln k = \ln A - \frac{\Delta E_{a3}}{RT} \tag{6.16}$$

式中 A 为指前因子，ΔE_{a3} 为凝胶点后固化反应的活化能。图 6.14 为环氧树脂 E51-低相对分子质量聚酰胺体系的 $\frac{1}{n}\ln k$ 对 $1/T$ 作图。从图中拟合直线的斜率可求出表观活化能 ΔE_{a3}（表 6.3）。由表可见，利用表观速率常数计算的活化能数值 42～58 kJ·mol^{-1} 与按松弛时间求得的结果 40～58 kJ·mol^{-1} 更为接近，而与由凝胶化时间计算的结果 58～65 kJ·mol^{-1} 相差偏大。

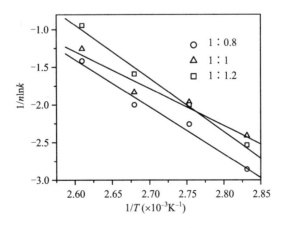

图 6.14 不同配比的环氧树脂 E51-低相对分子质量聚酰胺体系的 $(1/n)\ln k - 1/T$ 作图

6.2.5　环氧树脂 E51-低相对分子质量聚酰胺-纳米 SiO_2 复合体系

众所周知,任何物质要想起到增韧作用,这种物质一方面要在树脂基体中诱发银纹,同时,银纹产生时又要有能力阻止裂纹的扩展[25]。对于未改性的热固性树脂基体,在脆性树脂相行进的尖锐裂纹端应力集中,故破坏进行迅速。在刚性粒子与树脂黏接性良好的情况下(如果刚性粒子与树脂黏接不强,裂纹所穿过的颗粒与裂纹临近的颗粒会发生粒子与基体的界面剥离),这一过程耗能较小,一般可忽略不计。由于刚性粒子的塑性变形(黏接较强),拉伸应力能有效地抑制裂纹的扩展,与此同时吸收了部分能量,从而起到既增强又增韧作用,这一过程称为裂纹钉锚机制[26]。纳米填料颗粒粒径范围 1~100 nm,由于其粒径很小,表面非配对原子多,与高聚物树脂发生物理或化学结合的可能性大,加到高聚物树脂中,可以达到很好的改性目的,故而具有许多特殊的物理和化学性能。

将环氧树脂 E51-低相对分子质量聚酰胺-纳米 SiO_2 固化样品切片后放在透射电镜下观察,得到的电镜照片如图 6.15 所示。纳米 SiO_2 在树脂基体中分布并不均匀,在有些区域填料已达到纳米级分散(图 6.15(a)),而在另外一些区域 SiO_2 则仍然以松散的团聚体形式存在(图 6.15(b))。纳米粒子的强的表面效应和体积效应,可使材料性能出现大的改观。纳米 SiO_2 填料由于其粒径小,相互作用力强,易自身团聚,在未经超声波分散或偶联剂处理时尽管团聚粒子可被适当破碎,相当部分甚至形成纳米级分散,但很难形成完全均一的纳米结构。因而所制备的环氧树脂 E51-低相对分子质量聚酰胺-纳米 SiO_2 样品还不能算是纳米复合材料,只能属于普通的复合材料。尽管如此,由于纳米 SiO_2 填料在环氧树脂基体中的尺寸相对于普通硅微粉填充的体系较小,我们还是可以在固化行为研究方面与一般硅微粉填充环氧树脂体系就尺寸因素做一有益比较。

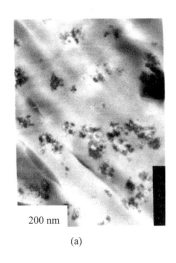

(a)　　　　　　　　　　　　　(b)

图 6.15　环氧树脂 E51-低相对分子质量聚酰胺-纳米 SiO_2 复合材料不同区域的微结构电镜照片

6.2.6　环氧树脂 E51-低相对分子质量聚酰胺-纳米 SiO_2 复合体系的等温固化曲线

为了单纯考查纳米级 SiO_2 填料对固化反应的影响,固定环氧树脂与低相对分子质量聚酰胺配比为 1∶1(质量比),并适当降低采用的固化温度,以便延长凝胶化时间,减小测量误差。图 6.16 是纳米 SiO_2 填充量为 10 phr、20 phr、30 phr 和 40 phr 的环氧树脂 E51-低相对分子质量聚酰胺-纳米 SiO_2 复合体系在 70 ℃、80 ℃、90 ℃ 和 100 ℃ 时的等温固化曲线($G\sim t$ 曲线)。从图 6.16 可见,对于不同的复合材料体系,平衡扭矩 G_∞ 在 80 ℃ 以上随着固化温度的增加逐渐减小,与纯环氧树脂 E51-低相对分子质量聚酰胺体系的情况一致。但在 70 ℃ 时的平衡扭矩则比 80 ℃ 时的值还低,这是因为在 70 ℃ 下固化物的交联密度小,尽管玻璃化温度相应较小,有可能高于固化温度,但也抵消不了对平衡扭矩的影响。

如果以相对固化程度 α 代替扭矩 $G(t)$,按照式(6.8),图 6.16 可以转换为等温固化曲线($\alpha\sim t$ 曲线,图 6.17)。从图 6.16 和图 6.17 都可以直观地看出凝胶点后的固化快慢与固化温度以及固化时间的关系。一定纳米 SiO_2 填料含量下,随着固化温度的上升,固化速率基本呈增快趋势。而对于同一条固化曲线来说,固化速率随时间的延长先快后慢,最后固化完全。

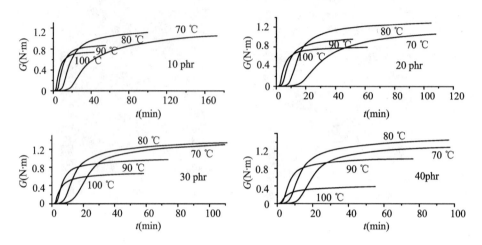

图 6.16　80 ℃、90 ℃、100 ℃和 110 ℃四个不同温度下不同纳米 SiO_2 填料含量的环氧树脂 E51-低相对分子质量聚酰胺-纳米 SiO_2 复合体系等温固化曲线

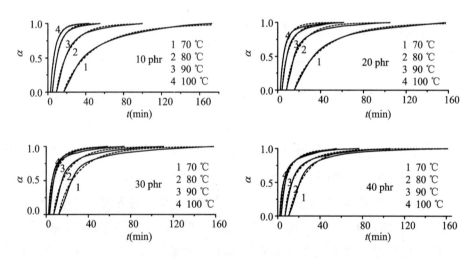

图 6.17　80 ℃、90 ℃、100 ℃和 110 ℃四个不同温度下不同纳米 SiO_2 填料含量的环氧树脂 E51-低相对分子质量聚酰胺-纳米 SiO_2 复合体系等温固化曲线($G-t$ 曲线)

为了比较纳米 SiO_2 填料含量的影响,以 90 ℃为例,将不同含量的环氧树脂 E51-低相对分子质量聚酰胺(1∶1)-纳米 SiO_2 体系的等温固化曲线画在一张图中(图 6.18)。从图中可清晰地看出,在相同的固化温度下,在 40 phr 以前,随着固化温度的提高,凝胶化时间 t_g 逐渐缩短,固化速率逐渐

加快;但在较高的填料含量如 30 phr 和 40 phr 时,固化曲线几乎重合,凝胶化时间 t_g 和固化速率的差别很小。

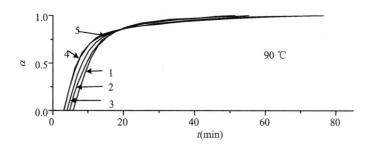

图 6.18 90 ℃下不同 SiO_2 填料含量的环氧树脂 E51-低相对分子质量聚酰胺 (1∶1)-纳米 SiO_2 体系等温固化曲线(α-t)。(1) 0 phr(纯环氧树脂),(2) 10 phr,(3) 20 phr,(4) 30 phr,(5) 40 phr

图 6.19 画出了混合体系的凝胶化时间 t_g 随固化温度及纳米 SiO_2 填料含量的变化关系(也见表 6.4)。由图 6.19 可见,对于相同纳米 SiO_2 填料含量的固化体系,凝胶化时间 t_g 依赖于固化温度严格递减;而且纳米 SiO_2 填料含量越多,凝胶化时间 t_g 之间的差别就越接近。在确定固化温度时,随 SiO_2 填料含量的增多凝胶化时间逐渐靠近。当纳米填料含量超过 30 phr 时,凝胶化时间之间的差别已经变得非常小了。综合对固化速率和凝胶化时间的讨论,可以认为环氧树脂 E51-低相对分子质量聚酰胺-纳米 SiO_2 三元关系在纳米 SiO_2 填料含量 30 phr 处为一固化转折点。原因可能在于填料的掺入一方面可作为载体提供足够大的吸附表面积以吸附低相对分子质量聚酰胺固化剂,使其均匀分散,加速了对环氧树脂的固化[27];但另一方面,过多的填料反而会降低反应物的体积浓度,使发生交联反应的可能性大为降低。在填充含量达到或超过 30 phr 时,催化加速和降浓减速这两种作用相互抵消,从而出现前述的现象。在前面以硅微粉作填充剂研究环氧树脂-咪唑-硅微粉体系的固化行为时,也发现了填料含量转折点的存在,但转折点发生在 20 phr 处。显然,不同粒径填料对固化行为的影响相似,只是填料粒径的减小(这里为纳米级)导致转折点(或称极值点)的后移。

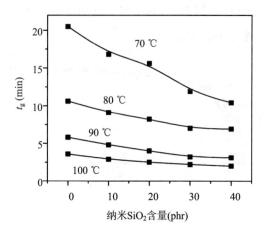

图 6.19 环氧树脂 E51-低相对分子质量聚酰胺-纳米 SiO_2 体系
凝胶化时间 t_g 随纳米 SiO_2 填料含量的变化

表 6.4 环氧树脂 E51-低相对分子质量聚酰胺-纳米 SiO_2 复合体系的固化动力学参数

纳米 SiO_2 含量	T (℃)	t_g (min)	τ (min)	k (min^{-n})	n	β
0 phr （纯环氧树脂）	80	10.6	10.7	0.14	0.83	0.83
	90	5.8	6.7	0.18	0.87	0.87
	100	3.6	5.4	0.24	0.78	0.78
	110	2.0	3.3	0.36	0.82	0.82
10 phr	70	16.8	32.9	0.04	0.92	0.87
	80	9.1	14.2	0.09	0.88	0.89
	90	4.8	7.1	0.17	0.89	0.93
	100	2.9	5.0	0.25	0.86	0.87
20 phr	70	15.6	27.6	0.05	0.90	0.88
	80	8.2	11.7	0.12	0.82	0.86
	90	4.0	7.0	0.20	0.81	0.82
	100	2.5	4.6	0.33	0.70	0.77
30 phr	70	11.9	18.9	0.08	0.82	0.85
	80	7.0	13.1	0.11	0.82	0.83
	90	3.2	6.3	0.27	0.68	0.70
	100	2.2	5.4	0.30	0.70	0.69
40 phr	70	10.4	16.1	0.07	0.90	0.97
	80	6.9	10.9	0.18	0.71	0.71
	90	3.1	6.6	0.25	0.78	0.71
	100	2.0	6.2	0.31	0.82	0.63

6.2.7 非平衡态热力学涨落理论预估固化行为

将 Hsich 非平衡态热力学涨落理论应用于环氧树脂 E51-低相对分子质量聚酰胺-纳米 SiO_2 复合体系,按式(6.3)对固化曲线进行最小二乘法拟合,求出参数 β(列于表 6.4)。由表 6.4 可见,环氧树脂 E51-低相对分子质量聚酰胺-纳米 SiO_2 三元复合体系的松弛时间分布宽度系数 β 与纯环氧树脂 E51-低相对分子质量聚酰胺复合二元体系接近。纳米 SiO_2 填料含量一定时,β 随温度的升高变化不大,均不高于 1.0。理论预估的等温固化曲线也一并画在图 6.17 中(虚线所示)。通过比较实验曲线和理论曲线,可以发现,不同纳米 SiO_2 含量、不同固化温度下的环氧树脂复合体系的理论曲线与实验等温固化曲线都能很好地吻合,可见运用非平衡态热力学涨落理论能对环氧树脂 E51-低相对分子质量聚酰胺-纳米 SiO_2 复合材料的固化过程进行有效的预估。

6.2.8 固化反应的表观活化能

按照 Flory 凝胶化理论,树脂体系在凝胶点时的化学转变是一定的,与反应温度和实验条件无关。$\ln t_g$ 与 $1/T$ 之间的关系符合 Arrhenius 公式,以 $\ln t_g$ 对 $1/T$ 作图(图 6.20)。由图 6.20 中直线斜率即可算出固化反应的表观活化能 ΔE_a(列于表 6.4)。从图 6.20 中可以看出不同填料含量的环氧树脂混合体系的拟合直线基本呈平行状态。复合材料体系 ΔE_a 值与纯环氧树脂-低相对分子质量聚酰胺体系的非常接近,为 $61\sim66$ kJ·mol^{-1}。

一般随着纳米 SiO_2 填料含量的升高,松弛时间 τ 逐渐变短。对不同纳米 SiO_2 含量的环氧树脂 E51-低相对分子质量聚酰胺-纳米 SiO_2 三元复合体系,以 $\ln\tau$ 对 $1/T$ 作图,得图 6.21。按照式(6.11),由拟合直线的斜率求出复合材料固化体系的表观活化能,不同方法求得的活化能均列于表 6.4。

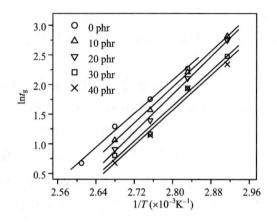

图 6.20 不同纳米 SiO$_2$ 含量的环氧树脂 E51-低相对分子质量聚酰胺-纳米 SiO$_2$ 体系的 lnt_g 对 1/T 作图

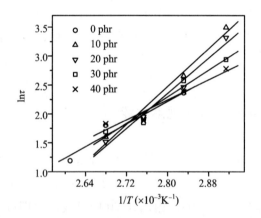

图 6.21 不同纳米 SiO$_2$ 含量的环氧树脂 E51-低相对分子质量聚酰胺-纳米 SiO$_2$ 体系 lnτ 对 1/T 作图

6.2.9 Avrami 理论在复合材料固化研究中的应用

根据式(6.14),作出不同纳米 SiO$_2$ 填料含量下 ln[−ln(1−α)] 对 ln(t−t_g)的图线,如图 6.22 所示。拟合直线的结果得到的 Avrami 指数 n 和速率常数 k 列于表 6.4 中。可见,速率常数 k 随温度的升高逐渐增大,但 Avrami 指数并不像文献中所报道的那样[23],在某一温度以上具有一个几乎恒定的较小值,而在较低温度下又具有一个几乎恒定的较大值。本实验中得到的 Avrami 指数几乎都不超过 1,但在较低填充含量或较低温度下具有一相对较大值的现象还是存在的,这是由于在该条件下固化过程受有限质量传递作用要小一些。至于 Avrami 指数的不规则变化特征,与纳米填料在体系中分散的不均匀性有关。

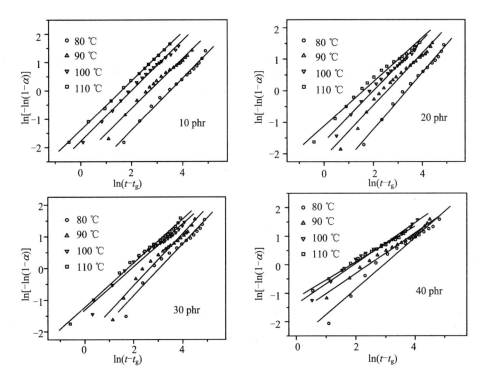

图 6.22 80 ℃、90 ℃、100 ℃和 110 ℃四个不同温度下不同纳米 SiO_2 填料含量的环氧树脂 E51-低相对分子质量聚酰胺-纳米 SiO_2 体系 $\ln[-\ln(1-\alpha)]$ 对 $\ln(t-t_g)$ 作图

按照式(6.10),以 $(1/n)\ln k$ 对 $1/T$ 作图,如图 6.23 所示。同样可以从斜率求出体系的 ΔE_a 值(表 6.5)。由速率常数 k 求得的活化能与按松弛时间求得的活化能数值比较接近,而且高填充含量(如 30 phr、40 phr)复合材料的活化能较低,与按 k 值、t_g 值以及按 t_g 求得的活化能规律一致。

表 6.5 用不同方法求得的环氧树脂 E51-低相对分子质量聚酰胺-纳米 SiO_2 体系固化反应的表观活化能

纳米 SiO_2 含量	ΔE_{a1} (kJ·mol^{-1})	ΔE_{a2} (kJ·mol^{-1})	ΔE_{a3} (kJ·mol^{-1})
0 phr	58.9	42.2	40.3
10 phr	63.0	68.1	68.0

续表6.5

纳米 SiO_2 含量	ΔE_{a1} (kJ·mol^{-1})	ΔE_{a2} (kJ·mol^{-1})	ΔE_{a3} (kJ·mol^{-1})
20 phr	66.4	63.2	62.5
30 phr	61.9	47.8	49.3
40 phr	61.5	36.0	43.7

注：ΔE_{a1}，ΔE_{a2}、ΔE_{a3}分别是由凝胶化时间、松弛时间和表观速率常数求取的固化反应表观活化能

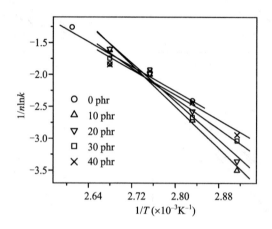

图 6.23　不同纳米 SiO_2 含量的环氧树脂 E51-低相对分子质量聚酰胺-纳米 SiO_2 体系 $1/n\ln k$ 对 $1/T$ 作图

作为小结，从上面结果中可以抽出如下几点加以强调一下：

（1）固化温度为 80～110 ℃时，全部固化产物都处于橡胶平台区域或玻璃化转变区域，因而尽管随固化温度增加体系的交联密度提高，但是平衡扭矩 G_∞ 却随着固化温度的升高而降低。在较低的固化温度如 70 ℃时，交联密度较小，体系处于玻璃态，反而比 80 ℃具有更高的平衡扭矩。

（2）随着固化剂浓度的增加，体系的凝胶化时间依次缩短，扭矩上升的速度加快，说明随着低相对分子质量聚酰胺含量的增加，反应活性点增加，体系的凝胶化和交联进程都得以加快。

（3）一定填充含量下，随着固化温度的上升，固化速率基本呈增快趋势。填料的掺入一方面可作为载体提供足够大的表面积以吸附低相对分子质量聚酰胺固化剂，加速固化剂对环氧的固化；但另一方面，过多的填料反而会降低反应物的体积浓度，使发生交联反应的几率大为降低。环氧树脂-

低相对分子质量聚酰胺-纳米 SiO_2 三元体系在填充含量 30 phr 处存在固化的转折点。在填充含量超过 30 phr 时,随着填料含量的增加,凝胶化时间和固化速率的差别很小。

(4) 不同粒径填料对固化行为的影响相似,只是填料粒径的减小导致转折点(或称极值点)的后移。

6.3 环氧树脂 E44-聚酰胺-玻璃微珠体系的固化

玻璃微珠是一种新型无机填料,已开始大量应用于热固性树脂的增强。因此研究玻璃微珠增强环氧树脂的固化是很有现实意义的。

6.3.1 环氧树脂 E44-聚酰胺体系的等温固化

低相对分子质量聚酰胺 651 的胺值为 0.41~0.47,相对分子质量为 600~1100。玻璃微珠则是 400 目以下的圆形细粒。试验测试了环氧树脂 E44-低相对分子质量聚酰胺之比为 1∶0.3,1∶0.5,1∶0.7 和 1∶1.0,在 50 ℃、60 ℃、70 ℃、80 ℃四个不同温度下的等温固化。等温固化曲线显示只要固化时间足够长,它们都能达到在该温度下的完全固化。这表明环氧树脂 E44 与低相对分子质量聚酰胺的配比不像脂肪族多胺那么严格。图 6.24 是 60 ℃下,四个配比的环氧树脂-低相对分子质量聚酰胺的等温固化曲线。随固化剂低相对分子质量聚酰胺含量的增加,体系的凝胶化时间 t_g 缩短。配方比为 1∶0.3 的体系完全固化时间长达 4 h 以上,但只要配方比超过 1∶0.5,1.5 h 就能达到该温度下的完全固化。四个配方的体系达到完全固化的扭矩变化不大,因为聚酰胺分子中有较长的脂肪碳链,起有内增塑的作用,聚酰胺含量高的体系可能生成的高固化程度将被这个内增塑作用所抵消。

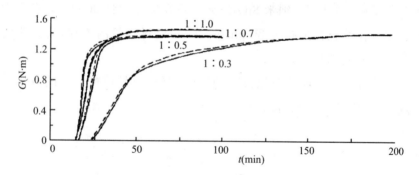

图 6.24　60 ℃下不同配比的环氧树脂-聚酰胺固化体系曲线，实线为实验值，虚线为按非平衡态热力学涨落理论得到的理论值

6.3.2　环氧树脂 E44-聚酰胺体系的固化反应表观活化能

固化剂使用的是高分子化合物（尽管相对分子质量不太高），聚酰胺的相对分子质量只是一个范围，不同含量的聚酰胺对固化反应有什么影响呢？这可以通过反应活化能数据来探究。仍然运用 Flory 的凝胶化理论，通过 $\ln t_g$ 对 $1/T$ 的作图求取环氧树脂 E44-聚酰胺体系的固化反应活化能 ΔE_a。由固化曲线读得的不同温度、不同配比环氧树脂 E44-低相对分子质量聚酰胺体系的凝胶化时间 t_g，列于表 6.6。

表 6.6　不同温度下不同配比的凝胶化时间 t_g，单位 min

温度 \ 配比 t_g	1∶0.3	1∶0.5	1∶0.7	1∶1.0
50 ℃	39.5	32.8	26.0	26.0
60 ℃	21.5	16.0	13.8	13.4
70 ℃	12.5	9.7	7.5	7.3
80 ℃	7.5	5.5	4.7	4.4

由表 6.6 可见，凝胶化时间 t_g 随固化温度 T 的升高而缩短。图 6.25 是按 Flory 公式（式(6.10)）作的 $\ln t_g$-$1/T$ 关系图。不同固化剂含量的环氧树脂-聚酰胺体系的 $\ln t_g$-$1/T$ 关系直线基本平行，表明环氧树脂-低相对分子质量聚酰胺体系的固化表观活化能基本上不随固化剂聚酰胺含量的变化而改变（ΔE_a = 52.5 kJ·mol^{-1}）。低相对分子质量聚酰胺作为环氧树脂固化剂来使用，其行为与普通小分子胺类化合物是一样的。

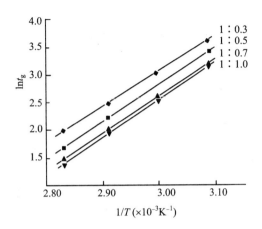

图6.25　环氧树脂E44-低分子量聚酰胺体系的$\ln t_g$对$1/T$作图

6.3.3　玻璃微珠对环氧树脂E44-聚酰胺体系固化行为的影响

在固定配比环氧树脂E44-低相对分子质量聚酰胺为1∶0.5条件下，试验了加有10 phr、20 phr、40 phr、80 phr和120 phr玻璃微珠填料的复合体系在50 ℃、60 ℃、70 ℃和80 ℃四个温度下的等温固化。作为例子，图6.26是20 phr玻璃微珠填料含量的这种曲线。

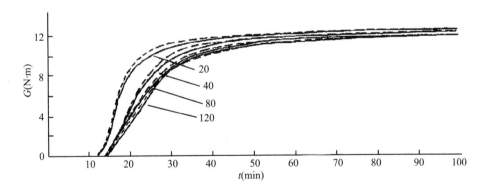

图6.26　60 ℃下20 phr、40 phr、80 phr、120 phr四个不同填料配比环氧树脂E44-聚酰胺-玻璃微珠体系的固化曲线

与不加玻璃微珠的环氧树脂E44-聚酰胺体系相比，不论加多少玻璃微珠，都缩短了体系的凝胶化时间t_g，开始比较明显，但在玻璃微珠含量增加至20 phr后，随填料含量的增加，凝胶化时间t_g反而有一个增加的趋势，直

到 120 phr，凝胶化时间 t_g 仍比纯树脂的来得短，在这一点上，与硅微粉填料的影响是相同的。表 6.7 列出了是不同温度、不同填料配比的环氧树脂-聚酰胺-玻璃微珠体系的凝胶化时间 t_g。

表 6.7 不同温度下环氧树脂 E44-聚酰胺-玻璃微珠固化体系不同填料配比的凝胶化时间 t_g，单位 min

填料加入量 t_g / 温度	0 phr	10 phr	20 phr	40 phr	80 phr	120 phr
50 ℃	32.8	22.5	21.0	20.0	19.0	17.0
60 ℃	16.0	14.0	14.0	13.5	12.5	12.0
70 ℃	9.7	8.0	8.0	8.0	8.0	8.0
80 ℃	5.5	5.5	5.0	5.0	5.5	5.5

同样，以 $\ln t_g$ 对 $1/T$ 作图，用式(6.10)可以求得环氧树脂 E44-聚酰胺-玻璃微珠体系的不同温度和不同玻璃微珠含量时的固化反应表观活化能。不同玻璃微珠含量环氧树脂体系的 $\ln t_g$ 对 $1/T$ 作图不再是平行的直线（图 6.27），斜率不同。得到的固化表观活化能也不同，分别是 58.0 kJ·mol^{-1}（0 phr）、57.4 kJ·mol^{-1}（20 phr）、47.6 kJ·mol^{-1}（40 phr）、51.7 kJ·mol^{-1}（80 phr）和 57.9 kJ·mol^{-1}（120 phr）。表明玻璃微珠的加入会对环氧树脂的固化反应产生影响。

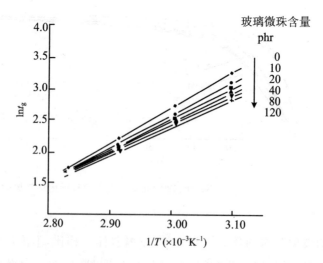

图 6.27 60 ℃ 下 0 phr、20 phr、40 phr、80 phr、120 phr 五个不同填料配比的环氧树脂-低分子量聚酰胺-玻璃微珠体系 $\ln t_g$-$1/T$ 关系图

事实上,玻璃混在环氧树脂中,其表面与环氧树脂的相互作用远比单纯的范德华作用复杂,玻璃与树脂之间既有范德华相互作用,也有化学键类型的主价键键合。用断裂力学的方法,Andrews 和作者发现玻璃与环氧树脂表面之间的结合能($7.25 \mathrm{~J} \cdot \mathrm{m}^{-2}$)是它们之间范德华相互作用能($0.3 \mathrm{~J} \cdot \mathrm{m}^{-2}$)的 24 倍,而如果玻璃与环氧树脂之间全部由化学键键合,其键合能将为它们之间范德华相互作用能的 100 倍。由此推断出环氧树脂与玻璃黏接中至少部分是主价键的键合[28,29]。

6.3.4 非平衡态热力学涨落理论预估固化行为

与前面一样,按 Hsich 的非平衡态热力学涨落理论,由 $G(t_g+\tau) = G_\infty(1-e^{-1}) = 0.63 G_\infty$ 直接从实验固化曲线读出松弛时间 τ,并由最小二乘法的最佳拟合求得松弛时间分布宽度 β,这样就能推得固化过程中任何时刻 t 时的物理力学量 $G(t) = G_\infty\{1-\exp\{-[(t-t_g)/\tau]^\beta\}\}$,从而可由有限的实验求出 G_∞、t_g 和 β,即可计算树脂在固化过程中任何时刻的物理力学量,从而预估树脂的固化行为。

图 6.25 和图 6.27 中的虚线就是按非平衡态热力学涨落理论公式计算而画出来的理论固化曲线。由图可见,不管是环氧树脂-聚酰胺体系,还是环氧树脂-聚酰胺-玻璃微珠体系,理论预估的固化曲线和实验固化曲线都有很好的符合。再一次证明非平衡态热力学涨落理论的确是一个描述热固性树脂体系固化行为的成功理论。

6.4 玻璃纤维增强不饱和聚酯复合材料的固化

确定固化条件也是玻璃纤维增强复合材料成形工艺的重要问题之一。与粉状填料一样,玻璃纤维增强复合材料中的无机纤维的加入量也是很大的,同样不能沿用纯树脂的固化条件。应用动态扭振法的树脂固化仪备有两套模具:半球型模和平板模。使用平板模并配合扭振角度的适当减小就能用于树脂基玻璃纤维复合材料（预浸片）的固化。

6.4.1 不饱和聚酯无纬预浸片的等温固化

不饱和聚酯无纬预浸片选用市场上购买的商品。把不饱和聚酯无纬预浸片剪成统一大小（比平板模具略大）的圆片，按正交方式叠合 16 层（图 6.28），置于下模上，压合上模就能像液体树脂那样实现不饱和聚酯预浸片的等温固化实验。由于玻璃纤维预浸片起始状态为固态，因此实验开始的时刻，即在等温固化曲线的 0 点处就有了一个起始扭矩。在固化的起始阶段，因温度升高引起的物料软化是主要的，它比树脂因交联反应而导致的物料硬化来得更为明显，反映在等温固化曲线上则是扭矩连续减小，直到极小值。以后随着线形的树脂高分子链变成网状结构，物料变得更硬，而因温度升高导致的物料软化随着温度已升到了位，不再变化，等温固化曲线出现上升趋势。因此，不饱和聚酯无纬预浸片的固化曲线将是一条有极小值的酒杯状曲线（图 6.29）。过了极小值，不饱和聚酯无纬预浸片的固化曲线就与通常的液态热固性树脂一样了，扭矩增加的快慢代表（曲线的斜率）固化反应的速率，扭矩不再增加，就是平衡扭矩，表示固化反应已经完成，等等。

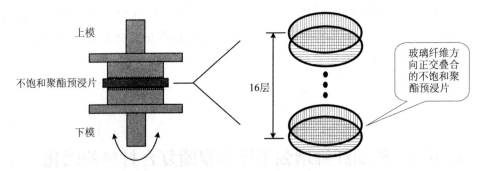

图 6.28　不饱和聚酯预浸片等温固化实验用平板模的示意图和预浸片试样的叠放示意图

不饱和聚酯无纬预浸片在 110 ℃、140 ℃、150 ℃和 160 ℃四个温度下的等温固化曲线见图 6.30。由图可以得到如下信息：

（1）每根曲线在约半小时的时间里即被完全描绘了出来，这是树脂固化仪连续跟踪固化反应的必然结果，当然，有的复合材料的固化反应时间可能比这更长,但树脂固化仪仍然能及时、定量跟踪它们,一旦固化完成,就可以为我们提供包括凝胶化时间、完全固化时间、固化速率和固化程度等一系列的固化反应表观动力学数据,以及它们随固化温度的变化规律。

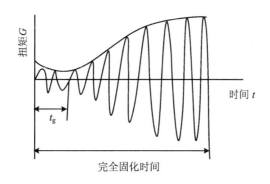

图 6.29　玻璃纤维增强树脂基复合材料的等温固化曲线示意图

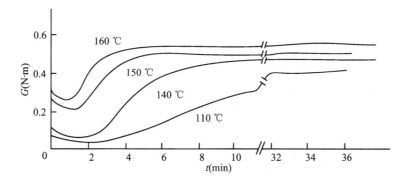

图 6.30　不饱和聚酯无纬预浸片在 110 ℃、140 ℃、150 ℃ 和 160 ℃ 四个不同温度下的等温固化曲线

(2) 取等温固化曲线极小值对应的时间为凝胶化时间 t_g,那么对不饱和聚酯无纬预浸片的等温固化,也可以用 Flory 凝胶化理论公式通过 $\ln t_g$ 对 $1/T$ 的作图(图 6.31 中的直线 2)来求得固化反应的表观活化能 $\Delta E_a = 36.9 \text{ kJ} \cdot \text{mol}^{-1}$。不饱和聚酯无纬预浸片室温保存、加热固化下,与也是室温保存、加热固化的单组分环氧树脂 7-2312 胶的活化能 $\Delta E_a = 59.8 \text{ kJ} \cdot \text{mol}^{-1}$ 相比,预浸片的固化反应表观活化能偏低。但不饱和聚酯与环氧树脂的固化机理不同,前者为自由基聚合,只要不引发自由基,尽管活化能不高,也能在室温下较长期地保存。

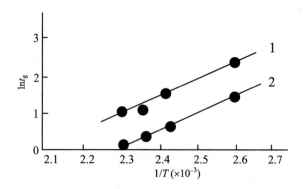

图 6.31　纯不饱和聚酯(1)和不饱和聚酯无纬预浸片(2)的 $\ln t_g$ 对 $1/T$ 作图

6.4.2　纯不饱和聚酯的等温固化

为了知道不饱和聚酯无纬预浸片中玻璃纤维填料对不饱和树脂固化的影响,同时选用了制备预浸片的纯不饱和聚酯,凉胶 7 天后作相同温度下的等温固化曲线,如图 6.32 所示。与不饱和聚酯无纬预浸片的等温固化曲线图 6.31 相比,可以看到:

(1) 像玻璃粉状填料一样,玻璃纤维的加入缩短了不饱和聚酯无纬预浸片的凝胶化时间 t_g,固化温度 T 越高,t_g 缩短的值越大。玻璃(纤维)表面活性基团对不饱和树脂的固化有影响,在研究环氧树脂与玻璃的黏接的断裂力学实验中,求得环氧树脂与玻璃黏接界面断裂原子间结合能为 $\theta_0 = 7.25\,\text{J}\cdot\text{m}^{-2}$,如果环氧树脂与玻璃黏接界面只有范德华相互作用,可以算出断裂原子间结合能约为 $\theta_{范德华作用} \approx 0.3\,\text{J}\cdot\text{m}^{-2}$,那么,环氧树脂与玻璃黏接界面断裂原子间结合能将比纯粹范德华相互作用的作用能高达 24 倍左右。由此可知,环氧树脂与玻璃界面的键合不完全是范德华的相互作用,其中至少部分是主价键合。进一步推算知道,约有 30% 是主价键合[12]。既然在环氧树脂与玻璃黏接界面处存在主价键合,它们对树脂固化的影响与温度有关就很好理解了。

(2) 玻璃纤维的加入也加快了不饱和聚酯无纬预浸片的固化反应速度,从而不饱和聚酯无纬预浸片的完全固化时间比纯不饱和聚酯的缩短了很多。这是符合一般规律的,不必再加讨论。

(3) 仍然用 Flory 凝胶化理论公式,通过 $\ln t_g$ 对 $1/T$ 的作图(图 6.31

中的直线1)求取纯不饱和聚酯的固化反应表观活化能 ΔE_a,发现它与不饱和聚酯无纬预浸片的 $\ln t_g$ 对 $1/T$ 作图是几乎平行的两条直线,因而具有相同的固化反应表观活化能 ΔE_a。这表明,尽管玻璃纤维填料的加入改变了树脂的凝胶化时间,但并不改变树脂的固化反应表观活化能,即不饱和聚酯的固化历程有无玻璃纤维填料都是一样的。

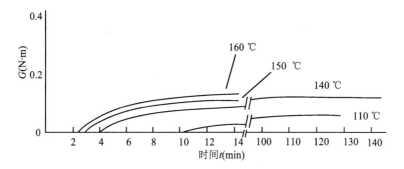

图 6.32　纯不饱和聚酯在四个不同温度下的等温固化曲线

玻璃纤维填料的加入对树脂的凝胶化时间、完全固化时间和固化反应速率都有影响,因此纯树脂的固化工艺已经不能沿用来作为预浸片的固化工艺条件,必须由实验来重新订定。

参 考 文 献

[1] 黄志雄,彭永利,秦岩,梅启林.热固性树脂复合材料及其应用[M].北京:化学工业出版社,2007.

[2] HE PINGSHENG, LI CHUNE. Curing studies on epoxy system with fillers[J]. J. Mater. Sci, 1989(24):2951-2956.

[3] H S HSICH. Kinetic model of cure reaction and filler effect[J]. J. Appl. Polym. Sci., 1982(27):3265-3277.

[4] A DUTTA, M E RYAN. Effect of fillers on kinetics of epoxy cure[J]. J. Appl. Polym. Sci., 1979(24):635-649.

[5] 吴人洁,等.高聚物的表面与界面[M].北京:科学出版社,1998.

[6] 马振基,赵珏.高分子复合材料:下册[M].台北:国立编译馆,2006.

[7] 刘英俊,刘伯元.塑料填充改性[M].北京:中国轻工业出版社,1998.

[8] 过梅丽.高聚物与复合材料的动态力学热分析[M].北京:化学工业出版社,2002.

[9] 吴鑫森,陈祥宝,宋焕成.颗粒增强复合材料中的界面层[J].复合材料学报,1985,12

(3):41-45.

[10] LU M G, SHIM M J, KIM S W. Effect of filler on cure behavior of an epoxy system: cure modeling[J]. Polym Eng Sci, 1999, 39 (2):274-285.

[11] GOYANES S N, MARCONI J D, MONDRAGON I, et al. Dynamical properties of epoxy composites filled with quartz powder[J]. J Alloys Compounds, 2000(310):374-377.

[12] E H ANDREWS, HE PINGSHENG, C VLACHOS. Adhesion of Epoxy Resin to Glass[M]. Proceeding of Royal Society, London, 1982, A381:345-360.

[13] 陈大柱,梁谷岩,何平笙.颗粒填充复合材料的界面层研究[J].功能高分子学报,2002,15(2):185-188.

[14] 郦亚铭,黄志雄,石敏先.丙烯腈含量对 CTBN 改性环氧树脂性能的影响[J].武汉理工大学学报,2008,30(3):14-17.

[15] 赵升龙,刘清方,梁滨,陶树宇.ATBN 改性的耐高温环氧胶黏剂的研究[J].黏接,2005,26(1):7-8.

[16] 杨锐,曹端林,李永祥,郭文龙,王建龙.有机硅改性环氧树脂增韧研究进展[J].天津化工,2007,21(2):15-17.

[17] 卢少杰.橡胶增韧环氧树脂低温韧性的研究[J].中国胶黏剂,2003,12(6):5-7.

[18] 吴建良,郝聪俐,宋晓华.低相对分子质量聚酰胺树脂的研制[J].浙江化工,2004,35(3):19.

[19] GALY J, SABRA A, PASCAULT J P. Characterisation of epoxy thermosetting systems by differential scanning calorimetry[J]. Polym Eng Sci, 1986, 26(21):1514-1523.

[20] 何平笙.新编高聚物的结构与性能[M].北京:科学出版社,2009.

[21] 陈大柱,何平笙.从高聚物的结晶到热固性树脂的固化:Avrami 理论在研究热固性树脂固化过程中的应用[J].功能高分子学报, 2003,16(2):256-260.

[22] LU M G, SHIM MJ, KIM S W. Curing behavior of an unsaturated polyester system analyzed by avrami equation[J]. Thermochimica Acta, 1998(323):37-42.

[23] LU M G, SHIM M J, KIM S W. Effect of filler on cure behavior of an epoxy system: cure modeling[J]. Polym Eng Sci,1999(39):274-285.

[24] CEBE P, HONG S D. Crystallization behaviour of poly(ether-ether-ketone)[J]. Polymer, 1986,27(8):1183-1192.

[25] 何平笙.高聚物的力学性能[M].2版.合肥:中国科学技术大学出版社,2008.

[26] 陈平,张岩.热固性树脂的增韧方法及其增韧机理[J].复合材料学报,1999,16(3):19-23.

[27] WANG S, GARTON A, STEVENSON W. The effect of carbon surface functionality

on tetrafunctional epoxy resin – diaminodiphenylsulfone cure reactions[J]. J Appl Polym Sci.,1990(40):99-112.

[28] 何平笙,E·H·安德鲁斯,C·符拉柯斯.环氧树脂和玻璃黏合的研究[J].高等学校化学学报,1984,5(5):743-748.

[29] 何平笙,E.H.ANDREWS.环氧树脂-玻璃黏接在水中的环境破坏[J].中国科学技术大学学报,1981,11(4):60-69.

第7章 动态扭振法在树脂基蒙脱土纳米复合材料固化中的应用

7.1 环氧树脂—有机蒙脱土—2-己基-4-甲基咪唑纳米复合材料的固化行为

7.1.1 树脂基蒙脱土纳米复合材料

树脂基纳米复合材料是指由热固性树脂与纳米量级的填料组成,且基本尺寸至少有一维在100 nm以内的复合材料。纳米材料由于其极大的比表面而产生一系列效应,如尺寸效应、界面效应、量子效应和量子隧道效应等,使其具有许多新异的特性[1,2],也极大地开拓了高聚物复合材料的应用领域。插层复合法是制备高性能树脂基纳米复合材料的一种重要方法,也是当前材料科学领域研究的热点之一。它是将热固性树脂单体或预聚体插入层状硅酸盐(如蒙脱土)片层间,破坏硅酸盐的片层结构,使其以厚度为1 nm左右的片层分散于树脂基中,形成树脂基层状硅酸盐纳米复合材料(polymer-layered silicate nanocomposite, 简称为PLS纳米复合材料)。热固性树脂与层状硅酸盐达到分子水平的复合,大大增加了高聚物与层状硅酸盐的界面相互作用,从而使复合材料具有卓越的性能[3,4]。

在层状硅酸盐中,蒙脱土最为常用。因为蒙脱土片层中间的离子交换容量比较适中,加上优良的力学性能及低廉的价格,使得蒙脱土成为制备树脂基纳米复合材料的首选矿物。我国蕴藏有丰富的蒙脱土矿藏,因而研究树脂基-蒙脱土纳米复合材料对我国有特别的实用意义。

环氧树脂与有机蒙脱土(表面活性剂阳离子交换的蒙脱土,Org-MMT)形成复合材料,是最早研究的树脂基-蒙脱土纳米复合材料之一[5]。由于其在低填料含量下即具有优异的物理力学性能而引起了人们极大的兴趣。例如与纯环氧树脂相比,含有 4%(体积比)有机蒙脱土的环氧树脂纳米复合材料储能模量提高 58%,抗张强度也得到很大改进,甚至增加 10 倍[6]。

天然蒙脱土是片层状结构,层间距约 1 nm,层间是水合的 Ca^{2+}、Na^+ 等可交换的无机阳离子,它的结构如图 7.1 所示[2]。这种亲水的微环境不利于插层反应的进行,需要用有机阳离子去改变蒙脱土片层的极性,降低硅酸盐片层的表面能,以增加蒙脱土与树脂或单体两相间的亲和性。这样的有机阳离子就叫做插层剂,如长链的季胺盐。因为蒙脱土晶片层存在过剩负电荷,通过静电吸附层间的阳离子而保持电中性。由于层间阳离子的水合作用,蒙脱土能够稳定分散于水中,其

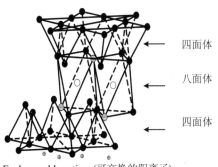

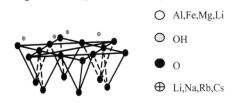

图 7.1 蒙脱土的结构

层间阳离子可以同外部的有机和无机阳离子进行离子交换。长链季胺盐可对蒙脱土进行离子交换处理,制得的有机改性蒙脱土的良好的亲油性来源于层间长碳季胺盐在有机溶剂中的溶剂化作用,即在改变蒙脱土层间微环境的同时,由于季胺盐体积较大,又有一根烷基长链,进入层间后可使层间距扩大,削弱了片层间的作用力,有利于插层反应的进行。而且层间的烷基长链能提供良好的亲油性环境,有利于树脂或单体的插入。

本节介绍用动态扭振法研究环氧树脂-有机蒙脱土—2-己基-4-甲基咪唑纳米复合材料的固化行为,探究有机蒙脱土用量对纳米复合材料固化的影响,用 Flory 凝胶化理论、Avrami 方程求取固化反应的表观活化能,并

用非平衡态热力学涨落理论来预估体系的固化行为。

7.1.2 环氧树脂 E51—2-乙基-4-甲基咪唑体系的等温固化曲线

选用环氧值 0.49～0.53，环氧当量 196 的双酚-A 型环氧树脂 E51，2-乙基-4-甲基咪唑(2,4-EMI)为固化剂；钠基蒙脱土，粒径 300 目，阳离子交换容量为 100 mmol/100 g，用十六烷基三甲基溴化铵对钠基蒙脱土进行有机化处理成为有机蒙脱土(Org-MMT)。在等温固化实验中，E51 与 2,4-EMI 的重量比为 100∶5，有机蒙脱土用量分别为 0 phr、2 phr、5 phr、7 phr 和 10 phr。

图 7.2(a)为 70 ℃、75 ℃、80 ℃和 85 ℃四个温度下纯环氧树脂 E51—2-乙基-4-甲基咪唑体系的等温固化曲线。由图 7.2(a)可以看出，不同温度下的等温固化曲线形状相似，呈 S 型。随固化温度 T 增加，环氧树脂—2-乙基-4-甲基咪唑体系的凝胶化时间 t_g 依次缩短，如 70 ℃下 t_g 为 48.9 min，而 85 ℃的 t_g 已缩短为 15.0 min(表 7.1)。从凝胶点后固化曲线上升的趋势同样可以看出，固化温度的提高加快了树脂体系的交联反应。

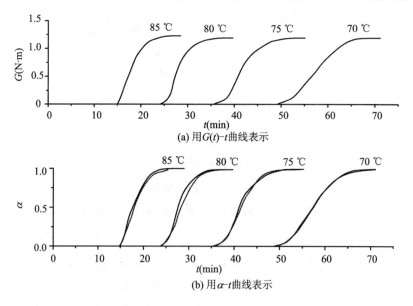

图 7.2 70 ℃、75 ℃、80 ℃和 85 ℃四个温度下环氧树脂 E51—2-乙基-4-甲基咪唑体系的等温固化曲线

——实验曲线；……理论曲线

既然固化树脂体系扭矩(或模量)的大小反映了固化反应程度,且凝胶点前的扭矩 $G_0=0$,那么可以定义凝胶点后任意时刻 t 的相对固化度 α:

$$\alpha = \frac{G(t)}{G_\infty} \tag{7.1}$$

式中,$G(t)$ 和 G_∞ 分别为凝胶点后任何时刻 t 的扭矩及树脂完全固化时的最大扭矩(平衡扭矩)。利用相对固化度 α 对实验得到的扭矩 G-固化时间 t 表示的等温固化曲线(G-t 曲线,图 7.2(a))进行转换,即可得到以相对固化度 α-固化时间 t 表示的等温固化曲线(α-t 曲线,图 7.2(b))。

7.1.3 环氧树脂 E51—有机蒙脱土—2-己基-4-甲基咪唑体系的等温固化曲线

图 7.3 为 70 ℃、75 ℃、80 ℃ 和 85 ℃ 四个不同温度下,2 phr、5 phr、7 phr 和 10 phr 四个不同蒙脱土含量的环氧树脂 E51—有机蒙脱土—2-己基-4-甲基咪唑体系的等温固化 α-t 曲线。图 7.3 与图 7.2 相比,添加和不添加有机蒙脱土的环氧树脂 E51—有机蒙脱土—2-己基-4-甲基咪唑体系的固化曲线形状类似,而且随着固化温度的升高,凝胶化时间 t_g 和固化速率的变化规律都相似。但在相同温度下固化时,有机蒙脱土的加入,即环氧树脂 E51—有机蒙脱土—2-己基-4-甲基咪唑体系的 t_g 比没有有机蒙脱土的纯环氧树脂体系,即环氧树脂 E51—2-己基-4-甲基咪唑体系的 t_g 来得短。如 5 phr 有机蒙脱土的体系的凝胶化时间 t_g 比纯环氧树脂的 t_g 缩短了 1.9 min。

关于添加填料能缩短体系凝胶化时间的现象在环氧树脂-咪唑-硅微粉体系中已经讲过了。在这里,因为蒙脱土具有足够大的比表面来吸附和分散固化剂分子,加上季铵盐阳离子对蒙脱土片层间环氧树脂固化反应具有促进作用[7],凝胶化时间 t_g 的缩短更能理解。

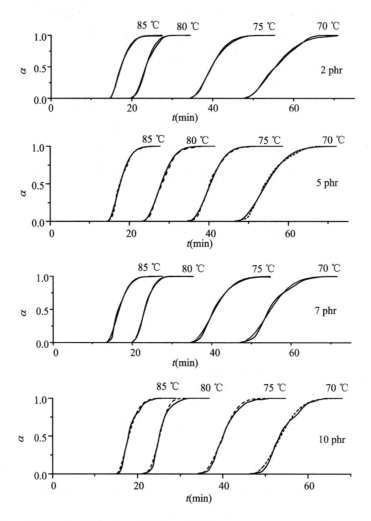

图 7.3　70 ℃、75 ℃、80 ℃ 和 85 ℃ 四个不同温度下，2 phr、5 phr、7 phr 和 10 phr 四个不同蒙脱土含量的环氧树脂 E51—有机蒙脱土—2-己基-4-甲基咪唑体系的等温固化 α-t 曲线

——实验曲线；……理论曲线

7.1.4　固化反应的表观活化能

图 7.4 和图 7.5 分别是 0 phr（纯环氧树脂 E51，不加有机蒙脱土）、2 phr、5 phr、7 phr 和 10 phr 五个不同有机蒙脱土含量的环氧树脂 E51—有机蒙脱土—2-己基-4-甲基咪唑体系 70 ℃ 下的等温固化曲线和根据 Flory

凝胶化理论 $\ln t_g = C + \Delta E_a/(RT)$，以 $\ln t_g$ 对 $1/T$ 的作图。由直线斜率即可算出树脂体系固化反应的表观活化能 ΔE_a（具体数值见表 7.1）。纯环氧树脂 E51—2-己基-4-甲基咪唑体系的 $\Delta E_a = 82.2$ kJ·mol^{-1}（与 Berger 等人[8]用 DSC 方法研究的结果 80.3 kJ·mol^{-1}相当接近），而添加有机蒙脱土的环氧树脂 E51—有机蒙脱土—2-己基-4-甲基咪唑体系的 $\Delta E_a = 80.1 \sim 88.9$ kJ·mol^{-1}，与不加蒙脱土的值也很接近，表明有机蒙脱土的添加基本上不改变环氧树脂—2-己基-4-甲基咪唑体系的固化机理（至少在凝胶点前是这样）。结果也表明，反映纯树脂凝胶化时间 t_g 和固化温度 T 关系的 Flory 凝胶化理论同样适用于树脂基有机蒙脱土插层纳米复合材料的固化研究。

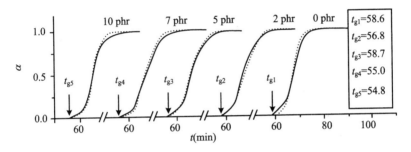

图 7.4　70 ℃下 0 phr（纯环氧树脂）、2 phr、5 phr、7 phr 和 10 phr 五个不同蒙脱土含量的环氧树脂 E51—有机蒙脱土—2-己基-4-甲基咪唑体系的等温固化 α-t 曲线

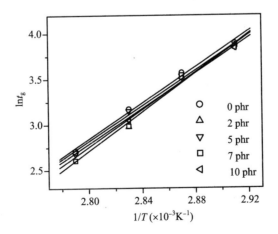

图 7.5　不同有机蒙脱土含量的环氧树脂 E51—有机蒙脱土—2-己基-4-甲基咪唑体系 $\ln t_g$ 对 $1/T$ 的作图

表 7.1 环氧树脂 E51—有机蒙脱土—2-己基-4-甲基咪唑体系的固化动力学参数

Org-MMT (phr)	T (℃)	t_g (min)	t_c (min)	τ (min)	β	ΔE_{a1} (kJ·mol^{-1})	ΔE_{a2} (kJ·mol^{-1})
0	70	48.9	68.2	9.80	2.26	82.2	64.8
	75	35.5	51.2	6.61	2.27		
	80	23.8	35.6	5.36	2.03		
	85	15.0	26.7	3.72	1.53		
2	70	47.6	67.5	9.91	1.84	85.0	71.1
	75	34.3	49.1	6.43	1.88		
	80	19.6	29.2	4.58	2.07		
	85	14.7	23.2	3.55	1.63		
5	70	46.6	67.3	9.39	1.94	80.4	60.4
	75	34.5	50.5	6.82	2.16		
	80	23.3	37.2	5.47	2.00		
	85	14.6	24.7	3.81	1.72		
7	70	46.8	67.4	8.97	2.12	88.9	66.4
	75	34.5	51.0	7.16	1.95		
	80	19.8	28.5	4.50	2.05		
	85	13.5	23.1	3.61	1.86		
10	70	46.4	64.1	8.50	2.23	80.1	70.0
	75	33.9	50.1	6.56	2.48		
	80	21.1	31.9	4.67	2.74		
	85	14.8	24.5	3.17	1.74		

注：ΔE_{a1}、ΔE_{a2} 分别是由 Flory 凝胶化理论和非平衡态热力学涨落理论求得的固化反应表观活化能

7.1.5 非平衡态热力学涨落理论及其对环氧树脂 E51—有机蒙脱土—2-己基-4-甲基咪唑体系固化行为的预估

仍以相对固化程度 α 替代扭矩 G，由 Hsich 非平衡态热力学涨落理论求得固化反应的公式 $\alpha = 1 - \exp[-(\frac{t-t_g}{\tau})^\beta]$ 可预估环氧树脂 E51—有机蒙脱土—2-己基-4-甲基咪唑体系任何时刻的固化行为。而由 $\alpha(t = t_g + \tau) = 0.63$ 求得的固化反应的松弛时间 τ 值，和由最小二乘法拟合整个固化曲线求得的 β 值均列在了表 7.1 中。对于不同的固化体系，β 值均大于 1，说明环氧体系的固化行为并非简单的一级反应。理论预估的等温固化曲线（虚线所示）均一并画在图 7.2(b)、图 7.3 和图 7.4 中，理论曲线与实验等温

固化曲线都有很好的符合,可见运用非平衡态热力学涨落理论的数学形式不仅可预估纯环氧树脂体系的固化行为,而且可预估树脂基纳米复合材料的固化过程。因此,从有限的实验得到 G_∞、t_g、τ 和 β 后,即可计算树脂在固化过程中任何时刻的物理力学量(或相对固化度),从而可以预估树脂体系的固化行为。

由实验得到的松弛时间 τ 同样可以用来求取固化反应的活化能 ΔE_{a2}。τ 与温度的关系也符合 Arrhenius 经验公式:

$$\ln \tau = \ln \tau_0 + \frac{\Delta E_a}{RT} \tag{7.2}$$

对含有不同有机蒙脱土含量的环氧树脂 E51—有机蒙脱土—2-己基-4-甲基咪唑体系,运用式(7.2)以 $\ln\tau$ 对 $1/T$ 作图,得图 7.6。由直线的斜率同样可求得凝胶点后的固化活化能 ΔE_{a2},也列于表 7.1。从表 7.1 中数据可以看出有机蒙脱土的加入对固化体系凝胶点后反应活化能影响不大。比较凝胶点前后固化反应的 ΔE_{a1} 和 ΔE_{a2} 可以发现,ΔE_{a2} 均低于 ΔE_{a1},这是因为凝胶点前的固化反应属均相反应,而凝胶点之后随着固化程度增大反应变成异相反应,扩散因素起着重要的作用[9]。

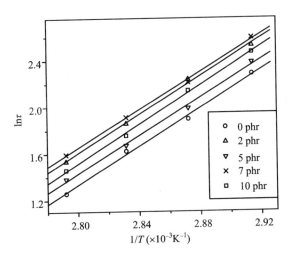

图 7.6　不同有机蒙脱土含量的环氧树脂 E51—有机蒙脱土—2-己基-4-甲基咪唑体系的 $\ln\tau$ 对 $1/T$ 作图

$\ln\tau$-$1/T$ 图的直线外推能得到 τ_0,它与有机蒙脱土含量的关系是先增加后降低,如图 7.7 所示。因为 τ_0 的倒数反映的是固化反应的速率,因此,环氧树脂 E51—有机蒙脱土—2-己基-4-甲基咪唑体系的固化反应速率是先减慢后加速,从而在有机蒙脱土含量为 7 phr 处存在一个速率极小值。出现这个现象的原因是两个因素共同作用的结果,一方面,正如前面已经提及过的,用有机胺处理过的有机蒙脱土对环氧树脂的固化有一定的催化作用;另一方面,层状的蒙脱土结构起着妨碍输送物料壁垒的作用。凝胶点后的固化反应主要是受扩散控制的,有机蒙脱土的片层不可避免地会限制或延缓树脂的交联反应。在有机蒙脱土含量小于 7 phr 时,限制或延缓作用是主要的,但在有机蒙脱土含量达到 7 phr 时,大量的有机蒙脱土对树脂固化的加速作用将超过蒙脱土层状结构所起的限制或延缓作用,从而导致总的固化反应速率在凝胶点后的加速。这也表明环氧树脂 E51—有机蒙脱土—2-己基-4-甲基咪唑体系在不同的固化反应阶段有不同的反应机理。

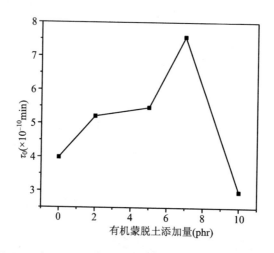

图 7.7　环氧树脂 E51—有机蒙脱土—2-己基-4-甲基咪唑体系参数 τ_0 随有机蒙脱土添加量的变化

7.1.6　Avrami 方程对凝胶点后固化反应的分析

仍采用相对固化程度 $\alpha = G_t/G_\infty$,Avrami 方程的公式为 $\ln[-\ln(1-\alpha)] = \ln k_p + n\ln(t-t_g)$,以 $\ln[-\ln(1-\alpha)]$ 对 $\ln(t-t_g)$ 作图,可得到 $\ln k_p$ 和 Avrami 指数 n。图 7.8 是 0 phr(纯环氧树脂)、2 phr、5 phr、7 phr 和 10 phr 五个不同有机蒙脱土含量的环氧树脂 E51—有机蒙脱土—2-己基-4-甲基咪唑体系在 70 ℃、75 ℃、80 ℃ 和 85 ℃ 四个不同温度下 $\ln[-\ln(1-\alpha)]$ 对 $\ln(t-t_g)$ 的作图。由图可见,不同有机蒙脱土含量、不

同固化温度下,固化体系都有良好的线性关系,说明利用 Avrami 方程研究树脂基纳米复合材料在凝胶点后的固化反应过程是可行的。

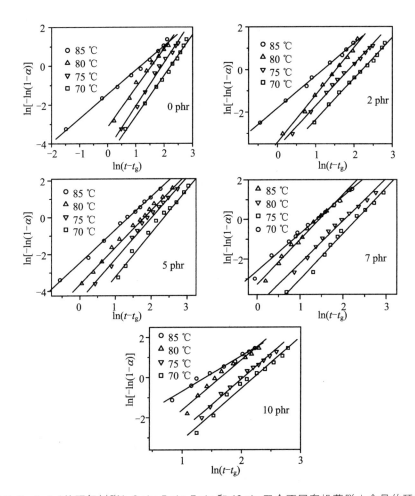

图 7.8 0 phr(纯环氧树脂)、2 phr、5 phr、7 phr 和 10 phr 五个不同有机蒙脱土含量的环氧树脂 E51—有机蒙脱土—2-己基-4-甲基咪唑体系在 70 ℃、75 ℃、80 ℃ 和 85 ℃ 四个不同温度下的 $\ln[-\ln(1-\alpha)]$ 对 $\ln(t-t_g)$ 的作图

令 $t_i = t - t_g$,为求出体系在凝胶点后达到最大固化速率的时间,由 $\dfrac{d^2\alpha}{dt^2} = 0$,可得 $t_i = \left[\dfrac{n-1}{nk}\right]^{\frac{1}{n}}$。含有不同有机蒙脱土含量的环氧树脂纳米复合体系的 k、n 和 t_i 值列于表 7.2 中。从表 7.2 可以看出,对于相同有机蒙脱土含量的环氧树脂 E51—有机蒙脱土—2-己基-4-甲基咪唑体系,随固化温度的提高,速率常数 k 值增大,凝胶点后达到最大固化速率的时间 t_i

逐渐减小,说明固化速率随着反应温度的增高而加快。

表 7.2 环氧树脂 E51—有机蒙脱土—2-己基-4-甲基咪唑体系的固化动力学参数

有机蒙脱土 (phr)	T (℃)	t_g (min)	t_i (min)	n	k (10^{-3})	ΔE_{a1} (kJ·mol^{-1})	ΔE_{a3} (kJ·mol^{-1})
0	70	48.9	7.5	2.26	5.92	82.2	68.7
	75	35.5	5.8	2.32	9.85		
	80	23.8	3.8	2.10	32.7		
	85	15.0	2.0	1.62	124		
2	70	47.6	6.1	1.92	14.8	85.0	62.8
	75	34.3	4.6	1.97	24.0		
	80	19.6	3.2	1.93	50.5		
	85	14.7	2.2	1.73	105		
5	70	46.6	8.1	2.45	3.52	80.4	63.0
	75	34.5	5.6	2.29	11.1		
	80	23.3	4.1	1.96	30.3		
	85	14.6	2.5	1.79	85.9		
7	70	46.8	7.9	2.31	4.82	88.9	69.9
	75	34.5	5.7	2.14	12.9		
	80	19.8	3.3	2.27	37.3		
	85	13.5	2.6	1.88	74.3		
10	70	46.4	7.5	2.57	3.49	80.1	65.0
	75	33.9	6.0	2.44	7.37		
	80	21.1	4.2	2.62	14.2		
	85	14.8	2.3	1.79	99.0		

注:ΔE_{a1}、ΔE_{a3} 分别是由 Flory 凝胶化理论和 Avrami 理论求得的固化反应活化能

由于速率常数 k 具有温度依赖性,k 与固化温度之间的关系符合阿累尼乌斯公式[10] $k^{1/n} = A\exp\left(-\dfrac{\Delta E_{a2}}{RT}\right)$,从而有 $(1/n)\ln k = \ln A - \dfrac{\Delta E_{a2}}{RT}$,这里 ΔE_{a2} 即为凝胶点后固化反应的活化能。

以 $(1/n)\ln k$ 对 $1/T$ 作图(图 7.9),从图中直线的斜率可以求出体系在凝胶点之后的固化反应表观活化能 ΔE_{a2}(也已列在表 7.2 中)。由表 7.2 可见,有机蒙脱土的加入对环氧树脂固化反应的表观活化能 ΔE_{a2} 影响不大[11],进一步表明有机蒙脱土的加入并不改变凝胶点之后的固化反应机理。若比较凝胶点前后固化反应的表观活化能,可以发现以 2-己基-4-甲基咪唑为固化剂时,凝胶点后的反应活化能均低于凝胶点前的表观活化能,这是因为凝胶点前的固化反应属均相反应,而凝胶点之后随着固化程度增

大反应变成异相反应,扩散因素起着重要的作用[9],也是很好理解的。

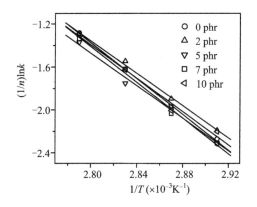

图 7.9 不同有机蒙脱土含量的环氧树脂 E51—有机蒙脱土—2-乙基-4-甲基咪唑体系的 $(1/n)\ln k$ 对 $1/T$ 的作图

7.2 环氧树脂-有机蒙脱土-二乙烯三胺纳米复合材料的固化

与上节不同的是,这里是在 80 ℃温度下将有机蒙脱土放在环氧树脂单体中先溶胀 72 h,然后用二乙烯三胺在 120 ℃的中温下固化。X-射线衍射证明预先用环氧树脂单体溶胀有机蒙脱土并不影响插层效果,但预先溶胀能保证环氧树脂单体与有机蒙脱土充分接触,容易插入到黏土层间,蒙脱土层间可容纳的环氧值达到一饱和值。至于选择常温胺类固化剂二乙烯三胺,是因为在实验固化温度下,层外固化速率快于层内固化速率,导致进入层间的分子链有限,从而使层间距扩大得到插层型纳米复合材料。并且 Pennavaia[6,7] 等使用间苯二胺中温固化剂研究了黏土在环氧树脂中的剥离情况,发现低温(75 ℃)或高温(140 ℃)固化时,黏土均不能剥离,只有在中温(120 ℃)固化时黏土才能发生剥离。

下面的图、表就与上一节完全一样了:图 7.10 是 0 phr、3 phr、5 phr、7 phr 和 10 phr 五个有机蒙脱土含量的环氧树脂-有机蒙脱土-二乙烯三胺纳米复合材料在 40 ℃、50 ℃、60 ℃ 和 70 ℃ 四个不同实验温度下的固化曲线。由固化曲线求得有关数据列于表7.3。从等温固化曲线的最大值 G_∞ 可以看出,有机蒙脱土的加入与有机蒙脱土加入量的多少,对固化后的环氧树脂-有机蒙脱土-二乙烯三胺纳米复合材料体系的扭矩(模量)基本上没有影响。蒙脱土片层阻碍了环氧树脂在穿透片层方向上的交联,降低了交联密度;蒙脱土的加入起到了应力集中点的作用,使基体强度下降。蒙脱土粒子本身极高的模量及其与基体良好的亲和力又使基体模量提高。因此总的结果是对环氧树脂固化物影响不大。

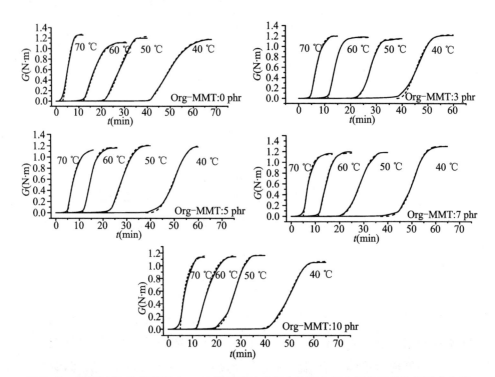

图7.10 环氧树脂-有机蒙脱土-二乙烯三胺纳米复合体系在四个温度下的等温固化曲线
——实验曲线;……理论预估曲线

用 Hisch 非平衡态热力学涨落理论预估环氧树脂-有机蒙脱土-二乙烯三胺纳米复合材料的固化行为,求得体系的松弛时间 τ 和参数 β(见表7.3),由此理论预估的固化曲线在图7.10上以虚线画出,不同固化温度下、不同有机蒙脱土含量的环氧树脂-有机蒙脱土-二乙烯三胺纳米复合材料的理论固化曲线都较好地与实验线相符。

同样以 $\ln\tau$ 对 $1/T$ 作图(见图7.11),由直线斜率可求得凝胶点后的固化反应表观活化能 ΔE_a。表7.3给出了体系凝胶点后的固化反应表观活化

能 ΔE_a。可以看出,有机蒙脱土的加入,对体系凝胶点后的固化反应活化能 ΔE_a 影响不大。

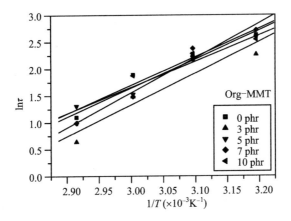

图 7.11　环氧树脂-有机蒙脱土-二乙烯三胺纳米复合体系的 $\ln\tau$ 对 $1/T$ 作图

表 7.3　由 Hisch 非平衡态热力学涨落理论得到的环氧树脂-有机蒙脱土-二乙烯三胺纳米复合体系在各个不同温度下的固化动力学参数

有机蒙脱土 (phr)	T (℃)	t_g (min)	τ (min)	β	ΔE_a (kJ·mol^{-1})
0	40	40.01	11.84	1.88	44.0
	50	19.83	9.72	2.53	
	60	11.93	6.60	1.50	
	70	3.01	3.03	1.72	
3	40	37.65	10.02	2.38	48.9
	50	19.52	8.78	3.61	
	4809	10.73	4.42	1.67	
	70	4.05	1.91	1.70	
5	40	37.65	13.35	3.09	40.3
	50	19.52	9.18	2.48	
	60	10.73	4.63	1.78	
	1.16	70	4.95	3.71	
7	40	37.39	15.12	3.91	53.9
	50	18.8	10.84	3.24	
	60	10.70	4.40	1.65	
	1.24	70	4.89	2.79	
10	40	38.70	12.74	4.02	44.7
	50	19.04	9.86	4.34	
	60	10.91	6.50	1.56	
	70	4.96	2.75	0.98	

对环氧树脂-有机蒙脱土-二乙烯三胺纳米复合材料的固化行为进行 Avrami 分析,仍以相对固化程度 α 表示,图 7.12 是不同有机蒙脱土用量的环氧树脂-有机蒙脱土-二乙烯三胺纳米复合材料固化体系在 40 ℃、50 ℃、60 ℃ 和 70 ℃ 四个不同温度下 $\ln[-\ln(1-\alpha)]$ 对 $\ln(t-t_g)$ 的作图,由此求得的 k 和 n 列于表 7.3。

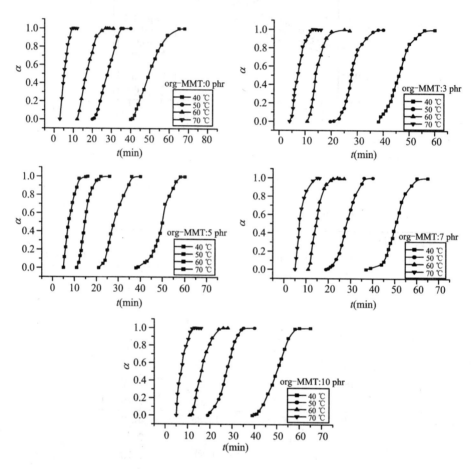

图 7.12 不同温度和不同有机蒙脱土含量的环氧树脂-有机蒙脱土-二乙烯三胺纳米复合材料的固化 $\alpha-t$ 曲线

从表 7.3 可以看出,对于不含有机蒙脱土的环氧树脂-二乙烯三胺固化体系,随着固化温度的提高,k 值增大,而 n 值却不断减小,凝胶点后完成固化反应一半的时间 $t_{1/2}$ 及达到最大固化速率的时间 t_p 也在不断降低。对于含有有机蒙脱土的环氧树脂-有机蒙脱土-二乙烯三胺固化体系,k、n、$t_{1/2}$ 和 t_p 值的变化也存在类似的规律。k 值的增加,$t_{1/2}$ 的降低意味着固化速率的加快，说明固化温度提高，固化速率加快，这与一般规律是相符合的。Avrami 指数 n 是表征固化反应机理的参数，对于含有有机蒙脱土和不含有机蒙脱土的固化体系，n 值的大小与固化温度有关，固化温度低于 60 ℃ 时，n 值为 2 左右，而固化温度高于 60 ℃ 后，n 值降为 1.5 左右，这是由于凝胶点后的固化反应属扩散控制反应，低温下固化过程中的受限质量传递程度要小一些，同时也说明有机蒙脱土的加入也不改变环氧树脂的固化机理。

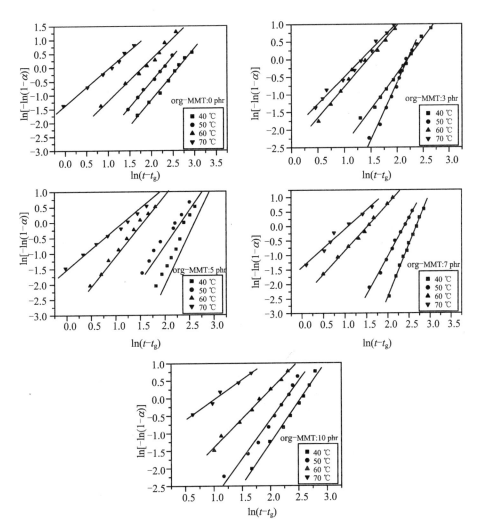

图 7.13 不同温度和不同有机蒙脱土含量的环氧树脂-有机蒙脱土-二乙烯三胺固化体系的 $\ln[-\ln(1-\alpha)]$ 对 $\ln(t-t_g)$ 作图

表 7.4 是由 Avrami 理论得到的环氧树脂-有机蒙脱土-二乙烯三胺固化体系等温固化的有关动力学参数。其中 ΔE_{a1} 和 ΔE_{a2} 分别是体系在凝胶点前后的固化反应表观活化能。从表 7.4 可以看出，速率常数 k 具有温度依赖性，由于固化是一热活化过程，k 与固化温度之间应满足关系式 $k^{1/n} = A\exp(-\dfrac{\Delta E_{a2}}{RT})$。以 $(1/n)\ln k$ 对 $1/T$ 作图，如图 7.14 所示，利用图中直线的斜率可以求出凝胶点后体系固化反应的表观活化能 ΔE_{a2}，结果列于表 7.4。可以看出，随有机蒙脱土用量的增加，凝胶点前的表观活化能逐渐减小，而凝胶点后的表观活化能变化不大。

表 7.4 由 Avrami 理论得到的环氧树脂-有机蒙脱土-二乙烯三胺固化体系等温固化的有关动力学参数

有机蒙脱土 (phr)	T (℃)	t_g (min)	$t_{1/2}$ (min)	t_P (min)	k	n	ΔE_{a1} (kJ·mol^{-1})	ΔE_{a2} (kJ·mol^{-1})
0	40	40.01	16.82	9.15	7.40×10^{-3}	1.87	73.5	44.9
	50	19.83	8.40	6.38	1.49×10^{-2}	1.85		
	60	11.93	5.17	2.97	6.53×10^{-2}	1.51		
	70	3.01	2.28	0.97	0.253	1.32		
3	40	38.17	7.83	6.47	1.18×10^{-2}	2.01	65.2	40.7
	50	19.67	8.09	8.08	8.10×10^{-4}	3.23		
	60	10.86	3.13	2.61	7.98×10^{-2}	1.75		
	70	4.05	3.23	1.89	0.131	1.53		
5	40	37.65	12.36	12.26	1.66×10^{-4}	3.33	59.6	45.7
	50	19.52	8.59	7.96	4.86×10^{-3}	2.29		
	60	10.73	3.89	3.36	4.47×10^{-2}	1.98		
	70	4.95	2.37	1.11	0.217	1.33		
7	40	37.39	12.83	13.25	6.59×10^{-5}	3.60	59.5	50.5
	50	18.8	9.21	9.13	1.74×10^{-3}	2.66		
	60	10.70	3.90	2.52	8.53×10^{-2}	1.61		
	70	4.89	2.19	0.99	0.243	1.32		
10	40	38.70	11.32	10.09	2.46×10^{-3}	2.36	9.9	43.7
	50	19.04	8.41	7.44	6.39×10^{-3}	2.22		
	60	10.91	5.00	3.61	4.76×10^{-2}	1.64		
	70	4.96	2.13	0.99	0.306	1.44		

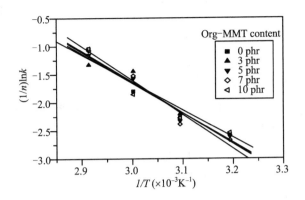

图 7.14 环氧树脂-有机蒙脱土-二乙烯三胺固化体系$(1/n)\ln k$ 对 $1/T$ 作图

7.3 环氧树脂-有机蒙脱土-聚酰胺树脂的二次固化

在第 4 章中介绍有关"安徽一号"环氧树脂黏合剂固化时已经提到,用胺类固化剂固化环氧树脂,在某个温度下固化反应是不完全的,如果提高固化温度,没有完全固化的环氧树脂还会进一步发生固化反应,表现在树脂固化曲线上是扭矩有一个抬升[5],这就是所谓的环氧树脂的二次固化。

在树脂基纳米复合材料的固化中也有所谓的"二次固化"现象,其成因则是由于蒙脱土具有的纳米层状结构。上节中说了,由于无机纳米颗粒在树脂中不易分散,就用具有纳米层间距片晶结构的无机矿物,如蒙脱土作填料,通过聚合时的热效应来撑开片晶达到蒙脱土的纳米级分散,制得插层型树脂基蒙脱土纳米复合材料。由于蒙脱土层间和层外的高聚物(树脂)所处的环境不一样,它们的一些行为会有所不同,表现在固化行为上就是"二次固化"。原来,在同一个固化时间,蒙脱土层内树脂的固化程度和层外树脂的固化程度是不一样的,由于层状结构的限制,层内树脂的固化程度要高于层外树脂的固化程度。这样如果延长固化时间,那么,本来还来不及固化完全的层外树脂会继续发生固化反应,从而在树脂物性上反映出来。当然也应该在它们的固化反应曲线上反映出来。我们在用动态扭振法研究环氧树脂-蒙脱土纳米复合材料的等温固化行为时,确实观察到了该体系处在层间和层外的环氧树脂的不同固化过程的现象。

采用双酚-A 环氧树脂 E44,环氧值 0.41~0.47 mol/g,固化剂是低相对分子质量的聚酰胺树脂 651,胺值 380~420,相对分子质量 600~1100。商品钙蒙脱土用氯化钠改性为钠蒙脱土,再用溴化十六烷基三甲基胺 $CH_3(CH_2)_{15}N(CH_3)_3Br$ 插层剂处理蒙脱土为亲油性。体系的配比为环氧树脂:聚酰胺:蒙脱土 = 100:50:3(重量比)。

纯的环氧树脂 E44-聚酰胺体系在 53 ℃、61 ℃、71 ℃ 和 78 ℃ 四个温度下的等温固化曲线如图 7.15 所示。从原点到开始出现扭矩的时间就是树脂体系的凝胶化时间,随固化温度升高,依次缩短。由 Flory 的凝胶化理论公式 $\ln t_g = C + \dfrac{\Delta E_a}{RT}$,以 $\ln t_g$ 对 $1/T$ 作图的直线斜率求得固化反应的表观活化能 $\Delta E_a = 56.8\ kJ \cdot mol^{-1}$。凝胶化时间 t_g 以后扭矩的增加代表了固化反应的速度,最后,扭矩不再增加,达到完全固化。

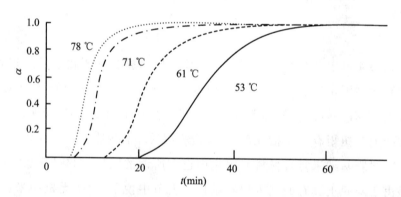

图 7.15 环氧树脂 E44-聚酰胺体系在 53 ℃、61 ℃、71 ℃ 和 78 ℃ 四个温度下的等温固化曲线

环氧树脂 E44-有机蒙脱土(3 wt%)-聚酰胺纳米复合体系在上述温度下的等温固化曲线(用相对固化度 α 表示)如图 7.15 所示。随温度的变化规律与不加蒙脱土的纯树脂体系一样,由此求得的活化能 $\Delta E_a = 57.0\ kJ \cdot mol^{-1}$,与纯树脂体系的几乎相等。但等温固化曲线却呈现新的性状,那就是在固化曲线上出现明显的台阶,是典型的"二次固化"或"后固化"现象。表明环氧树脂 E44-有机蒙脱土(3 wt%)-聚酰胺纳米复合体系的固化过程存在两个阶段,即环氧树脂的层间固化和环氧树脂的层外固化。

环氧树脂的固化交联中关键的化学反应步骤是打开环氧基,而 H^+ 及其路易斯酸阳离子均是这个过程的优良催化剂。层间环氧树脂的固化会受到溴化十六烷基三甲基胺的催化作用,反映在固化曲线上就是这里出现明显的台阶。环氧树脂-蒙脱土体系的层间固化和层外固化现象也曾被 Pinnavaia 研究组用差热分析观察到[5],这里的结果则是该现象的更为直接的证据。

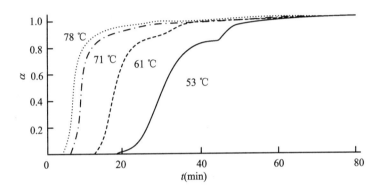

图 7.16　环氧树脂 E44-有机蒙脱土(3 wt%)聚酰胺纳米复合体系在 53℃、61℃、71℃ 和 78℃ 四个温度下的等温固化曲线

纯的环氧树脂 E44-聚酰胺体系不存在这个现象。蒙脱土的含量超过 10 wt% 时,固化曲线上不出现台阶。因为蒙脱土的含量达 10 wt% 时,环氧树脂主要分布在蒙脱土之间,层外的环氧树脂很少,固化过程就是层间交联反应。

环氧树脂 E44-有机蒙脱土(3 wt%)-聚酰胺纳米复合体系在固化过程中呈现的"二次固化"现象是高聚物在受限条件下各种物性表现异常的典型实例,像在受限条件下聚 ε-己内酯(PCL)薄膜的结晶行为。由于在超薄膜中的结晶,PCL 的结晶形态与薄膜的厚度有关。当薄膜的厚度大于 $2R_g$ (R_g 为回转半径)时,高分子结晶形态呈现球晶;当厚度介于 $R_g \sim 2R_g$ 之间时,高分子结晶生成枝蔓或树枝状结构;当厚度小于 R_g 时,其结晶形态为"岛"状结构,就是因为 PLC 在薄膜中的结晶是一个扩散控制的动力学过程,受薄膜很窄空间的限制[12]。因此,插层型纳米复合材料不仅在物理力学性能上有很大提高,并且也为高聚物凝聚态物理工作者提供了研究高聚物分子在二维空间受限情况下异常行为的理想模型。

7.4 在位制备环氧树脂-CdS 纳米复合材料的固化行为

以高聚物树脂为基体的纳米复合材料制备方法主要有[13]：

(1) 纳米粉体与高聚物材料的直接共混。但由于纳米粒子具有较高的表面能，很难达到颗粒在高聚物中的纳米分散。

(2) 插层纳米复合。即利用蒙脱土等层状纳米材料进行复合材料制备的方法。通常先对其层间的表面性能进行改性，然后单体渗入其中，在聚合的过程中，高聚物形成了插入蒙脱土层间的结构，正如在本章开头中所说的那样。

(3) 杂化纳米复合材料。通过溶胶-凝胶技术方法进行合成。纳米颗粒在高聚物基体中原位生成。通常能得到高聚物物理机械性能的提高。

(4) 在位生成(in-situ)方法制备纳米复合材料。先合成具有某些功能基团的高聚物作为基体，然后通过吸附或者交换及配合等作用将镉、铅等功能离子载上，再与硫化氢等气体或者液体进行反应，得到在位生成的纳米硫化镉等复合材料。

我们利用动态扭振装置，不但在位制备了环氧树脂 E51-CdS、环氧树脂 E51-PbS、环氧树脂 E51-ZnS 和环氧树脂 E51-Mg(OH)$_2$ 纳米复合材料，并且还对这些纳米复合材料的固化行为进行了研究。

当把环氧树脂 E51 的乙醇或者丙酮溶液倒入水中的时候，因为乙醇或者丙酮会很快地溶于水中，环氧树脂 E51 会在水中形成乳液，形成的微液滴尺寸在 1~3 μm(图 7.17(a))。这实际上是以环氧树脂微乳液作为纳米粒子的微反应器，采用纳米颗粒原位生成法合成环氧树脂纳米复合材料。

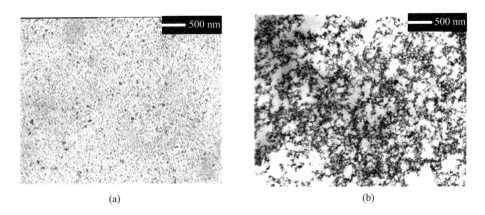

图 7.17 (a) 环氧树脂的丙酮溶液倒入水中,因丙酮溶于水,环氧树脂在水中形成乳液的电镜照片;(b) 固化了的环氧树脂 E51-CdS 纳米复合材料切片电镜照片,CdS 在环氧树脂基体中呈絮状分布

7.4.1 环氧树脂 E51-CdS 纳米复合材料的固化行为

将 0.3 g $Cd(Ac)_2$ 溶于 4 mL 甲醇中,加入 5 g 环氧树脂 E51 和 10 mL 丙酮混合均匀,然后在搅拌的情况下倒入 1 g Na_2S 的 70 mL 水溶液中。可以观察到乳液的形成,但是和单纯的环氧树脂丙酮溶液体系情况不同的是,乳液的颜色变成黄色,并且开始下沉,因为里面生成的 CdS 颗粒比较重。之后,把反应液用中速滤纸真空抽滤。水中的环氧树脂不能透过滤纸,将之刮下,放在烧杯里在 70 ℃下烘大约 2 h,平均每 10 min 搅拌一次。在烘干的过程中,环氧树脂-CdS 的颜色会由黄色变成橙黄色,随着水分的除去,也变得越来越均匀。得到的环氧树脂-CdS 是黏稠的橙黄色液体,可以加入 13%的二乙烯三胺进行固化。二乙烯三胺可以溶于环氧树脂,所以可以混合得很均匀。固化后的电镜照片可以观察到絮状 CdS 是由颗粒组成的,这些颗粒的大小有一定的分布,基本上都小于 10 nm(图 7.17(b))。

纳米 CdS 微晶在环氧树脂中的形成是很容易理解的,当 $Cd(Ac)_2$ 和环氧树脂的丙酮、甲醇溶液一起被倒入 Na_2S 的水溶液中时,环氧树脂形成了乳液,与此同时,Cd^{2+} 离子与水中的 S^{2-} 离子反应生成 CdS。这个反应包含两个可能的过程,一个是 Cd^{2+} 离子在环氧树脂与水的界面处反应生成,环氧树脂起到限域的作用;另一个可能性是在环氧树脂形成乳液的时候,CdS

就已经生成了,但是随后形成的环氧树脂液滴随即也将 CdS 包覆,并起到了阻止粒子之间团聚的作用。

环氧树脂在随后的烘干和过滤过程中起到了分隔 CdS 粒子,防止它们发生团聚的作用。可以说这是一个很有用的方法。因为用普通方法制备纳米颗粒,尤其是粉体材料时,由于微粒的表面能特别大,颗粒的团聚是经常发生的。但是制备的环氧树脂-CdS 体系,基本上不会产生这样的情况,CdS 纳米晶在环氧树脂中继续保持着这样的纳米分散。在我们常温存放样品的过程中,这个体系比较稳定,在 1~2 个月的过程中都未有固-液相分离的现象发生。环氧树脂的黏度对保持纳米颗粒的分散起到了很大的作用。

通过微乳液方法制备出的环氧树脂-CdS 具有和普通环氧树脂差不多的流动性,能够用动态扭振法来研究它们的固化行为。采用二乙烯三胺为固化剂(环氧树脂-CdS 纳米复合液体材料与二乙烯三胺的重量比为 100∶13),作出它们的等温固化曲线。

图 7.18 为环氧树脂 E51-CdS 纳米复合液体材料与二乙烯三胺等温固化曲线,与相同固化剂比例的纯环氧树脂 E51 的固化曲线(图中实线所示)相比,它的凝胶化时间 t_g 缩短了。得到的最终固化后的模量也比纯环氧树脂 E51 来得大。

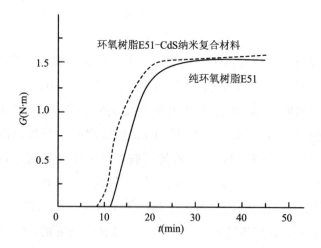

图 7.18 环氧树脂 E51-CdS 纳米复合液体材料与二乙烯三胺等温固化曲线

关于添加填料能缩短体系凝胶化时间的现象在环氧树脂-咪唑-硅微粉体系中早有发现[14]。纳米蒙脱土也因为具有足够大的比表面来吸附和分散固化剂分子,以及季铵盐阳离子对蒙脱土片层间环氧树脂固化反应具有促进作用[15],同样可发现这种现象。而在纳米环氧树脂 E51-CdS 体系中这种现象还是第一次观察到。推其原因,也是因为纳米 CdS 具有更大的比表面积,提供了优先成核的条件,所以对固化反应有加速的作用。在切片样品的电镜照片中也能看到,纳米 CdS 以絮状分散在环氧树脂中,这应该也是其固化后模量增加的原因。

7.4.2 环氧树脂 E51-PbS 纳米复合材料的固化行为

图 7.19 为环氧树脂 E51-PbS 纳米复合液体材料与二乙烯三胺等温固化曲线,与相同固化剂比例的纯环氧树脂的固化曲线相比,它的凝胶化时间 t_g 更短,这个结果和环氧树脂 E51-CdS 体系得到的结果相同。但得到的完全固化后的扭矩却比纯环氧树脂 E51 的来得小。固化速度的增快看来与纳米颗粒大的比表面积,以及纳米颗粒提供了固化成核的中心有关系。从图 7.20 中来看,PbS 纳米颗粒形成的不是像 CdS 的絮状网状结构,而是分散的单个颗粒。可能这也是环氧树脂 E51-CdS 体系纳米复合材料固化后扭矩增大,而环氧树脂 E51-PbS 体系纳米复合材料固化后扭矩反而比纯环氧树脂体系减小的原因。

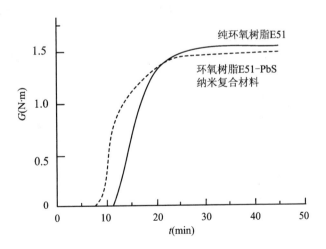

图 7.19 环氧树脂 E51-PbS 纳米复合材料与二乙烯三胺等温固化曲线

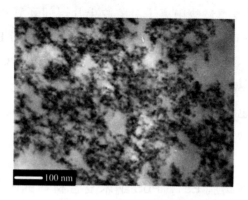

图 7.20 环氧树脂 E51-PbS 纳米复合材料的 TEM 照片

7.4.3 环氧树脂 E51-ZnS 和环氧树脂 E51-Mg(OH)$_2$ 纳米复合材料的固化

采用同样的方法制备环氧树脂 E51-ZnS 和环氧树脂 E51-Mg(OH)$_2$ 纳米复合材料。仍然采用二乙烯三胺为固化剂做等温固化实验,图 7.21 和图 7.22 分别为环氧树脂 E51-ZnS 和环氧树脂 E51-Mg(OH)$_2$ 纳米复合材料的等温固化曲线。由图可见,复合材料中的纳米粒子缩短了固化反应的凝胶化时间,一定程度上降低了固化反应的活化能,这是由于纳米粒子具有更大的比表面积,提供了更加优越的成核条件,所以对固化反应有加速的作用,而普通的 ZnS 或 Mg(OH)$_2$ 对固化反应只会起阻碍作用,进一步从侧面证明了 ZnS 和 Mg(OH)$_2$ 是以纳米粒子分散在环氧树脂基体中。

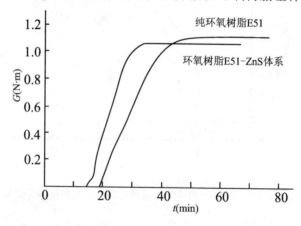

图 7.21 环氧树脂 E51-ZnS 纳米复合材料的等温固化曲线

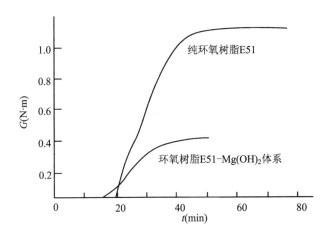

图 7.22 环氧树脂 E51-Mg(OH)$_2$ 纳米复合材料的等温固化曲线

实验制备的纳米复合材料中 ZnS 晶体的晶格尺寸为 7 nm 左右，Mg(OH)$_2$ 晶体的晶格尺寸为 12 nm 左右；电镜分析结果表明两种纳米粒子均匀地分散在环氧树脂基体中；在纳米复合材料的制备过程中，环氧树脂基体的化学性质并没有发生显著变化；纳米粒子的存在加快了环氧树脂的固化进程。

7.5 不饱和聚酯-有机蒙脱土-过氧化甲乙酮纳米复合材料体系的固化

目前，环氧树脂和有机蒙脱土组成的纳米复合材料研究已经比较成熟。与环氧树脂相比，不饱和聚酯在低填料含量下也具有优异的物理力学性能，另外不饱和聚酯复合材料的固化温度低，固化底物的强度大也是其优点之处。正如在第 1 章中所说的，不饱和聚酯也是最常用的热固性树脂，但不饱和聚酯-有机蒙脱土纳米复合材料体系的固化研究鲜见报道。我们也试用动态扭振法研究不饱和聚酯-有机蒙脱土纳米复合材料的固化动力学行为，并用 Flory 理论、Avami 方程和非平衡态热力学涨落理论对纳米复合材料的固化做反应表观动力学的分析和理论预估，得到了正面的结果[16]。

所用不饱和聚酯(DSM 公司,999A)、过氧化甲乙酮(MEKP)均为普通商品,有机蒙脱土则为用十六烷基三甲基溴化铵通过阳离子交换反应处理钠基蒙脱土(粒径 300 目,阳离子交换容量为 100 meq/100 g)得到的。按照重量比 100∶2∶2∶n 依次添加 MEKP、Co、有机蒙脱土(实验中树脂含量定为 100 份,有机蒙脱土用量 n = 0 phr、2 phr、5 phr 和 7 phr)。

图 7.23 是 20 ℃、30 ℃、40 ℃ 和 50 ℃ 四个温度下 0 phr、2 phr、5 phr 和 7 phr 四个有机蒙脱土含量下不饱和聚酯体系的等温固化曲线。由图可见,不同温度下获得的固化曲线形状相似,随固化温度增加,体系的凝胶化时间依次缩短。从曲线上升的趋势同样可以看出,固化温度的提高加快了交联反应,与一般规律基本相符。随蒙脱土含量的增大,在相同的固化温度条件下,凝胶化时间 t_g 明显增大,这种添加含量的影响尤其表现在 5 phr 以后。类似的现象在我们前面的章节中已有报道。这是因为在较高的填料含量下,混合体系中反应物(如固化剂和促进剂)浓度降低,反应基团相互碰撞、反应的几率减小,t_g 值增加。特别要提出的是,在这里我们从动态扭振法得到的固化曲线上又一次明显地观察到树脂的二次固化现象。当然这个二次固化现象只出现在一定温度和一定的有机蒙脱土含量时,深入的机理尚待进一步研究。

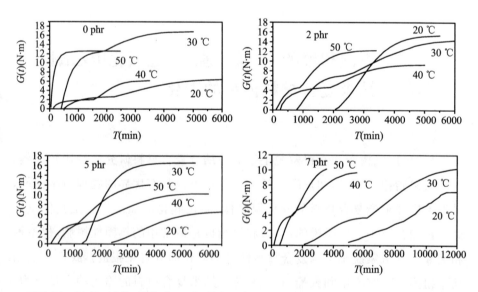

图 7.23 20 ℃、30 ℃、40 ℃ 和 50 ℃ 四个温度下 0 phr、2 phr、5 phr 和 7 phr 四个有机蒙脱土含量不饱和聚酯体系的等温固化曲线

四个有机蒙脱土含量下不饱和聚酯体系的 $\ln t_g$ 对 $1/T$ 作图（图 7.24）显示为四条具有不同斜率的直线,表明有机蒙脱土含量对不饱和聚酯体系的固化反应表观活化能是有影响的。蒙脱土的加入大大减慢了不饱和聚酯的固化反应。

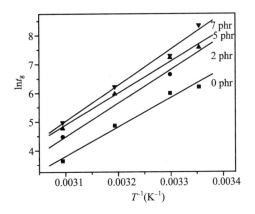

图 7.24　0 phr、2 phr、5 phr 和 7 phr 四个有机蒙脱土含量下不饱和聚酯体系的 $\ln t_g$ 对 $1/T$ 作图

不同有机蒙脱土含量的不饱和聚酯-有机蒙脱土-过氧化甲乙酮纳米复合材料体系的 Avrami 作图,即 $\ln[-\ln(1-\alpha)]$ 对 $\ln(t-t_g)$ 作图与其他体系的类似,是很好的直线关系,这里仅画出有机蒙脱土含量为 7 phr 的图形,如图 7.25 所示。由此可以求得固化反应的速率常数 k_p,并由 $(1/n)\ln k_p = \ln A - \dfrac{\Delta E_a^*}{RT}$ 关系,通过 $(1/n)\ln k_p$ 对 $1/T$ 作图求得活化能 ΔE_a（图 7.26）。

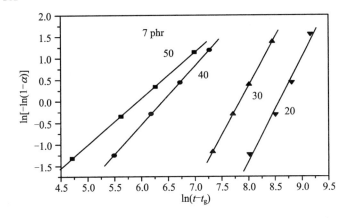

图 7.25　7 phr 有机蒙脱土含量下不饱和聚酯体系的 $\ln[\ln(1-\alpha)]$ 对 $\ln(t-t_g)$ 作图

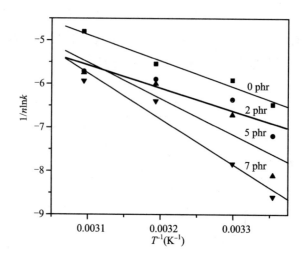

图 7.26　0 phr、2 phr、5 phr 和 7 phr 四个有机蒙脱土含量下不饱和聚酯体系的 $(1/n)\ln k$ 对 $1/T$ 作图

表 7.5 列出了由 Flory 凝胶化理论求出的活化能 ΔE_{a1} 和由 Avrami 方程求得的活化能 ΔE_{a2} 的具体数值,由表可见,分别代表凝胶点前、后体系固化反应表观活化能的 ΔE_{a1} 和 ΔE_{a2} 有所差别,凝胶点后,固化反应活化能有所增加,固化反应速率也急剧增加。表观活化能随有机蒙脱土的添加而有增大的趋势,这一点与 Dutta[17] 得出的结果基本一致。

表 7.5　不同有机蒙脱土含量的不饱和聚酯体系固化反应表观活化能

phr	$\Delta E_{a1}((1/n)\ln k - 1/T)(kJ \cdot mol^{-1})$	$E_a^*(\ln t_g - 1/T)(kJ \cdot mol^{-1})$
0	44.2	73.4
2	47.4	82.0
5	71.0	81.5
7	72.2	88.0

参 考 文 献

[1] 张立德,牟季美. 纳米材料学[M]. 沈阳:辽宁科技出版社,1994.

[2] PINNAVAIA T J. Intercalated clay catalysts[J]. Science, 1983(220):365-371.

[3] 漆宗能,尚文宇. 高聚物/层状硅酸盐纳米复合材料理论与实践[M]. 北京:化学工业出版社,2002.

[4] 黄舰,王旭,李忠明.纳米塑料:高聚物/纳米无机物复合材料研制、应用与进展[M].北京:中国轻工出版社,2002.

[5] 徐卫兵,何平笙.Epoxy/Clay 有机-无机纳米复合材料[J].高分材料子科学与工程,2002,18(1):6-11.

[6] LAN T PINNAVAIA T J.Clay-reinforced epoxy nanocomposites[J].Chem Mater,1994(6):2216-2219.

[7] LAN T KAVIRATNA P D, LAN T PINNAVAIA T J.Epoxy self-polymerization in smectite clays[J].J. Phys Chem Solids,1996(57):1005-1010.

[8] BERGER J, LOHSE F. Thermal and structural properties of tri-O-substituted cellulose ethers[J].J Appl Polym Sci,1985(30):531-546.

[9] LU M G, SHIM M J, KIM S W.Effect of filler on cure behavior of an epoxy system:cure modeling[J].Polym. Eng. Sci. 1999, 39 (2):274-285.

[10] CEBE P, HONG S D.Crystallization Behaviour of Poly(ether-ether-ketone)[J].Polymer,1986(27):1183-1192.

[11] 徐卫兵,何平笙.Avrami 法研究环氧树脂/蒙脱土/咪唑纳米复合材料的固化动力学[J].功能高分子学报,2001(1):66-70.

[12] 乔从德,蒋世琛,姬相玲,安立佳,姜炳政.聚 ε-己内酯薄膜的受限结晶行为研究[J].高分子学报,2006,(8):964-969.

[13] 钱家盛,何平笙.功能性高聚物基纳米复合材料[J].功能材料,2003,34(4):371-374.

[14] HE PINGSHENG, LI CHUNE. Curing studies on epoxy system with fillers[J]. Journal of Materials Science,1989(24):2951-2956.

[15] WANG Z, LAN T, PINNAVAIA T. Hybrid organic-inorganic nanocomposites formed from an epoxy polymer and a layered silicic acid (magadiite)[J].Journal of Chemistry Materials,1996,8(9):2200-2204.

[16] 程义云,王春雷,陈大柱,何平笙.不饱和聚酯/有机蒙脱土复合材料的固化动力学[J].功能高分子学报,2004,17(2):220-224.

[17] DUTTA A, PYAN M E. Effect of fillers on kinetics of epoxy cure[J]. J. Appl, Polymer Sci.,1979(24):635-649.

第8章 动态扭振法的其他应用

树脂固化仪及由此开发的动态扭振法是针对热固性树脂固化而设计的,它的基本原理是通过物料宏观力学性能的变化来反推物料体系内部发生的变化。因此可以设想,动态扭振法也应该适用于任何在过程中导致力学性能变化的其他高聚物体系。为此,我们尝试着用动态扭振法来研究液态聚氨酯橡胶的固化(硫化)、有机硅橡胶的最优配方研究、甲基丙烯酸甲酯(有机玻璃)的本体聚合、互穿网络高聚物、阻燃复合材料和树枝状胺类化合物作固化剂的环氧树脂固化的研究等,都获得了成功。

8.1 液态聚氨酯橡胶的固化

从高分子化学观点来看,树脂的固化和橡胶的硫化是一样的,两者都是线形高分子链的交联反应[1]。像液态橡胶聚氨酯预聚体的交联剂根本不是什么硫磺,所以我们在这里就把它称为"固化"了。聚氨酯预聚体在未固化前是液态,固化后聚氨酯橡胶模量增加,反映在扭矩上就是随固化程度增加而增加,固化反应完成,扭矩就不再变化。因此应用动态扭振法的树脂固化仪完全可以用来研究液态橡胶聚氨酯预聚体的固化。特别是像聚氨酯这样的液态橡胶,其力学状态与未固化前的树脂几乎是一样的,唯一不同的是聚氨酯橡胶固化后的模量比固化树脂的来得小,当然仍比一般硫化橡胶的来得大,其性能介于塑料和橡胶之间。这样只需调整下模的扭振角度使其适合液态橡胶聚氨酯固化的需要。

选用的液态橡胶是聚醚型聚氨酯预聚体[2],—NCO 含量是 6.83%。固化剂选用最常用的 4,4′-亚甲基双(2-氯苯胺),也叫 3,3′-二氯-4,4′-二氨基二苯基甲烷,简称 MOCA。工业用纯 MOCA 使用前以无水乙醇重结晶。MOCA 是一种位阻胺,它与聚氨酯中的异氰酸酯基反应生成脲,取代脲氮原子上的活性氢可以继续与异氰酸酯基反应生成二脲、三脲等,从而使预聚体扩链,形成高聚物。MOCA 的活性适中,同预聚体的 NCO 基可以发生室温反应:

$$R\text{—}N\text{=}C\text{=}O\ +H_2N\text{—}R' \longrightarrow R\text{—}\overset{H}{\underset{|}{N}}\text{—}\overset{O}{\underset{\|}{C}}\text{—}\overset{H}{\underset{|}{N}}\text{—}R'$$

8.1.1 聚氨酯预聚体-MOCA 体系的等温固化曲线

聚氨酯用 MOCA 作固化剂,在—NH_2 与—NCO 当量比为 0.75～0.95 之间,固化温度为 95～120 ℃ 时,能得到浇铸特性和橡胶物性的最优平衡。图 8.1 即为聚氨酯预聚体(—NCO = 6.83%)-MOCA 体系(—NH_2/—NCO 的当量比为 0.8)110 ℃ "混炼" 后在 115 ℃ 下的等温固化曲线。与热固性树脂的固化曲线一样,横轴是固化时间 t,纵轴是为使聚氨酯橡胶作小角度扭振所需的扭矩 G,它与聚氨酯橡胶的模量有关。

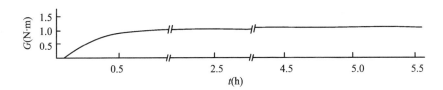

图 8.1 聚氨酯预聚体-MOCA 体系液态橡胶在 115 ℃ 下的等温固化曲线

通用橡胶的等温硫化曲线是具有极小值的起伏曲线,因为通用橡胶硫化开始时本身是固体,所以一开始就会有起始扭矩,以后又有反映胶料流动性的极小扭矩。而这里的聚氨酯橡胶,其预聚体本身是液体,其固化曲线更像是热固性树脂那样的 "高脚酒杯" 形状。另外,通用橡胶硫化时,完全硫化并不是所期望的,因为交联点密度过大会使通用橡胶丧失弹性,因此一般是取 90% 的完全硫化时间为正硫化点。但对聚氨酯橡胶来说,由于是按当量来计算固化剂 MOCA 用量的,不存在 "过固化" 问题。我们仍然取 100% 的完全固化时间为聚氨酯橡胶的最优固化时间,对聚氨酯预聚体-MOCA 体系,最优固化时间是 5 h。

8.1.2 聚氨酯预聚体-MOCA 体系 95 ℃ 等温固化后的加温再固化

通常,浇铸型聚氨酯橡胶在一个温度下固化后,其物理力学性能并不能马上达到一定值,表明聚氨酯-MOCA 体系不可能在一个温度下达到性能最优的完全固化。为证实这一点,试验了聚氨酯-MOCA 体系 110 ℃ 混料后在 95 ℃ 下的等温固化,在基本达到该温度下的极大固化程度后(大约 2 h),升温到 120 ℃ 再固化,见图 8.2。由图可见,升温以后聚氨酯橡胶的扭矩确有所增大。

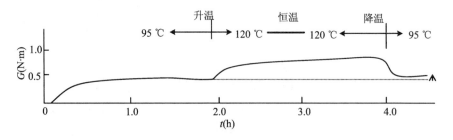

图 8.2 聚氨酯预聚体-MOCA 体系液态橡胶的固化曲线

已经知道,橡胶的高弹模量与温度成正比[3],因此,扭矩的增大应该有模量温度依赖性的贡献。为了消除这个影响,可将再次在 120 ℃ 固化后的聚氨酯橡胶再降温到起始的 95 ℃。这后一段的 95 ℃ 下的扭矩比刚开始固化的 95 ℃ 下的极大扭矩来得大,说明经过 120 ℃ 再固化后的聚氨酯橡胶的固化程度有了进一步的提高。事实上,利用红外光谱上确实发现有某个温度下固化后的聚氨酯橡胶中仍残存有未反应异氰酸基的谱线,空间位阻和反应的不确定性是导致较低温度下羟基反应不完全的原因[4],另外在聚氨酯橡胶工艺条件中,需要"熟化"的做法[5]正是这里所说的"后固化"。

8.2 甲基丙烯酸甲酯的本体聚合

动态扭振法的基本原理是跟踪体系力学性能的变化,因此它应该能适用于力学性能有变化的任何过程。浇铸尼龙和甲基丙烯酸甲酯(MMA)的本体聚合(图8.3)是一个黏度不断增加(从而模量不断增加)的过程[6],应该可以应用动态扭振法来研究和跟踪。

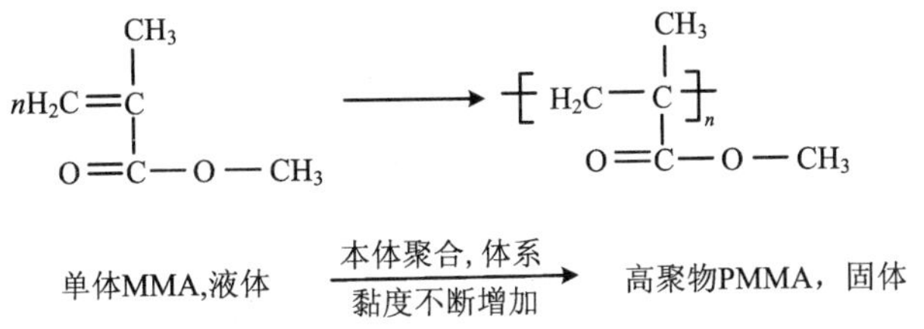

图8.3 甲基丙烯酸甲酯的本体聚合反应,从液态的单体聚合成为固体的聚甲基丙烯酸酯

通过对 MMA 单体-引发剂体系的力学"刺激"及其体系对这种刺激的力学"响应",可以来了解该体系的(本体)聚合反应过程。因此,从力学的观点看,热塑性塑料如甲基丙烯酸甲酯、浇铸尼龙的本体聚合过程与热固性树脂的固化类似,完全可用动态扭振法来研究。我们不但用动态扭振法研究了甲基丙烯酸甲酯的本体聚合,还研究了甲基丙烯酸甲酯与蒙脱土复合体系的插层聚合。

8.2.1 PMMA-MMT 纳米复合材料的实验曲线分析

所用甲基丙烯酸甲酯(MMA)、钠基蒙脱土(离子交换容量约为 100 mmol/100 g,MMT)、十六烷基三甲基溴化胺($C_{19}H_{42}BrN$)都是常规试剂。

为与常规的 MMA 本体聚合制备 PMMA 制品的流程尽量接近,PMMA-MMT 复合材料本体插层聚合的动态扭振实验也使用 MMA 单体的预聚物进行。50 mL 新蒸的 MMA 加有 50 mg 过氧化苯甲酰引发剂，与不同重量分数的改性有机蒙脱土（室温下将 30 g $C_{19}H_{42}BrN$ 铵盐滴加到 100 g 蒙脱土的悬浮液中，90 ℃下搅拌 2 h，将处理物抽滤数次，加水洗涤，直至用 1% $AgNO_3$ 检测至无淡黄色沉淀为止。将所得絮状物沉淀烘干至恒重，研磨成粉，过 300 目筛，得有机蒙脱土，MMT）混合，预聚合至两倍甘油的黏度，在冰箱中急速冷冻备用。为使蒙脱土在 MMA 中均匀分散，在做动态扭振前用超声波振荡器振荡 5 min。

把一定量 MMA 单体的预聚物与有机蒙脱土的混合物置于树脂固化仪的下模中，恒定所需的温度，合模开动机器，像测定热固性树脂等温固化曲线那样，测定它们的本体聚合过程中扭矩的变化。动态扭振实验包括 30 ℃、40 ℃、50 ℃和 60 ℃四个不同温度及 1 phr、2 phr、3 phr 和 5 phr 四个不同蒙脱土含量的 MMA-MMT 试样，实验结果的有关数据列于表 8.1。

表 8.1 四个不同温度和四个有机蒙脱土含量的 PMMA-MMT 复合材料本体插层聚合的有关数据

蒙脱土含量(phr)	固化温度								活化能 ΔE_a (kJ·mol^{-1})
	30 ℃		40 ℃		50 ℃		60 ℃		
	G_∞(N·m)	t_g(min)	G_∞(N·m)	t_g(min)	G_∞(N·m)	t_g(min)	G_∞(N·m)	t_g(min)	
1	5.9	9750	3.0	4862	7.6	2530	8.9	1310	56.1
2	2.8	18450	0.7	9215	4.7	4610	1.7	2360	57.7
3	0.2	31090	0.9	15530	0.4	7815	0.3	3905	58.0
5	2.4	40570	3.5	20275	2.4	10157	0.6	5115	58.1

在这里，由于扭矩的增加反映的是 MMA 本体聚合的转化率，因此我们可以把动态扭振得到的曲线叫做聚合转化率曲线。不同温度和不同 MMT 含量得到的 MMA-MMT 插层聚合转化率曲线都有相似的形状，但显示不同的"凝胶"时间和完全聚合时间。作为例子，图 8.4 是有机蒙脱土 MMT 含量为 2 phr 的 MMA-MMT 体系在 40 ℃温度下的聚合转化率曲线。从合模开始到 28.5 min 时间内，MMA 的聚合还不足以使 MMA/MMT 体系的黏度达到能带动上模的程度，因此在低频扭振下动态扭振法测不到扭矩，表现在转化率曲线上是一条与横轴一致的直线。聚合时间超过 28.5 min 后，MMA-MMT 体系的黏度变得很大，足以带动上模一起扭动，从而开始

出现扭矩。如果仍然沿用热固性树脂固化中的术语"凝胶化",那么28.5 min就是MMA-MMT体系的"凝胶化时间"(为区分起见叫"表观凝胶化时间"更好)。随聚合时间继续加长,体系黏度继续增大,扭矩逐渐变大。到162 min,扭矩达到极大,以后扭矩基本上不再变化,可以认为MMA的聚合已经完成,聚合成了它的高聚物——聚甲基丙烯酸甲酯PMMA。

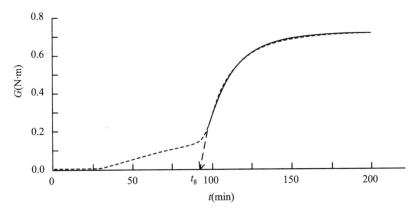

图8.4　40 ℃下有机蒙脱土含量为2 phr的MMA-MMT体系的实际聚合转化率曲线(虚线)和拟合聚合转化率曲线(实线)

值得注意的是,"表观凝胶化"后MMA-MMT体系的聚合转化率曲线呈现明显的两个升值段。显然,第一升值段是MMA单体在引发剂引发下本体聚合而引起的黏度增加。但这第二升值段代表什么？这不可能是MMA的爆聚,因为,首先聚合转化率曲线的实验温度均不高,这里仅仅是比室温高十几度的40 ℃,在引发剂含量为1%时不太可能产生爆聚;其次,动态扭振实验用料只有几克,这么少的MMA单体分布在上下模具的夹层中也不太可能发生爆聚,并且实验在等温下进行,上下模均有温度监测,实验中并没有发现体系有值得注意的温升。因此,可以认为MMA-MMT体系的扭矩第二升值段应该是对应着有机蒙脱土MMT片层被撑开,分散的MMT在MMA本体聚合反应中起着交联点的作用。在第一升值段,MMA预聚体进一步聚合形成线形高聚物PMMA。此时,插入层状有机蒙脱土片层间的MMA聚合时放出的热量破坏了有机蒙脱土MMT片状叠层结构,从而将微米尺度的有机蒙脱土MMT微粒剥离成纳米厚度的片层单元,均匀分散于高聚物PMMA中。由于高分子链段在聚合过程中与有机蒙脱土片层的相互作用形成"交联"(物理交联),体系扭矩迅速增大。这些结果均说明 MMA-MMT 复合体系中有机蒙脱土 MMT 片层起到了"交联点"的作用。在下一小节中我们用能很好描写热固性树脂固化的 Flory 凝胶化理论和非平衡态热力学涨落理论的预估来处理 MMA-MMT 复合体系的聚合转化率曲线,并获得成功,也说明了有机蒙脱土 MMT 片层在 MMA-MMT 复合体系中确实起到了"物理交联点"的作用。

作为另一个实例,图 8.5 是有机蒙脱土 MMT 含量为 1 phr 的 MMA-MMT 体系在 40 ℃温度下的聚合转化率曲线。与相同温度下有机蒙脱土 MMT 含量为 2 phr 的 MMA-MMT 体系的聚合转化率曲线相比,"凝胶化时间"缩短,聚合速率变慢,达到完全聚合的时间延长。

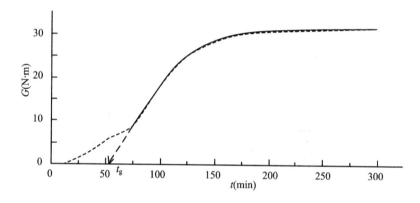

图 8.5 蒙脱土含量为 1 phr,40 ℃下 MMA-MMT 体系的实际本体聚合转化率曲线
(虚线)和按非平衡态热力学涨落理论预估的本体聚合转化率曲线(实线)

8.2.2 MMA-MMT 体系本体聚合的表观活化能

本节用处理热固性树脂的 Flory 凝胶化理论来处理 MMA-MMT 复合体系的聚合转化率曲线。根据上面的分析,将曲线的第二升值段起点的延长线作为"交联"固化的起点(见图 8.4 和图 8.5 中箭头所指之处)。再加上 MMA 的预聚时间,即可得该体系的真正的"凝胶化"时间 t_g(表 8.1)。套用 Flory 凝胶化理论,即固化树脂体系在凝胶点时的化学转变是一定的,与反应温度(以绝对温度 K 计)和实验条件无关,因此可由 MMA-MMT 复合体系"凝胶化时间 t_g"来推求"凝胶点"前本体聚合反应的表观活化能 ΔE_a。仍然是 $\ln t_g = C + \dfrac{\Delta E_a}{RT}$。将每个样品在四个温度下的 $\ln t_g$ 对 $1/T$ 作

图,得一系列直线(图8.6),由直线斜率即可求得 MMA-MMT 复合体系本体聚合的表观活化能 ΔE_a(表8.1)。ΔE_a 在 56~58 kJ·mol^{-1} 之间,尽管没有关于 MMA-MMT 复合体系本体聚合的表观活化能数值的报道,但我们认为这里得到的 ΔE_a 值是合理的。一般来说,在室温下就能起反应的活化能 ΔE_a 在~40 kJ·mol^{-1},甲基丙烯酸甲酯 MMA 也是能在室温下发生聚合反应的,只是非常缓慢,要好多个月,所以它们的活化能肯定比 40 kJ·mol^{-1} 来得大,但也不会大得很多,所以 ΔE_a 处在 56~58 kJ·mol^{-1} 这个范围内是合理的。

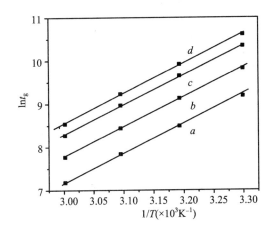

图 8.6　不同配比下 MMA-MMT 复合体系的 $\ln t_g$ 对 $1/T$ 作图

随有机蒙脱土 MMT 含量的增加,本体聚合的表观活化能 ΔE_a 有缓慢增加的趋势。它的影响因素主要有两个:一是由于有机蒙脱土 MMT 所起的稀释作用使体系反应变慢,另一是"凝胶"反应前有机蒙脱土 MMT 片层对 MMA 的反应有阻碍作用。综合这两个因素,ΔE_a 出现逐渐增加的趋势。但总的来看,有机蒙脱土 MMT 含量对 MMA-MMT 复合体系本体聚合表观活化能 ΔE_a 的影响不大。

8.2.3　PMMA-MMT 复合体系聚合转化率曲线的非平衡态热力学涨落理论预估

为了验证 MMA-MMT 复合体系中有机蒙脱土片层起到"交联点"作用的观点,将描述热固性树脂固化的 Hisch 非平衡态热力学涨落理论用于本实验,尝试预估 MMA-MMT 复合体系本体聚合的转化率曲线。如是,则像前面一再介绍的那样,描绘"凝胶"点后的那段曲线的方程可写为

$$G(t) = G_{\infty}\{1 - \exp[-((t - t_g)/\tau)^{\beta}]\} \tag{8.1}$$

其中 G_{∞} 为体系最终扭矩,t_g 为把有机蒙脱土 MMT 当作交联点的体系的"凝胶化"时间,均可从聚合转化率曲线上直接读出(表 8.1)。一样,为求 τ,有

$$G(t_g + \tau) = G_{\infty}(1 - e^{-1}) = 0.63G_{\infty} \tag{8.2}$$

由实验曲线上对应 $0.63G_{\infty}$ 扭矩的时间 t 即可推求出 τ。此时描述曲线的方程中只剩下单一参数 β,对其用最小二乘法拟合,求得最逼近的 β,代入式(8.1)中即可预估各个时刻的扭矩理论值 $G(t)$。由图 8.4 和图 8.6 可见,不同有机蒙脱土含量的理论预估曲线都与它们的实验曲线符合得很好,说明热固性树脂的非平衡态热力学涨落理论能很好地应用于 MMA 本体聚合的实验,预估其聚合反应过程。有机蒙脱土片层在 MMA 本体聚合反应中确实起到了"物理交联点"的作用。MMA-MMT 体系聚合转化率曲线的第二升值段也是"交联"反应曲线。

8.2.4 由 Avrami 方程处理 PMMA-MMT 纳米复合体系的聚合

前面已经说过,研究高聚物结晶动力学过程的 Avrami 方程通过适当的转变也能用于分析高聚物固化过程[7]。转变后的 Avrami 方程为 $\alpha = 1 - \exp[-k(t - t_g)^n]$,其中 α 是相对固化程度,k 是固化时的 Avrami 速率常数,n 是反映固化反应机理的 Avrami 参数。两边取二次自然对数,即可得到式(8.3):

$$\ln[-\ln(1 - \alpha)] = \ln k + n\ln(t - t_g) \tag{8.3}$$

如图 8.7 所示是 PMMA-MMT 体系典型的凝胶点后的 $\ln[-\ln(1-\alpha)]$ 对 $\ln(t - t_g)$ 作图(Avrami 曲线)。不同温度和不同有机蒙脱土含量下均可得到相似的实验曲线。曲线良好的线性度表明用 Avrami 方程能很好地描述凝胶点后 PMMA-MMT 体系的插层聚合过程。这也进一步说明凝胶点后 PMMA-MMT 体系的插层聚合具有交联固化的特点,有机蒙脱土片层在 PMMA-MMT 体系中起到"物理交联点"的作用。

到此我们可以理一下 MMA-MMT 体系的本体聚合了。MMA-

MMT 体系本体聚合反应前期,由弱相互作用插入有机蒙脱土片层间的甲基丙烯酸甲酯 MMA 聚合(低聚物)放热,进一步撑开有机蒙脱土硅酸盐片层间距,最终使其剥离。剥离的有机蒙脱土片层在有机玻璃中能起到物理交联点的作用,其行为类似于有化学交联点的热固性树脂,用动态扭振法可以监测整个本体聚合过程,并能给出有关的表观热力学参数。

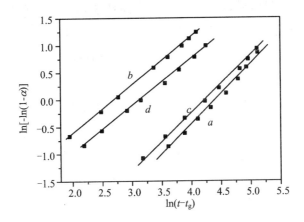

图 8.7 PMMA-MMT 体系在不同温度下的 $\ln[-\ln(1-\alpha)]$ 对 $\ln(t-t_g)$ 作图(Avrami 曲线)

同理,我们认为动态扭振法应该也能用来研究像浇铸尼龙那样的本体聚合过程。

8.3 有机硅橡胶的选择优化及弹性印章的制备

软刻蚀是一类基于自组装和复制模塑等原理的非光刻微米和纳米加工方法[8,9]。它为形成和制作微米、纳米图案提供了简便、有效、价廉的途径。在软刻蚀中,用一个表面带图案的弹性模板来实现图案的转移,其加工的分辨率可达 30 nm~100 μm。弹性印章(elastomeric stamp)是软刻蚀技术实施的核心元件,它用于转移光刻制造的刚性基板上的微图案。

弹性印章质量的好坏直接影响所复制的微图案的精确性,因而选择合适的印章材料显得尤为重要。合格的印章要求既具有足够的硬度,又有一定的弹性。足够的硬度可以维持印章的形状,保证印章在操作过程中不易发生形变,而良好的弹性则可使印章能与模板及基片表面紧密贴合,使图形的转移更加精确。同时印章的弹性还可以使之能够适度弯曲,从而在非平面表面上复制微图案[10]。

弹性印章的制作材料一般是高聚物弹性体,如硅橡胶、聚氨酯、聚酰亚胺、酚醛树脂等,其中最常用的是硅橡胶——聚二甲基硅氧烷(PDMS)[11]。与其他高聚物相比,用聚二甲基硅氧烷(PDMS)硅橡胶制作弹性印章具有显著的优点:材质柔软,印章容易剥离;印章弹性好,可在大面积范围内与基片很好地贴合,包括在非平面表面上;PDMS 化学性质稳定,不易与其他实验材料发生化学反应;另外,PDMS 透光性很好,表面自由能低,表面化学性质易于改性。这些优点使得 PDMS 作为弹性印章材料既能忠实地复制所制图案,又具有很大的可塑性。如通过简单的机械压缩或拉伸,可得到形状各异、尺寸多变的微图案;对印章表面进行化学改型,可以使印章表面的自由能在较大的范围内变化,可以适应更多的应用要求。但与大多数高聚物材料一样,PDMS 也有一些有待改进的缺点:在较大外力作用下,会发生形变,使复制的图形失真,同时 PDMS 在固化时体积会发生一定的收缩,遇极性溶剂时还会发生溶胀。这些缺点使得印章在复制微细图形时易产生缺陷,特别是图形尺寸较小时。为此,挑选合适的印章材料以及对其进行适当的改进是很有必要的[12]。

国产模具胶聚二甲基硅氧烷硅橡胶(牌号:模具胶 SDM - 801),分为高聚物预聚体(A)和固化剂(B)两部分。与国外同类型产品相比,这种 SDM - 801 硅橡胶存在着一定差距:透光性差,表面较粗糙,同时存在弹性过高、耐溶剂性能差等现象。由于这种印章材料属首次使用,没有相关数据可供参考,为了获得较好弹性印章的性能,提高微图形的复制精确性,我们用动态扭振法对模具胶 SDM - 801 体系的固化组分配比进行了优化选择,然后对硅橡胶进行了适当的掺杂改性以提高其物理性能。

8.3.1 模具硅橡胶 SDM - 801 固化体系最优固化配比的确定

图 8.8 为含有不同固化剂(组分 B)含量的模具硅橡胶 SDM - 801 体系

在 60 ℃时的固化曲线,各固化曲线的主要固化数据列于表 8.2 中。由图表可见,随着固化剂用量的增加(从 2.0% 到 3.5%),模具硅橡胶 SDM-801 体系的凝胶化时间 t_g 和固化时间都迅速缩短:凝胶化时间从 2.0% 体系的 13.68 min 缩短到 3.5% 体系的 3.92 min,固化时间相应从 112.35 min 缩短到 34.82 min。与此同时,扭矩显著增大,由 2.0% 体系的 0.75 N·m 增大到 3.5% 体系的 0.98 N·m。这是容易理解的,固化剂用量较多时,体系内交联反应点较多,反应速度增快,因而完成交联反应的时间必然缩短,同时交联完全后由于体系交联程度高,其模量也会相应增大,从而所需扭矩增大。注意到图中固化剂含量为 2.0% 和 2.5% 体系的最终模量基本相同(都为 0.75 N·m),说明在固化剂用量较少时,其对体系最终交联程度的影响也较小,此时体系中交联点很少而不足以使体系的模量(或所需扭矩)产生明显的增加。只有当固化剂达到一定含量时,模具硅橡胶 SDM-801 体系固化后的模量才能有一定的强度。但当固化剂用量大于 3.5% 时,模具硅橡胶 SDM-801 体系固化速度过快,这会在制作弹性印章时给脱气、浇注等操作带来严重困难;而当用量小于 2.0% 时,模具硅橡胶 SDM-801 体系固化耗时太长,且强度很低,不具实用价值。结合弹性印章的要求,合适的组分配比应为 2.5% ~ 3.0% 之间。经实验验证,这一配比的印章能较好地符合实验要求。

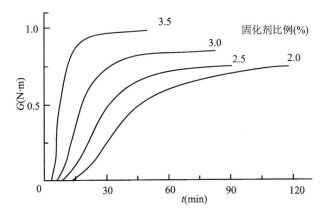

图 8.8　含有不同固化剂(组分 B)含量的硅橡胶体系在 60 ℃时的等温固化曲线

表 8.2　不同固化剂含量的模具硅橡胶 SDM-801 体系在 60 ℃时的固化数据

固化剂含量（%）	凝胶化时间(min)	完全固化时间(min)	扭矩(N·m)
2.0	13.68	112.35	0.75
2.5	10.68	81.65	0.75
3.0	6.44	73.89	0.85
3.5	3.92	34.82	0.98

8.3.2　有机蒙脱土的掺杂对弹性印章性能的影响

如前所述，印章材料——聚二甲基硅氧烷（PDMS）硅橡胶和其他高聚物材料一样，存在着易变形、易溶胀等缺点，尤其国产品牌的硅橡胶（模具硅橡胶 SDM-801）。这些缺点严重影响着图纹的复制精细度，对软刻蚀技术的研究和应用有着相当的影响。为此有必要对模具硅橡胶 SDM-801 进行适当的改性以提高其物理性能。

掺杂复合是改性的有效手段之一，有机蒙脱土 MMT 是较为常用的掺杂剂。高聚物与蒙脱土 MMT 在纳米量级上的复合可使材料的力学性能、热学性能较高聚物本身及常规的微米复合材料更为优异[13]。本节用有机蒙脱土 MMT 对硅橡胶进行了掺杂复合，用树脂固化仪对掺杂体系进行了跟踪分析，比较了掺杂对模具硅橡胶 SDM-801 印章的耐溶胀性能的影响，并用扫描电子显微镜对掺杂前后印章的表面形貌进行了观察比较。

表 8.3 是有机蒙脱土 MMT 掺杂复合模具硅橡胶 SDM-801 的典型组分配比。为方便比较，固化剂含量固定为模具硅橡胶 SDM-801 组分的 3%。

表 8.3　典型的蒙脱土 MMT 掺杂体系各组分配比

MMT 含量(%)	PDMS 重量(g)	MMT 重量(g)	固化剂重量(g)
0	3.8458	—	0.1154
5	3.7961	0.1989	0.1020
10	4.0144	0.4014	0.1204

将模具硅橡胶 SDM-801 的两个组分与有机蒙脱土 MMT 充分混合均匀，用树脂固化仪测试其等温固化曲线。图 8.9，图 8.10 分别为掺杂了 5%

和10%(w/w)有机蒙脱土MMT的硅橡胶复合体系在50 ℃,60 ℃,70 ℃温度下的固化曲线。从图8.9,图8.10可以看出,掺杂后,体系的凝胶化时间t_g明显缩短,固化速度显著加快,有机蒙脱土MMT的掺杂含量越高,这种现象越明显。这是因为掺杂后,由于有机蒙脱土MMT的分散作用,模具硅橡胶SDM-801分子穿插进入有机蒙脱土MMT的层状结构中,大大增加了固化体系的表面积,为固化反应提供了更多的反应场所;同时蒙脱土MMT表面的羟基与模具硅橡胶SDM-801的功能基团间也可能会发生反应,从而缩短了固化反应的时间。Mangeng Lu[14]在进行其他体系的掺杂时也发现了这种现象。

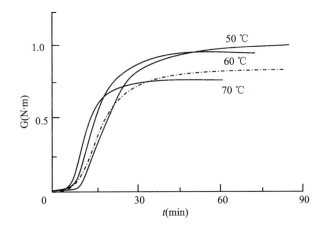

图8.9 掺杂了5%(w/w)蒙脱土的硅橡胶复合体系在50 ℃、60 ℃、70 ℃温度下的固化曲线,虚线为未加蒙脱土MMT的模具硅橡胶SDM-801在60 ℃下的固化曲线

通常,固化体系的扭矩在玻璃化温度前随着固化温度的上升而增大。比较模具硅橡胶SDM-801掺杂体系在不同固化温度下的固化曲线,可以发现掺杂5%有机蒙脱土MMT的模具硅橡胶SDM-801体系的扭矩随时间变化次序为:50 ℃＞60 ℃＞70 ℃,掺杂10%有机蒙脱土MMT的体系的扭矩变化次序为:70 ℃＜50 ℃＜60 ℃,这是由于高聚物体系的玻璃化转变所致,玻璃化转变之后,体系转变为高弹态,故而扭矩下降。由此可以推出,掺杂5%有机蒙脱土MMT的模具硅橡胶SDM-801体系的玻璃化温度应小于50 ℃,而掺杂10%有机蒙脱土MMT的模具硅橡胶SDM-801体系的玻璃化温度应在60～70 ℃之间。可见掺杂有机蒙脱土MMT后,模具硅橡

胶 SDM-801 体系的玻璃化温度增高。图中的虚线为未加有机蒙脱土 MMT 的模具硅橡胶 SDM-801 在 60 ℃下的固化曲线,将掺杂后的模具硅橡胶 SDM-801 体系在 60 ℃下的固化曲线与之相比较,可以发现掺杂后,模具硅橡胶 SDM-801 的扭矩明显增强,而且掺杂 10% 时比掺杂 5% 的增加更多。说明有机蒙脱土 MMT 的掺杂对模具硅橡胶 SDM-801 具有增韧补强作用。这些结果可从掺杂体系的结构予以解释。

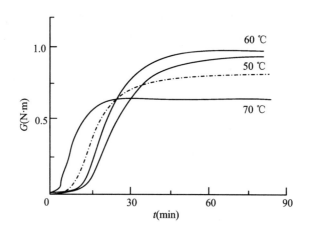

图 8.10　掺杂了 10%（w/w）有机蒙脱土的硅橡胶复合体系在 50 ℃、60 ℃、70 ℃温度下的固化曲线,虚线为未加蒙脱土 MMT 的模具硅橡胶 SDM-801 在 60 ℃下的固化曲线

通过对模具硅橡胶 SDM-801 进行蒙脱土 MMT 的掺杂改性,可显著加快模具硅橡胶 SDM-801 的固化速度,提高模具硅橡胶 SDM-801 的物理力学性能。以此制成的弹性印章强度明显增强,表面缺陷大为减少,同时对溶剂的耐溶胀性能也显著提高。其缺点是印章的透明度有所下降。另外实验中发现,有机蒙脱土 MMT 的掺杂量也并不是越多越好,作为弹性印章,适宜的掺杂量在 5%～10% 之间,以 10% 左右为最优。掺杂量小于 5% 时,改性效果不明显;掺杂量大于 10% 以上时,体系固化速度太快,难以操作。总之,可以认为,掺杂改性不失为行之有效的提高弹性印章性能的方法[15]。

8.4 (环氧树脂-聚酰胺)/聚(丙烯酸丁酯-苯乙烯-丁二烯)互穿网络体系的研究

由两种或多种各自交联并相互穿透的高聚物网络组成的共混物叫互穿网络高聚物(interpenetrating polymer network, IPN)[16]。IPN 的特点在于含有能起到"强迫相容"作用的互穿网络,不同高聚物分子相互缠结形成一个整体,不能解脱(图8.11)。在 IPN 中,不同高聚物存在各自的相(各自的网络),也未发生化学结合,因此,IPN 不同于接枝或嵌段共聚物,也不同于一般共混物或复合材料。IPN 的结构和性能与制备方法有关,高聚物Ⅰ(第一网络)/高聚物Ⅱ(第二网络)的 IPN,其结构和性能不同于高聚物Ⅱ(第一网络)/高聚物Ⅰ(第二网络)的 IPN。值得注意的是,在 IPN 内如存有永久性不能解脱的缠结,则 IPN 的某些力学性能有可能超越所含各组分高聚物的相应值。例如,聚氨酯和聚丙烯酸酯的拉伸强度分别为 42.07 MPa、17.73 MPa,伸长率分别为 640%、15%,而聚氨酯/聚丙烯酸酯 IPN(80/20)的拉伸强度高达 48.97 MPa,最大伸长率为 780%。

用动态扭振法研究(环氧树脂-聚酰胺)/聚(丙烯酸正丁酯-二乙烯苯-苯乙烯) IPN 的等温固化过程,探讨固化条件与该环氧树脂 IPN 最终机械力学性能之间的关系,是因为引入的丙烯酸正丁酯(BA)一方面其分子链具备柔性,可改善环氧树脂的韧性,另一方面,环氧树脂分子链上的羟基与聚酰胺和环氧树脂反应后所产生的羟基上的氢原子,以及聚酰胺分子链上可能存在的部分未反应的连在氮原子上的氢原子可与 BA 羰基上的氧原子形成氢键,这有利于这两个网络的互穿,改善所制环氧树脂 IPN 的性能。加入苯乙烯(St),是为了弥补因引入 BA 所导致的玻璃化温度 T_g 的降低以及包括模量在内的机械力学性能的下降。而引入二乙烯苯(DVB)是为了第Ⅱ相也能形成交联网络,它们的强迫相容性将更有利于 IPN 两相的互穿。

另外,用动态扭振法研究(环氧树脂-聚酰胺)/聚苯乙烯半互穿(半-IPN)和(环氧树脂-聚酰胺)/聚(苯乙烯-二乙烯苯)全互穿(全-IPN)两个体系的等温固化过程,从加入第Ⅱ相后它们的几个固化参数相对于纯(环氧树脂-聚酰胺)的变化,到它们的最优配方和最优固化条件,以及运用非平衡态热力学涨落理论对它们的等温固化行为进行预估等几个方面对上述半-IPN和全-IPN的等温固化过程进行比较,可进一步探讨环氧树脂IPN的固化条件与其机械力学性能之间的关系[17]。

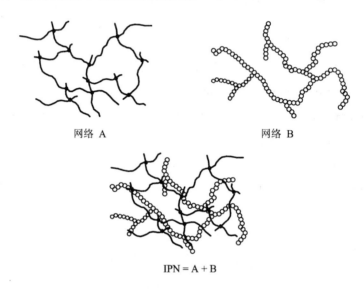

图8.11　由两个交联网相互贯穿而形成的互穿网络聚合物

选用环氧值为0.41～0.47当量/克的环氧树脂E44,用胺值为380～420和相对分子质量为600～1100的低分子量聚酰胺作交联剂。设计考察全-IPN和半-IPN固化过程不同的两个平行体系的实验是,以第Ⅰ相用量为100份计,第Ⅱ相的用量分别为0 phr、10 phr、20 phr和30 phr;第Ⅰ相环氧树脂和聚酰胺的相对用量为1∶0.5,并保持不变。实验固化温度为60℃、70℃、80℃、90℃。实验配方(按重量计)和各组分的情况见表8.4。

表8.4　互穿网络高聚物试样及其组成比(按重量计)

试样	0	1	2	3	4	5	6
Ⅰ相∶Ⅱ相	100∶0	100∶10	100∶20	100∶30	100∶10	100∶20	100∶30
Ⅰ相中,环氧树脂∶聚酰胺	1∶0.5	1∶0.5	1∶0.5	1∶0.5	1∶0.5	1∶0.5	1∶0.5
Ⅱ相中,苯乙烯∶二乙烯苯	—	1∶0	1∶0	1∶0	1∶0.03	1∶0.03	1∶0.03

四个不同温度、七个样品(0~6)的等温固化曲线有 28 条,作为例子,图 8.12 和图 8.13 是样品 0 与样品 3 的实验等温固化曲线。由所有这些实验等温固化曲线得到的样品 0~6 的凝胶化时间 t_g、完全固化时间 t_{max} 和极大平衡扭矩 G_∞ 均列于表 8.5。

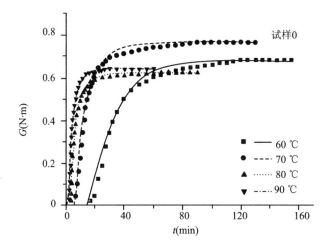

图 8.12　样品 0 在 60 ℃、70 ℃、80 ℃、90 ℃ 四个温度下的实验等温固化曲线
点为实验所得,线为理论计算而得

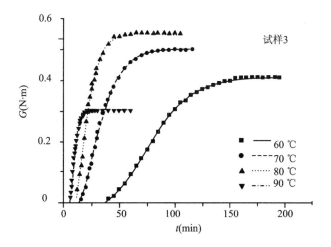

图 8.13　样品 3 在 60 ℃、70 ℃、80 ℃、90 ℃ 四个温度下的实验等温固化曲线
点为实验所得,线为理论计算而得

表8.5 样品在四个不同温度下的 G_∞(N·m), t_{max}(min), t_g(min)和 ΔE_a(kJ·mol^{-1})

样品	固化温度(℃)											ΔE_a
	60			70			80			90		
	t_g	t_{max}	G_∞	t_g	t_{max}	G_∞	t_g	t_{max}	G_∞	t_g	t_{max}	G_∞	
0	14.0	120.0	0.68	6.0	95.0	0.76	3.3	65.0	0.62	2.0	30.0	0.64	63.8
1	29.0	128.0	0.59	11.5	60.0	0.58	5.0	40.0	0.53	2.5	22.0	0.19	81.0
2	31.0	140.0	0.47	15.0	75.0	0.50	8.0	35.0	0.51	4.5	20.0	0.24	63.5
3	35.0	160.0	0.41	14.5	85.0	0.50	10.5	64.0	0.55	5.3	21.0	0.30	59.3
4	31.5	130.0	0.51	13.0	70.0	0.65	4.8	35.0	0.62	3.0	35.0	0.39	79.9
5	33.5	205.0	0.46	15.0	70.0	0.54	9.0	40.0	0.46	5.0	30.0	0.29	61.4
6	47.0	215.0	0.35	18.5	90.0	0.31	9.0	55.0	0.67	6.0	22.0	0.35	68.2

8.4.1 最优配方和最优固化条件

考虑到体现IPN力学性能的 G_∞ 不能太小,为了节能,固化温度不能太高,固化时间不能太长,可以认定在半-IPN样品中,1号样品为获得良好综合性能的最优配比,其组成为第Ⅰ相:第Ⅱ相=90:10、第Ⅰ相中环氧树脂:低分子聚酰胺树脂=1:0.5,其最优固化温度为70℃,约需60 min即可达到完全固化;在全-IPN样品中,6号样品为获得良好综合性能的最优配比,其组成为第Ⅰ相:第Ⅱ相=70:30、第Ⅰ相中环氧树脂:低分子聚酰胺树脂=1:0.5、第Ⅱ相中 St:DVB = 1:0.03,其最优固化温度为80℃,约需55 min即可达到完全固化。由此可见,两类IPN体系最优固化配方的两相百分含量并不相同,而且最优固化条件也不尽一样。

8.4.2 凝胶化时间 t_g 的变化

由表8.5可知,第Ⅱ相的存在,使半-IPN和全-IPN的凝胶化时间 t_g 比纯环氧树脂的0号样品的 t_g 都延长了,而且提高固化温度,t_g 也都缩短;但另外一方面,两相相对百分含量相同时,在较低固化温度(60℃)和较高固化温度(90℃),全-IPN的凝胶化时间 t_g 比相应的半-IPN要长;在中等固化温度(70℃、80℃),两类IPN的凝胶化时间 t_g 之间的大小关系较为复杂。

8.4.3 极大平衡扭矩 G_∞ 的变化

第Ⅱ相的加入,无论是半-IPN还是全-IPN,试样的极大平衡扭矩 G_∞ 几乎全部变小了,可见第Ⅱ相在两体系中皆起到了增塑作用。在较低固化温度(60 ℃)下,全-IPN 的 G_∞ 比相应的半-IPN 要小;在较高固化温度(90 ℃)下,全-IPN 的 G_∞ 比相应的半-IPN 要大;在中等固化温度(70 ℃、80 ℃)下,两类-IPN 的 G_∞ 之间的大小关系没有规律。

8.4.4 完全固化时间 t_{max} 的变化

第Ⅱ相的加入对完全固化时间 t_{max} 的影响较为复杂。在较低的固化温度(60 ℃)下,无论是全-IPN 还是半-IPN,相对于纯环氧树脂0号样品,样品1~6 的 t_{max} 均增大了。而在其他三个固化温度(70 ℃、80 ℃和90 ℃)下,对于半-IPN 样品1~3,t_{max} 均变小;对于全-IPN 样品4~6,虽然大部分情况下,t_{max} 增大,但仍有部分情况下 t_{max} 比纯环氧树脂0号样品的要小。如固化温度为90 ℃时,纯环氧树脂的 t_{max} 为30.0 min,而4号样品的 t_{max} 为35.0 min。另外在较低固化温度(60 ℃)和较高固化温度(90 ℃)下,全-IPN的 t_{max} 比相应的半-IPN 要大;在中等固化温度(70 ℃、80 ℃)下,两类IPN 的 t_{max} 之间的大小关系变得复杂。

8.4.5 第Ⅱ相用量对半-IPN和全-IPN固化反应表观活化能的影响

仍用Flory的凝胶化理论的公式 $\ln t_g = C + \dfrac{\Delta E_a}{RT}$,$\ln t_g - 1/T$ 作图(图8.14中(a)和(b))直线的斜率就是固化反应的表观活化能 ΔE_a(表8.5)。由表8.5中 ΔE_a 的值可见,当第Ⅱ相用量增加时,(环氧树脂-聚酰胺)/聚(苯乙烯-丁二烯)全-IPN体系与(环氧树脂-聚酰胺)聚苯乙烯半-IPN体系 ΔE_a 的变化趋势并不相同。

对于样品0及半-IPN样品1、2和3,两相配比不变,当第Ⅱ相用量为

0 phr、10 phr、20 phr 和 30 phr 时，ΔE_a 分别为 63.8 kJ·mol^{-1}、81.0 kJ·mol^{-1}、63.5 kJ·mol^{-1} 和 59.3 kJ·mol^{-1}。第Ⅱ相小分子单体的加入会对固化体系的固化反应产生两方面的影响，一方面第Ⅱ相所起的稀释作用使体系的 ΔE_a 升高，另一方面第Ⅱ相小分子单体对第Ⅰ相中聚酰胺分子内氢键的破坏作用使体系 ΔE_a 降低。同时也讨论到由于稀释作用占主导作用，而使此体系的 ΔE_a 随第Ⅱ相百分含量的增加而升高。对（环氧树脂-聚酰胺）/聚苯乙烯半-IPN 体系，由于第Ⅱ相反应物中不含交联剂 DVB，使稀释作用在开始时占主导地位，后来却是聚酰胺分子内氢键的破坏作用占主导地位，从而（环氧树脂-聚酰胺）/聚苯乙烯半-IPN 体系的 ΔE_a 随第Ⅱ相百分含量的增加而先增加后减小。

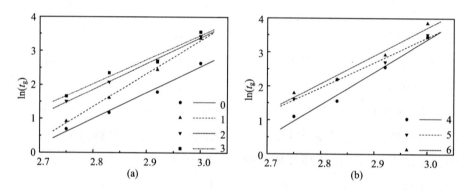

图 8.14 （环氧树脂-聚酰胺）/聚（苯乙烯-丁二烯）全-IPN 体系与（环氧树脂-聚酰胺）/聚苯乙烯半-IPN 体系 7 个试样的互穿网络高聚物 $\ln t_g$-$1/T$ 作图

对于样品 0 及全-IPN 样品 4、5 和 6，两相配比不变，当第Ⅱ相用量为 0 phr、10 phr、20 phr 和 30 phr 时，ΔE_a 分别为 63.8 kJ·mol^{-1}、79.9 kJ·mol^{-1}、61.4 kJ·mol^{-1} 和 68.2 kJ·mol^{-1}。（环氧树脂-聚酰胺）/聚（苯乙烯-丁二烯）全-IPN 体系第Ⅱ相反应物中交联剂的用量为（环氧树脂-聚酰胺）/聚（丙烯酸丁酯-苯乙烯-丁二烯）IPN 体系第Ⅱ相反应物中交联剂用量的三倍[8]，（环氧树脂-聚酰胺）/聚（苯乙烯-丁二烯）全-IPN 体系与（环氧树脂-聚酰胺）/聚苯乙烯半-IPN 体系的区别在于前者第Ⅱ相为交联的。第Ⅱ相交联度的增大所导致的体系黏度的增大会对第Ⅱ相小分子单体的加入对体系表观活化能的两种影响带来复杂的作用，从而会有（环氧树脂-聚酰胺）/聚（苯乙烯-丁二烯）IPN 体系的 ΔE_a 随第Ⅱ相百分含量的增加而先增加后减小，然后再增加，呈现复杂变化。

8.4.6 用非平衡态热力学涨落理论对两类 IPN 固化行为的预估

应用前面第 5 章中的 Hsich 非平衡态热力学涨落理论公式 $G(t) = G_{\infty}\{1-\exp\{-[(t-t_g)/\tau]^{\beta}\}\}$,得到各个样品的 τ 和 β 值(表 8.6)。

表 8.6 试样在不同固化温度下的 τ 和 β 值

试样	固化温度(K)							
	60 ℃		70 ℃		80 ℃		90 ℃	
	τ(min)	β	τ(min)	β	τ(min)	β	τ(min)	β
0	20.5	1.23	8.5	0.91	3.8	0.77	3.0	1.02
1	20.0	1.19	10.5	1.52	5.0	0.95	4.0	0.85
2	30.0	1.42	19.0	1.64	8.0	1.44	4.5	1.24
3	55.0	1.79	24.0	1.44	13.8	1.39	5.8	1.37
4	29.5	1.50	13.0	1.59	5.3	1.10	4.5	0.86
5	59.0	1.37	17.5	1.77	6.3	1.22	4.5	1.03
6	62.5	1.42	42.5	1.41	9.5	1.20	6.5	1.49

以表 8.6 中所列的 τ、β 值代入上式,可以绘制出所有试样的理论等温固化曲线,如图 8.11 所示的样品 0 和 3 的理论等温固化曲线。从图 8.11 可见,表示理论等温固化曲线的线与表示实验等温固化曲线的点吻合良好,表明互穿网络的(环氧树脂-聚酰胺)/聚苯乙烯半-IPN 和(环氧树脂-聚酰胺)/聚(苯乙烯-二乙烯苯)全-IPN 体系的等温固化行为皆可用 Hsich 的非平衡态热力学涨落理论来预估。

对互穿网络(环氧树脂-聚酰胺)/聚(BA-DVB-St)IPN 的固化也用同样方法处理,结果也类似,这里不再赘述。

8.5 环氧树脂-MP-酸酐-促进剂复合阻燃材料的固化动力学

当今社会,人们对阻燃材料的要求越来越高,但是传统使用的含卤阻燃剂燃烧时产生浓烟和毒气,造成严重的二次污染,引起各界人士的密切关注,因此无毒或低毒阻燃剂的开发甚为迫切,市场前景也非常广阔。其中氮磷系阻燃剂 MP 中的氮、磷元素之间存在增效和协同作用,阻燃效果很好[18]。本节介绍采用 MP 阻燃剂为填料的环氧树脂复合材料,用动态扭振法研究阻燃剂填料对复合材料性能的影响,选择固化条件和筛选配方。

选用环氧值为 0.49～0.53 的环氧树脂 E51,采用甲基四氢邻苯二甲酸酐(MeTHPA)和 2-乙基-4-甲基咪唑(2,4-EMI)为固化剂。阻燃剂 MP 为白色结晶粉末,粒径＞300 目,磷含量＞13%,氮含量＞37%。组分比环氧树脂∶2,4-EMI∶MP∶MeTHPA 为 100∶2∶n∶80(重量比),其中 n 为 MP 用量,可变,即 n 取 5 phr、10 phr、20 phr、30 phr 和 40 phr。

8.5.1 环氧树脂复合阻燃体系的固化曲线

图 8.15 为不同含量阻燃剂 MP 的环氧树脂复合体系 110 ℃的等温固化曲线。由图可见,随 MP 含量增大,体系凝胶化时间 t_g 的变化存在一临界点。低 MP 含量(＜20 phr)时,t_g 值几乎没有变化;但在 MP 含量超过 20 phr 后,t_g 值明显增大。类似的现象在本书第 6 章和文献[19]中已有报道。这是因为在较高的填料含量下,混合体系中反应物(如固化剂和促进剂)浓度降低,反应基团相互碰撞、反应的几率减小,t_g 值增加;而低填料含量对反应物浓度的影响显然很小,表现在 t_g 值没有明显的变化。

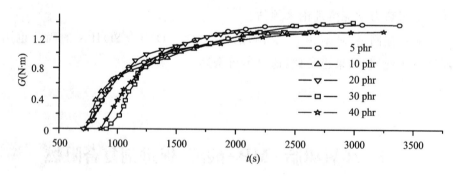

图 8.15 不同 MP 含量的环氧复合阻燃体系 110 ℃下的等温固化曲线

图 8.16 是 MP 含量为 20 phr 的环氧树脂复合阻燃体系在 90 ℃、100 ℃、110 ℃、120 ℃四个不同温度下的等温固化曲线。不同温度下的固

化曲线形状类似,但凝胶化时间 t_g 以及固化反应速率差异较大。由固化曲线斜率的变化趋势可直观地看出,随固化温度的升高,凝胶化时间 t_g 明显缩短,而固化反应速率逐渐增大。

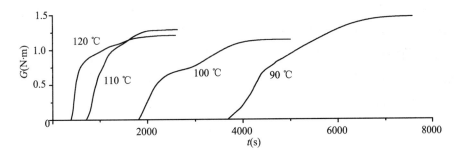

图 8.16　MP 含量为 20 phr 的环氧树脂复合阻燃体系在不同温度下的等温固化曲线

8.5.2　环氧树脂复合阻燃体系固化反应的表观动力学参数

1. 活化能 ΔE_a

根据 Flory 凝胶化理论公式 $\ln t_g = C + \dfrac{\Delta E_{a1}}{RT}$,所有 MP 含量的环氧树脂复合阻燃体系的 $\ln t_g$-$1/T$ 图都有很好的直线关系,由此得到环氧树脂复合阻燃体系固化反应表观活化能 ΔE_{a1}。作为例子,图 8.17 是 MP 含量为 20 phr 的环氧树脂复合阻燃体系四个温度的 $\ln t_g$-$1/T$ 图。

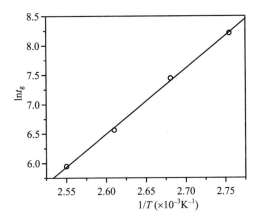

图 8.17　MP 含量为 20 phr 的环氧树脂复合阻燃体系 $\ln t_g$ - $1/T$ 图

2. 反应级数和反应速率常数 k_p

如果环氧树脂复合阻燃体系固化反应为一级反应，则有

$$\ln(G_\infty - G_t) = -k_p(t - t_g) \tag{8.4}$$

100 ℃下，MP 含量为 20 phr 的环氧树脂复合阻燃体系的 $\ln(G_\infty - G_t)$ 对 $(t - t_g)$ 作图见图 8.18。良好的线性关系表明环氧树脂复合阻燃体系一级反应的假设是合理的。由直线的斜率求得该体系一级固化反应的速率常数 $k_p = 3.08 \times 10^{-2}$（表 8.7）。

假定凝胶点前后的反应速率常数 k_p 不变，根据实验测得的凝胶化时间 t_g，可由公式

$$P_c = 1 - \exp(-k_p t_g) \tag{8.5}$$

计算出凝胶点时的反应程度 P_c。譬如，由此求得的 100 ℃下，MP 含量为 20 phr 的环氧树脂复合阻燃体系凝胶点时的反应程度为 $P_c = 1 - \exp(-3.08 \times 10^{-2} \times 28.50) \approx 58\%$，为一个合理的数值。

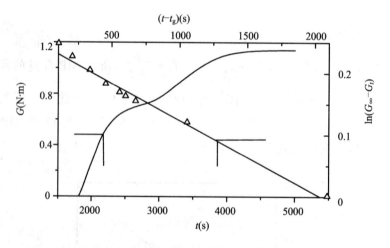

图 8.18 MP 含量为 20 phr 的环氧树脂复合阻燃体系 100 ℃下的固化曲线及 $\ln(G_\infty - G_t)$ 对 $(t - t_g)$ 作图

8.5.3 用 Avrami 方程预估环氧树脂复合阻燃体系的固化行为

仍然用任意时刻 t 时的相对固化程度 $\alpha(= G_t/G)$，则描述固化动力学的 Avrami 方程为 $\alpha = 1 - \exp[-k_p(t - t_g)^n]$，这里 n 为 Avrami 指数。或写成 $1 - \alpha = \exp[-k_p(t - t_g)^n]$，得 $\ln[-\ln(1 - \alpha)] = \ln k_p + n\ln(t - t_g)$。

以 $\ln[-\ln(1-\alpha)]$ 对 $\ln(t-t_g)$ 作图，所得到的截距与斜率分别为 $\ln k_p$ 和 Avrami 指数 n。环氧树脂复合阻燃体系在 90 ℃、100 ℃、110 ℃、120 ℃ 四个不同温度下的 Avrami 曲线示于图 8.19。由图可见，$\ln[-\ln(1-\alpha)]$ 对 $\ln(t-t_g)$ 作图有较好的线性关系，说明 Avrami 方程也可以用来描述环氧树脂复合阻燃体系在凝胶化点后的固化过程。

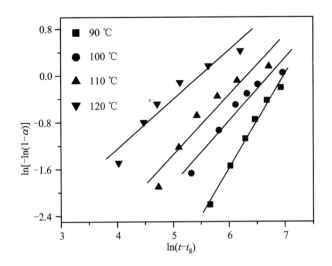

图 8.19　20 phr MP 的环氧树脂复合阻燃体系的 $\ln[-\ln(1-\alpha)]$ 对 $\ln(t-t_g)$ 的 Avrami 作图

固化反应速率常数 k_p 与温度之间满足[19]：

$$k_p^{1/n} = A\exp\left(-\frac{\Delta E_{a2}}{RT}\right) \tag{8.6}$$

对该式取对数可以得到与 Avrami 指数 n 有关的速率方程：

$$(1/n)\ln k_p = \ln A - \frac{\Delta E_{a2}}{RT} \tag{8.7}$$

图 8.20 为 $(1/n)\ln k_p$ 对 $1/T$ 作图，由图中的直线斜率可得出凝胶点以后的体系的表观活化能 ΔE_{a2}。由前后两个方法求出的活化能 ΔE_{a1} 与 ΔE_{a2}（见表 8.7）的数值可以看到，凝胶点前后反映环氧树脂复合阻燃体系的表观活化能是不一样的，这与 Dutta[20] 得出的结果基本一致。

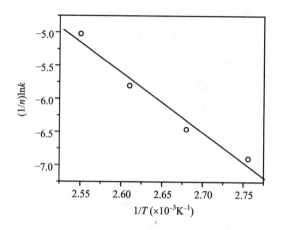

图 8.20 含有 20 phr MP 的环氧树脂复合阻燃体系 $(1/n)\ln k$ 对 $1/T$ 作图

表 8.7 环氧树脂复合阻燃体系的固化表观动力学参数

$T(℃)$	t_g(min)	k_p	n	ΔE_{a1}(kJ·mol^{-1})	ΔE_{a2}(kJ·mol^{-1})
90	61.37	$6.87×10^{-3}$	1.78	93.0	75.3
100	28.50	$3.08×10^{-2}$	1.47		
110	15.38	$4.94×10^{-2}$	1.76		
120	6.39	$3.68×10^{-1}$	1.46		

总之,阻燃剂 MP 能够缩短环氧树脂 E51 复合阻燃体系的凝胶化时间,并且对固化反应有促进协同作用,可加快固化反应速率,但是加入量与凝胶化时间 t_g 之间的关系比较复杂,在 20 phr 附近出现一转折点。不同的固化温度对固化曲线影响显著,凝胶化时间 t_g 与固化温度的倒数 $1/T$ 成近似的直线关系,温度升高,固化反应速率成几何倍数增加。此外,Flory 凝胶化理论及 Avrami 方程能够较好地描述该反应体系固化动力学,可以用于固化体系行为的预估。

8.6 环氧树脂-树状形大分子聚酰胺体系的固化

胺类化合物是环氧树脂重要的一类固化剂,近年来发展起来的树枝形胺类化合物[21]应该也可以用来固化环氧树脂。我们不但合成了不同代数的树枝形大分子聚酰胺(PAMAM)，并且用 PAMAM 作为环氧树脂固化剂，利用动态扭振法的树脂固化仪研究了该树脂体系的固化反应动力学。通过不同温度、不同 PAMAM 代数、不同添加量下的等温固化实验筛选合理配方，优化最优固化温度和最优 PAMAM 添加量，从而全面了解该全新环氧树脂-树状形大分子聚酰胺体系的固化行为。

树枝形高聚物 PAMAM 用作环氧树脂黏合剂中的固化剂配方，由于丰富的胺含量，预计该产品在中温和室温条件下具有很快的固化反应速度，该固化剂参加的黏合剂体系无需添加其他溶剂和添加剂，单组分和环氧树脂混合后黏度立即增加且呈糊状，而且无毒副作用，分子的柔性足以改善固化产物的强度和韧性，我们可以利用它来改善一般型环氧树脂胶的脆性，基于其表面活性剂的特性，能够很好地和其他亲水或者亲油体系混合，混合体系流动性很好，黏度适中，可以很好地制成溶胶状，克服了固体固化剂流动性差，而液体固化剂定型条件差等缺点。而且添加含量很小，成本不高，抗老化能力强、具有较强的抗压、抗剪切能力。该固化剂配方使用方便，具有广阔的产业化应用前景。

8.6.1 树枝形大分子聚酰胺 PAMAM 的合成

树枝形化合物的合成通常有发散合成法[22]和收敛合成法[23]两种。发散合成法合成反应有一个或多个反应点，然后用带有分支结构的单元与中心进行核反应，得到初代分子，这个初代分子末端的官能团可以转化为继续反应的官能团，然后重复与分支单元反应物进行反应得到第二代分子，不断重复此步骤理论上可以获得任意高次代的树枝形高聚物。收敛合成法是将要生成树枝形高聚物最外层结构部分开始与分支单元反应生成初代分子，分子单元反应后重新活化再次与分支单元反应联接的过程可以合成更高代数的树枝形高聚物。

发散合成法的缺点是在实际合成时，当反应进行到较高次代数后，继续引入分支单元的反应可能会因为空间位阻的影响产生一些缺陷。收敛合成法的优点是每一代反应点数目有限，因而可以得到分散程度较高的产物，同时纯化和表征也比较容易；收敛法存在的缺陷是树突的尺寸变大以后，中心点的官能团在反应时受到比扩散法更加严重的阻碍[24]。用于本实验的 PAMAM 由分散合成法制备,因为树枝高聚物代数不高。

具体的合成方法和条件是,第一步由丙烯酸甲酯和乙二胺进行 Mchael 加成反应合成 0.5 G 产物,利用减压蒸馏除去过量的丙烯酸甲酯;第二步利用合成的 0.5 G 产物与过量的乙二胺反应,生成 1.0 G 树枝形分子,整个反应在甲醇介质中进行。重复以上两步反应,可依次获得 0.5～5.0 G 的 PAMAM(图 8.21)。

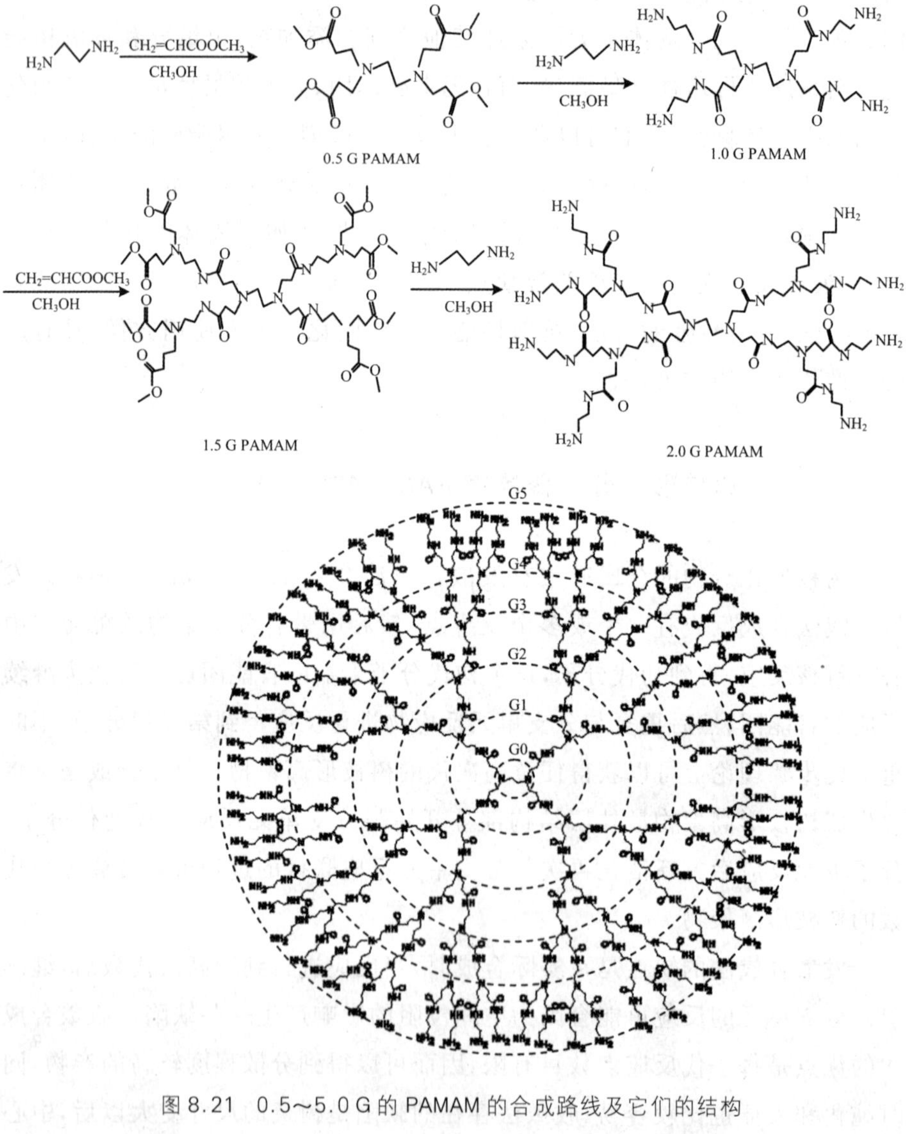

图 8.21　0.5～5.0 G 的 PAMAM 的合成路线及它们的结构

8.6.2 环氧树脂 E51 – PAMAM 体系的等温固化实验条件

选用环氧值为 0.49~0.53 的环氧树脂 E51，固化促进剂用 2-乙基-4-甲基咪唑（2,4 - EMI，用量统一为 2 phr）。所有实验条件都一并列于表 8.8 中。

表 8.8 环氧树脂 E51 – PAMAM 体系等温固化试验的实验条件

PAMAM 代数	90 ℃	100 ℃	110 ℃	120 ℃	2,4 - EMI 用量
1.0 G	5 phr 10 phr 20 phr 40 phr	5 phr 10 phr 20 phr 40 phr	5 phr 10 phr 20 phr 40 phr	5 phr 10 phr 20 phr 40 phr	2 phr
2.0 G	5 phr 10 phr 20 phr 40 phr	5 phr 10 phr 20 phr 40 phr	5 phr 10 phr 20 phr 40 phr	5 phr 10 phr 20 phr 40 phr	2 phr
3.0 G	5 phr 10 phr 20 phr 40 phr	5 phr 10 phr 20 phr 40 phr	5 phr 10 phr 20 phr 40 phr	5 phr 10 phr 20 phr 40 phr	2 phr
4.0 G	5 phr 10 phr 20 phr 40 phr	5 phr 10 phr 20 phr 40 phr	5 phr 10 phr 20 phr 40 phr	5 phr 10 phr 20 phr 40 phr	2 phr
5.0 G	5 phr 10 phr 20 phr 40 phr	5 phr 10 phr 20 phr 40 phr	5 phr 10 phr 20 phr 40 phr	5 phr 10 phr 20 phr 40 phr	2 phr

8.6.3 环氧树脂 E51 – 不同代数的 PAMAM 的等温固化曲线

不同代数的 PAMAM 中含有的胺量不同，应该对环氧树脂的固化有影响。图 8.22 是环氧树脂 E51 – 不同代数的 PAMAM 在 110 ℃ 温度下的等温固化曲线。PAMAM 添加量一律为 10 phr。

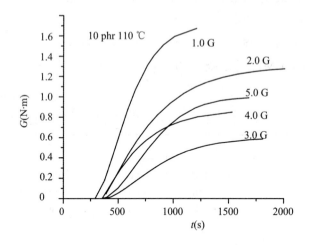

图 8.22　环氧树脂 E51-不同代数的 PAMAM 在 110 ℃ 温度下的等温固化曲线,PAMAM 添加量一律为 10 phr

由图 8.22 可见,不同代数的树枝形高聚物 PAMAM 在添加量相同时的等温固化曲线存在显著的差异。就最终的平衡扭矩 G_∞ 而言,添加 1.0 G 与 2.0 G 的 G_∞ 最大,添加 5.0 G 的其次,添加 3.0 G 和 4.0 G 的 G_∞ 较低。如果从凝胶化时间 t_g 后固化反应速率(它由固化曲线的斜率来反映)来看,添加 1.0 G PAMAM 的固化反应最快,到达平衡扭矩的时间最短,添加 3.0 G 的固化反应速率最低,而添加 4.0 G 与 5.0 G PAMAM 的固化反应速率甚至存在一个交叉,添加 4.0 G PAMAM 的固化反应在前期较快,但最后的平衡扭矩 G_∞ 反而比添加 5.0 G PAMAM 的来得低。

为简单起见,不同温度下不同代数的等温固化曲线的比较只给出了三个代数(1.0 G、2.0 G 和 3.0 G)的数据,见图 8.23。

不同代数 PAMAM 90 ℃ 下等温固化与 110 ℃ 下等温固化的情况有了很大的变化。添加 3.0 G 和 5.0 G PAMAM 的环氧体系具有较快的固化反应速率和平衡扭矩 G_∞,它们都比添加 1.0 G PAMAM 的来得大。并且添加 1.0 G 和 3.0 G PAMAM 环氧体系的等温固化曲线存在交叉。添加 1.0 G PAMAM 的凝胶化时间 t_g 出现在 20 min 前后,而添加 3.0 G PAMAM 的将近在 30 min 时才到达凝胶化时间 t_g。这种差异我们在后面的论述中会给出比较合理的解释。

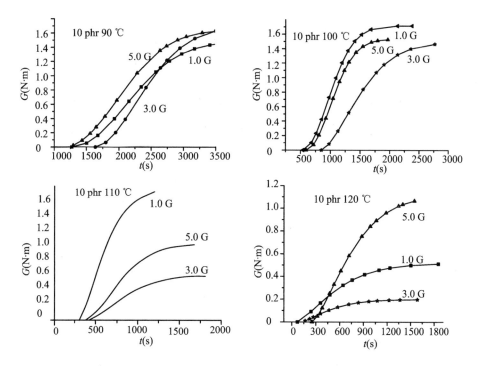

图 8.23 环氧树脂 E51-不同代数(1.0 G、3.0 G 和 5.0 G)的 PAMAM 在 90 ℃、100 ℃、110 ℃和 120 ℃四个温度下的等温固化曲线,PAMAM 添加量一律为 10 phr

随着温度升高,上面的规律性进一步被验证,低代数的树枝形分子充当固化剂具有更大的优势,尤其是在温度很高的情况下。100 ℃的等温固化曲线中 1.0 G PAMAM 与 5.0 G PAMAM 的固化速率、凝胶化时间非常相似,完全固化时的扭矩 G_∞ 也相差不多,而 3.0 G PAMAM 在 90 ℃温度下表现出的较高平衡扭矩 G_∞ 反而降了下来。

温度进一步升高,120 ℃时 1.0 G PAMAM 虽然具有最短的凝胶化时间 t_g,但是它的固化速率以及扭矩值却远远不及 5.0 G PAMAM 的那么突出,同样,3.0 G PAMAM 的所有性能均不高,仅凝胶化时间 t_g 稍稍短于 5.0 G PAMAM 的。故对环氧树脂 E51 - 1 G PAMAM 体系来说,100~110 ℃是它的最优固化温度。无论从哪个角度看都没有理由选择 3.0 G PAMAM 作为环氧树脂胶黏剂的固化剂使用,它的凝胶化时间 t_g 过长,固化后物料的性能也不够好。

8.6.4 不同温度下固化的环氧树脂 E51-不同代数的 PAMAM 的等温固化曲线

为了进一步筛选出最优固化温度,我们列出具有标志性特征的 1.0 G PAMAM,3.0 G PAMAM 与 5.0 G PAMAM 作为固化剂时温度造成的性质差异。

由图 8.24 可见,环氧树脂 E51-1 G PAMAM 体系在 90 ℃和 120 ℃下等温固化时的固化反应速率较慢,虽然 120 ℃下体系的凝胶化时间 t_g 很短,但凝胶点后不但反应速率慢,并且完全固化后的扭矩 G_∞ 也很低,显然不能满足应用要求。90 ℃下体系的凝胶化时间 t_g 在 20 min 以上,而且完全固化后的平衡扭矩 G_∞ 也比 100 ℃以及 110 ℃要低不少。再次证实了环氧树脂 E51-1.0 G PAMAM 体系的最优固化温度应取在 100~110 ℃之间。

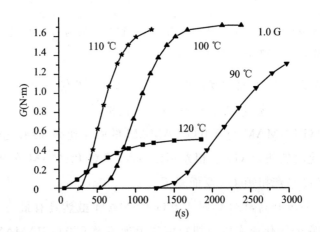

图 8.24 环氧树脂 E51-1 G PAMAM 体系在 90 ℃、100 ℃、110 ℃和 120 ℃四个温度下的等温固化曲线

环氧树脂 E51-3 G PAMAM 体系在上述四个温度下的等温固化曲线具有较强的规律性,较高温度(110 ℃和 120 ℃)下凝胶化时间 t_g 很短,但是凝胶点后的固化反应速率较低,而且完全固化后的扭矩 G_∞ 很低。环氧树脂 E51-3 G PAMAM 体系的最优固化温度应在 90~100 ℃之间。

同样,环氧树脂 E51-5 G PAMAM 体系有近似的规律(图 8.25(a)),

但是温度升高到120℃之后其力学性能以及反应速率常数有所回升,两图对照来看,环氧树脂 E51-5 G PAMAM 体系的凝胶化时间 t_g 更短,完全固化后的扭矩 G_∞ 更高(图8.25(b)),最优固化温度在90℃或者更低的温度。

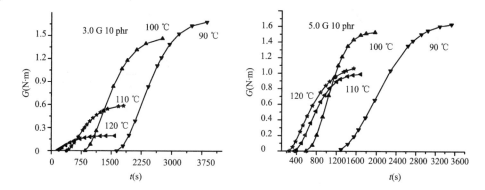

图8.25　环氧树脂 E51-3 G PAMAM 体系(a)和环氧树脂 E51-5 G PAMAM 体系(b) 在90℃、100℃、110℃和120℃四个温度下的等温固化曲线

8.6.5　不同代数和不同含量 PAMAM 的环氧树脂 E51-PAMAM 的等温固化曲线

作为黏合剂的配方,还要关心固化剂的用量,即能够使环氧树脂固化物的机械力学性能达到最好的固化剂用量。固化剂用量过多或过少,所得固化物的性质均比使用最优用量时要差。

图8.26是1 G、3 G 和5 G 三个代次 PAMAM 不同含量的环氧树脂 E51-PAMAM 体系在110℃温度下固化的等温固化曲线。由图可见,低次代的1.0 G PAMAM,含量的变化对体系的性能影响较大。它们的凝胶化时间 t_g、固化反应速率、完全固化的平衡扭矩 G_∞ 等都有较大差异。这种差异在后面交待反应表观动力学参数时还会论述。当然,由图也可以马上得出1.0 G PAMAM 含量10~20 phr 应该是该体系合理的用量。

对于高次代 PAMAM 的体系,PAMAM 含量对固化体系的影响会同时受到两种因素的共同制约,使得不同含量对体系固化行为的影响差异不再明显。它们的固化曲线非常相近,且没有规律,与一般脂肪胺作为环氧树脂固化剂时表现出来的固化行为明显不同。

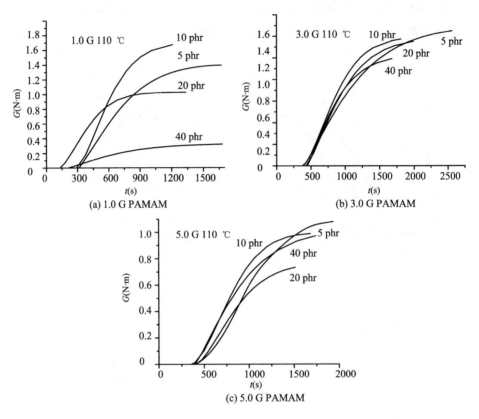

图 8.26　5 phr、10 phr、20 phr 和 40 phr 四个不同 PAMAM 含量的环氧树脂-PAMAM 体系在 110 ℃下的等温固化曲线

8.6.6　环氧树脂 E51-PAMAM 体系的凝胶化时间

1. 环氧树脂 E51-PAMAM 体系的凝胶化时间随 PAMAM 代数的变化

图 8.27 是 1 G、3 G 和 5 G 三个不同代数 PAMAM 的环氧树脂-PAMAM 体系的凝胶化时间图,从图中可以看出,随着 PAMAM 代数增大,凝胶化时间 t_g 先变长后缩短。相比之下,在较高温度下它们的凝胶化时间 t_g 比较接近。

2. 环氧树脂 E51-PAMAM 体系的凝胶化时间随 PAMAM 含量的变化

环氧树脂-PAMAM 体系凝胶化时间 t_g 随 PAMAM 含量变化的情况示于图 8.28 中。对低代数的 1 G PAMAM,环氧树脂-PAMAM 体系凝胶

化时间 t_g 随 PAMAM 含量的变化与小分子固化剂类似，在 PAMAM 含量为 20 phr 时体系凝胶化时间 t_g 最短。但对 3 G 和 5 G 那样的高代数 PAMAM，体系凝胶化时间 t_g 随 PAMAM 含量的变化有自己的规律，其中 3 G 代数 PAMAM 体系的 t_g 在 PAMAM 含量为 10 phr 时最短，而 5 G 代数 PAMAM 体系的 t_g 一直随 PAMAM 含量增加而增加，不见任何缩短的现象。

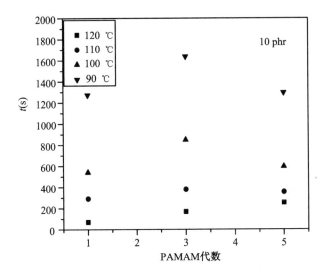

图 8.27　1 G、3 G 和 5 G 三个环氧树脂-PAMAM 体系的凝胶化时间

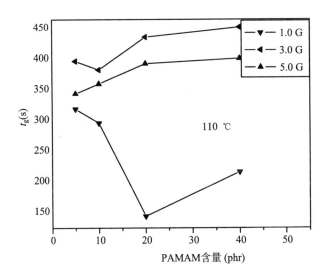

图 8.28　不同含量 PAMAM 的环氧树脂-PAMAM 体系的凝胶化时间

较短的凝胶化时间有利于提高效率,如果单从凝胶化时间考虑,各代PAMAM的用量以10～20 phr为宜。PAMAM用量加大,其对体系的稀释作用导致分子间碰撞几率降低,从而导致凝胶化时间t_g变长。

3. 环氧树脂E51-PAMAM体系的凝胶化时间随固化温度的变化

温度加快树脂分子与固化剂分子的碰撞几率,所以总是缩短凝胶化时间t_g的(图8.29)。这对任何代数的PAMAM,任何含量的PAMAM都是一样。只是凝胶化时间t_g随温度的提高而降低的趋势,不同代数的PAMAM各不相同,正是这种差异导致环氧树脂E51-PAMAM体系的固化反应表观活化能的差异。

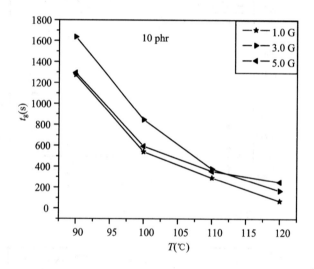

图8.29 环氧树脂E51-PAMAM体系的凝胶化时间与体系固化温度的关系

8.6.7 环氧树脂E51-PAMAM体系的固化反应表观活化能

沿用Flory凝胶化公式$\ln t_g = C + \dfrac{\Delta E_a}{RT}$,以$\ln t_g$对$1/T$作图得图8.30。由直线斜率求得不同代数PAMAM(含量均为10 phr)环氧树脂E51-PAMAM体系的固化反应表观活化能ΔE_a,其值列于表8.9。

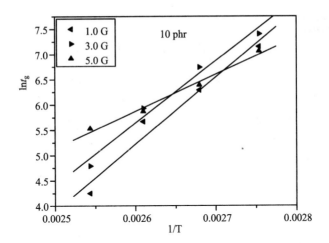

图 8.30 不同代数 PAMAM 含量为 10 phr 的环氧树脂 E51-PAMAM 体系 $\ln t_g$ 对 $1/T$ 作图

表 8.9 环氧树脂 E51-PAMAM 体系的固化反应表观活化能

PAMAM 代数	ΔE_a (kJ·mol^{-1}) (由 $\ln t_g$-$1/T$ 求得)	ΔE_a^* (kJ·mol^{-1}) (由 $\ln k/n$-$1/T$ 求得)
1.0 G	110.2	55.9
3.0 G	102.2	35.4
5.0 G	60.8	32.1

8.6.8 应用 Avrami 方程分析环氧树脂 E51-PAMAM 体系的固化行为

仍然定义任意时刻 t 时的相对固化程度 $\alpha = G_t/G_\infty$，应用 Avrami 方程的公式 $\ln[-\ln(1-\alpha)] = \ln k_p + n\ln(t-t_g)$，以 $\ln[-\ln(1-\alpha)]$ 对 $\ln(t-t_g)$ 作图（图 8.31），所得到的截距与斜率即为 $\ln k_p$ 和 Avrami 指数 n。

图 8.31 是不同 PAMAM 含量的 $\ln[-\ln(1-\alpha)]$ 对 $\ln(t-t_g)$ 的 Avrami 作图，而图 8.32 则是不同次代 PAMAM 添加下的 $\ln[-\ln(1-\alpha)]$ 对 $\ln(t-t_g)$ 的 Avrami 作图。

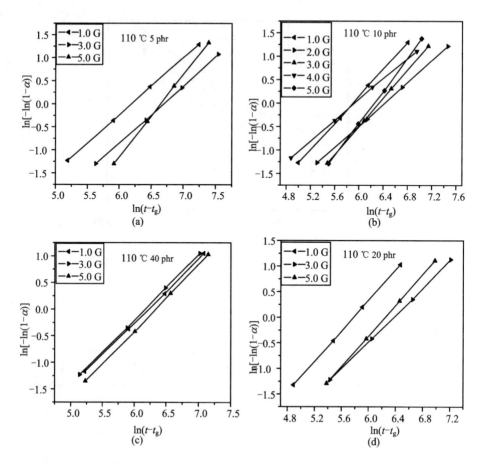

图 8.31 环氧树脂 E51-PAMAM 体系的 $\ln[-\ln(1-\alpha)]$ 对 $\ln(t-t_g)$ Avrami 作图

$\ln[-\ln(1-\alpha)]$ 对 $\ln(t-t_g)$ Avrami 作图中的直线斜率——Avrami 指数 n，相当于凝胶点以后的反应级数，斜率越大，说明反应级数越高，反应越复杂。从图 8.33 中容易看出，随着 PAMAM 添加量的增多，Avrami 指数 n 依次下降。因为 $\ln(t-t_g)$ 为零时的截距对应的是 $\ln[-\ln(1-\alpha)]$ 为凝胶点后的反应速率常数的对数 $\ln k_p$，可见速率常数刚好与以上规律相反。

以上各图中 Avrami 曲线具有很好的线性关系表明，Avrami 方程确实可以用来描述凝胶化时间后环氧树脂 E51-PAMAM 体系的固化过程。

如果认为固化反应过程是热活化过程，速率常数 k_p 将随温度 T 的升高而改变，它们之间满足如下关系：

$$k_p^{1/n} = A\exp\left(-\frac{\Delta E_a^*}{RT}\right) \tag{8.8}$$

这里 ΔE_a^* 是环氧树脂 E51 - PAMAM 体系在凝胶点后的的固化反应表观活化能。

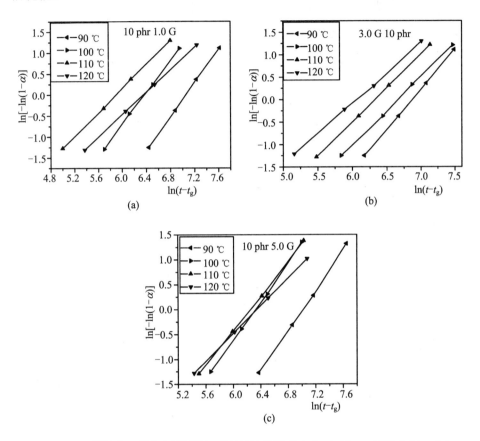

图 8.32　不同温度下环氧树脂 E51 - PAMAM 体系的 $\ln[-\ln(1-\alpha)]$ 对 $\ln(t-t_g)$ Avrami 作图,PAMAM 添加量一律为 10 phr

对式(8.8)取对数,得

$$(1/n)\ln k_p = \ln A - \frac{\Delta E_a^*}{RT} \tag{8.9}$$

以 $(1/n)\ln k_p$ 对 $1/T$ 作图,得图 8.34。由图也可得到凝胶点以后的体系表观活化能 ΔE_a^*(直线斜率)和 Avrami 参数 n 等重要的动力学参数。

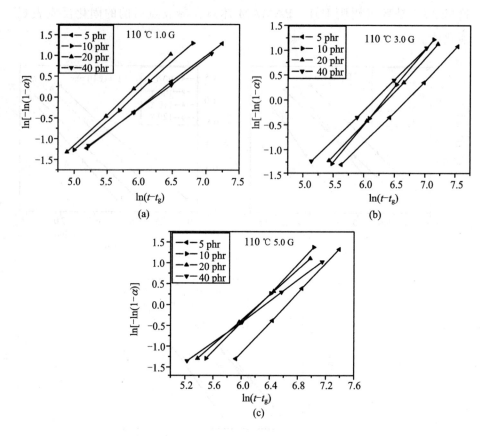

图 8.33　1.0 G、3.0 G、5.0 G PAMAM 不同添加量下的 $\ln[-\ln(1-\alpha)]$ 对 $\ln(t-t_g)$ 作图

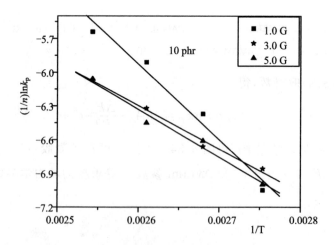

图 8.34　环氧树脂 E51-PAMAM 体系的 $(1/n)\ln k_p$ 对 $1/T$ 作图

表 8.10 给出了环氧树脂 E51-PAMAM 体系一些主要的动力学参数数据。由表可见,除了 1.0 G 在高温 120 ℃下表现出反应速率下降外(前面我们已经提出是由于 110 ℃已经达到其最优固化温度),其他各体系固化反应速率常数均随着固化反应的温度提升而增大,这是很容易理解的,温度升高,分子运动加剧,分子间的有效碰撞大大增强,从而导致宏观动力学中的速率增加。

表 8.10 环氧树脂 E51-PAMAM-2,4-EMI 体系的固化动力学参数

PAMAM	T(℃)	G_∞	t_g(s)	τ(s)	τ_0(s)	β	n	k
1.0 G	90	14.87	1273	1169	0.03	2.02	2.02	6.54E-7
	100	17.17	541	592		1.94	1.91	5.24E-6
	110	17.07	291	369		1.49	1.43	2.14E-4
	120	5.16	70	581		1.44	1.50	2.02E-4
3.0 G	90	17.00	1637	973	0.22	1.80	1.79	4.64E-6
	100	14.92	847	793		1.58	1.52	4.03E-5
	110	5.96	378	570		1.53	1.51	7.12E-5
	120	1.98	120	435		1.33	1.35	2.77E-4
5.0 G	90	16.50	1160	1126	0.19	2.02	2.02	7.23E-7
	100	15.33	594	571		1.98	1.95	2.52E-6
	110	9.98	355	527		1.70	1.74	1.34E-5
	120	11.09	252	573		1.43	1.39	2.20E-4

随着温度升高,由非平衡态热力学涨落理论和 Avrami 方程所拟合出的各代次 PAMAM 的参数 β 与 n 均随着温度的升高而降低,所有反应的级数在 1.5~2 之间。

而从 110 ℃的固化动力学参数(表 8.11)可以看出,添加含量的变化对速率常数的影响不大,基本保持 10^{-4} 量级,低含量下 5.0 G 凝胶点以后的反应速率偏低,同样随着添加含量的升高有下降趋势。

表 8.11 110 ℃下环氧树脂 E51-PAMAM-2,4-EMI 体系的其他固化动力学参数

PAMAM	Content	G_∞	t_g(s)	τ(s)	β	n	k
1.0 G	5	15.91	314	495	1.24	1.23	4.86E-4
	20	10.28	122	326	1.52	1.49	1.82E-4
	40	3.29	211	507	1.21	1.19	6.49E-4

续表 8.11

PAMAM	Content	G_∞	$t_g(s)$	$\tau(s)$	β	n	k
2.0 G	10	16.20	359	621	1.17	1.16	5.87E-4
3.0 G	5	6.47	392	816	1.24	1.24	2.44E-4
	20	5.92	431	593	1.32	1.32	2.29E-4
	40	5.16	447	477	1.24	1.22	5.59E-4
4.0 G	10	8.75	354	380	1.11	1.11	1.43E-3
5.0 G	5	11.04	339	775	1.82	1.79	6.73E-6
	20	7.66	406	518	1.52	1.50	8.52E-5
	40	10.28	396	568	1.24	1.24	3.86E-4

从两次求出的活化能 ΔE_a 与 ΔE_a^* (表 8.9)可以看到,凝胶点以后,反应的活化能有所降低,固化反应速率急剧增加,1.0 G 的活化能最高,低温下难以进行反应,而 5.0 G 具有较低的活化能,仅为 60.83 kJ·mol^{-1},常温下即可以发生固化反应,可以用作为室温固化通用胶料的固化剂;而 1.0 G、3.0 G 必须有较高温度而且在助剂存在的条件下才可以固化。前面我们讨论过 1.0 G 产品高温 110 ℃ 下优越的性能,所以这两代产品均有广阔的应用前景。

接下来是中温与室温固化研究。室温条件下的固化刚好验证了以上的活化能相互关系,从图 8.35(a)中容易看出室温下 5.0 G 固化的速率优势极为显著,凝胶化时间远远低于其他各代产品,而且 10 phr 的速率优势也明显强于 5 phr 的,这种含量优势在 1.0 G 上表现得尤为明显。同样在图 8.35(b)的中温固化中也表现出同样的变化规律。

总的说来,通过比较系统的环氧树脂-树枝形高聚物的固化动力学研究,我们可以得出这样的结论:5.0 G 与 1.0 G 分别在低温和高温条件下表现出很好的固化剂性能,前者具有较低的反应活化能,可以作为室温固化的通用固化剂,而后者适合作为高温固化的固化剂使用,最优固化温度为 110 ℃,两者的最优添加含量均为 10 phr 左右。通过上面的分析,我们完全可以初步筛选出新型固化剂的配方以及用量问题。

因为用树枝形大分子 PAMAM 作为环氧树脂胶黏剂体系的固化剂还是第一次尝试[25],很多问题还有待深入研究。但从上面的结果中,仍然可以得出如下初步结论：

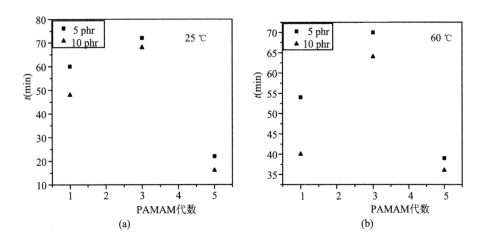

图 8.35　25 ℃和 60 ℃温度下体系凝胶化时间的比较

(1) 随固化温度的提高,凝胶化时间 t_g 缩短,固化速率加快,Avrami 速率常数 k 增大。

(2) 固化剂的添加含量对于凝胶点以后的反应速率影响并不大,凝胶点以前其反应速率随着添加含量的增高先升高后降低,这是由于固化剂的浓度达到最优用量以后,这种黏稠的树枝形分子在体系内部起阻碍作用,故反应速率随之下降,这种转变尤其表现在 20 phr 以后。

(3) 在一般树脂固化剂体系中广泛使用的 Flory 凝胶化理论、Avrami 方程和非平衡态热力学涨落理论也都能应用于环氧树脂 E51 - PAMAM 体系。

(4) 1.0 G PAMAM 在高温下具有较高的物理力学性能和较快的固化反应速率,适合作为高温固化剂使用,而 5.0 G PAMAM 适合低温固化,两者的最优添加量均在 10 phr 左右。

(5) 相比之下,树枝形高聚物作环氧树脂固化剂具有更大的可选择性,且毒性小,耐高温,抗老化,抗渗透能力很强,有望实现产业化。

参 考 文 献

[1] 潘才元.高分子化学[M].合肥:中国科学技术大学出版社,1997.
[2] 朱吕民.聚氨酯合成材料[M].南京:江苏科学技术出版社,2002.

[3] 何平笙.高聚物的力学性能[M].2版.合肥:中国科学技术大学出版社,2008.

[4] 胡孝勇,郭祀远.聚氨酯固化剂的合成与反应机理[J].华南理工大学学报:自然科学版,2007(11):86-89.

[5] 江伟,纪奎江译.特种合成橡胶[M].北京:燃料化学工业出版社,1974.

[6] 马占镖.甲基丙烯酸酯树脂及其应用[M].北京:化学工业出版社,2003.

[7] 陈大柱,何平笙.从高聚物的结晶到热固性树脂的固化:Avrami理论在研究热固性树脂固化过程中的应用[J].功能高分子学报,2003,16(2):256-260.

[8] G W WHITESIDES, Y XIA. Soft lithography[J]. Annu. Rev., Mater. Sci., 1998(28),153-184.

[9] 潘力佳,何平笙.软刻蚀:图形转移和微制造新工艺[J].微细加工技术,2000(2):1-6.

[10] 潘力佳,何平笙.纳米器件制备新方法:微接触印刷术[J].化学通报,2000(12):12-17.

[11] 唐海林,丁元萍.高聚物弹性印章的制作工艺[J].纳米技术与精密工程,2008,6(2),118-120.

[12] H SCHMIA, B MICHEL. Siloxane polymers for high-resolution, high-accuracy soft lithography[J]. Macromolecules, 2000(33):3042-3049.

[13] 钱家盛,何平笙.功能性高聚物基纳米复合材料[J].功能材料,2003,34(4):371-374.

[14] MANGENG LU, MIJA SHHIM, SANGWOOK KIM. Effect of filler on cure behavior of an epoxy system:Cure modeling[J]. Polym. Eng. Sci., 1999(39):274-285.

[15] 金邦坤,吴晓松,陈大柱,何平笙.有机硅橡胶/蒙脱土纳米复合弹性印的制备[J].高等学校化学学报,2003, 24(6):1142-1144.

[16] L·H·斯珀林.互穿高聚物网络和有关材料[M].北京:科学出版社,1987.

[17] 黄飞鹤,李春娥,何平笙.动态扭振法研究互穿网络高聚物的固化[J].高分子材料科学与工程,2001, 17(1):93-97.

[18] 胡源,宋磊,尤飞,钟茂华.火灾化学导论[M].北京:化学工业出版社,2007.

[19] P CABE, S D HONG. Crystallization behavior of poly(ether-ether-ketone)[J]. Polymer, 1986(27):1183-1192.

[20] A DUTTA, M E PYAN. Effect of fillers on kinetics of epoxy cure[J]. J. Appl, Polymer Sci., 1979(24):635-649.

[21] H R KRICHELDORF, Q Z ZAND, G SCHWARZ. New polymer syntheses:6. Linear and branched poly(3-hydroxy-benzoates)[J]. Polymer,1982(23):1821-1829.

[22] NEWKOME G R, YAO Z-Q, BAKER G R, GUPTA V K, MICELLES. Part 1. Cascade molecules:a new approach to micelles. A[27]-arborol[J].J Org Chem.1985(50):2003-2004.

[23] HAWKER C, FRECHET J M J. A new convergent approach to monodisperse dendritic macromolecules[J]. J. Chem. Soc, Chem. Commun,1990:1010-1013.

[24] G R NEWKOME. Advances in dendritic macromolecules, Vol. 3[M]. London: IAI Press INC,1996.

[25] CHENG YIYUN, CHEN DAZHU, XU TONGWEN, HE PINGSHENG. The cure behavior of thermosetting resin based nanocomposites characterized by using dynamic torsional vibration method[M]//S THOMAS, GE ZAIKV, S V VALSARAJ. Recent advances in polymer nanocomposites. New York: Brill Academic Pub,2009: 286-337.

"十一五"国家重点图书

中国科学技术大学校友文库
第一辑书目

◎ *Topological Theory on Graphs*(英文) 刘彦佩
◎ *Advances in Mathematics and Its Applications*(英文) 李岩岩、舒其望、沙际平、左康
◎ *Spectral Theory of Large Dimensional Random Matrices and Its Applications to Wireless Communications and Finance Statistics*(英文) 白志东、方兆本、梁应昶
◎ *Frontiers of Biostatistics and Bioinformatics*(英文) 马双鸽、王跃东
◎ *Spectroscopic Properties of Rare Earth Complex Doped in Various Artificial Polymer Structure*(英文) 张其锦
◎ *Functional Nanomaterials*:*A Chemistry and Engineering Perspective*(英文) 陈少伟、林文斌
◎ *One-Dimensional Nanostructres*:*Concepts,Applications and Perspectives*(英文) 周勇
◎ *Colloids,Drops and Cells*(英文) 成正东
◎ *Computational Intelligence and Its Applications*(英文) 姚新、李学龙、陶大程
◎ *Video Technology*(英文) 李卫平、李世鹏、王纯
◎ *Advances in Control Systems Theory and Applications*(英文) 陶钢、孙静
◎ *Artificial Kidney*:*Fundamentals,Research Approaches and Advances*(英文) 高大勇、黄忠平
◎ *Micro-Scale Plasticity Mechanics*(英文) 陈少华、王自强
◎ *Vision Science*(英文) 吕忠林、周逸峰、何生、何子江
◎ 非同余数和秩零椭圆曲线 冯克勤
◎ 代数无关性引论 朱尧辰
◎ 非传统区域Fourier变换与正交多项式 孙家昶
◎ 消息认证码 裴定一

- ◎完全映射及其密码学应用　吕述望、范修斌、王昭顺、徐结绿、张剑
- ◎摄动马尔可夫决策与哈密尔顿圈　刘克
- ◎近代微分几何：谱理论与等谱问题、曲率与拓扑不变量　徐森林、薛春华、胡自胜、金亚东
- ◎回旋加速器理论与设计　唐靖宇、魏宝文
- ◎北京谱仪Ⅱ·正负电子物理　郑志鹏、李卫国
- ◎从核弹到核电——核能中国　王喜元
- ◎核色动力学导论　何汉新
- ◎基于半导体量子点的量子计算与量子信息　王取泉、程木田、刘绍鼎、王霞、周慧君
- ◎高功率光纤激光器及应用　楼祺洪
- ◎二维状态下的聚合——单分子膜和LB膜的聚合　何平笙
- ◎现代科学中的化学键能及其广泛应用　罗渝然、郭庆祥、俞书勤、张先满
- ◎稀散金属　翟秀静、周亚光
- ◎SOI——纳米技术时代的高端硅基材料　林成鲁
- ◎稻田生态系统CH_4和N_2O排放　蔡祖聪、徐华、马静
- ◎松属松脂特征与化学分类　宋湛谦
- ◎计算电磁学要论　盛新庆
- ◎认知科学　史忠植
- ◎笔式用户界面　戴国忠、田丰
- ◎机器学习理论及应用　李凡长、钱旭培、谢琳、何书萍
- ◎自然语言处理的形式模型　冯志伟
- ◎计算机仿真　何江华
- ◎中国铅同位素考古　金正耀
- ◎辛数学·精细积分·随机振动及应用　林家浩、钟万勰
- ◎工程爆破安全　顾毅成、史雅语、金骥良
- ◎金属材料寿命的演变过程　吴犀甲
- ◎计算结构动力学　邱吉宝、向树红、张正平
- ◎太阳能热利用　何梓年
- ◎静力水准系统的最新发展及应用　何晓业
- ◎电子自旋共振技术在生物和医学中的应用　赵保路
- ◎地球电磁现象物理学　徐文耀
- ◎岩石物理学　陈颙、黄庭芳、刘恩儒
- ◎岩石断裂力学导论　李世愚、和泰名、尹祥础
- ◎大气科学若干前沿研究　李崇银、高登义、陈月娟、方宗义、陈嘉滨、雷孝恩